Loew · Habs · Klimm · Trunzler ■ Phytopharmaka-Report

W0232593

Dieter Loew · Michael Habs
Hans-Dieter Klimm · Gösta Trunzler

PHYTO-PHARMAKA-REPORT

*Rationale Therapie
mit pflanzlichen
Arzneimitteln*

Zweite, überarbeitete
und erweiterte Auflage

Prof. Dr. Dr. Dieter Loew
Universitätsklinikum Frankfurt
Institut Klinische Pharmakologie
Theodor-Stern-Kai 7
60590 Frankfurt

Prof. Dr. Michael Habs
Dr. Willmar Schwabe
GmbH & Co
Willmar-Schwabe-Straße 4
76227 Karlsruhe

Prof. Dr. Hans-Dieter Klimm
Ringstraße 20 f
76456 Kuppenheim

Dr. med. Gösta Trunzler
Rummstraße 5
76229 Karlsruhe

Die Deutsche Bibliothek – CIP-Einheitsaufnahme

Phytopharmaka-Report : rationale Therapie mit pflanzlichen
Arzneimitteln / Dieter Loew ... – 2., überarb. und erw. Aufl. –
Darmstadt: Steinkopff, 1999
   ISBN 3-7985-1159-4

© 1999 by Dr. Dietrich Steinkopff Verlag, GmbH & Co. KG, Darmstadt
Verlagsredaktion: Dr. Maria Magdalene Nabbe, Jutta Salzmann – Herstellung: Heinz J. Schäfer
Umschlaggestaltung: Erich Kirchner, Heidelberg

Printed in Germany

Gesamtherstellung: Zechner – Datenservice und Druck, Speyer
Gedruckt auf säurefreiem Papier

40160/0499/53/20000/850003300

Vorwort 2. Auflage

Die Änderungen in der Sozialgesetzgebung und ihre Konkretisierung durch Richtlinien und Empfehlungen erfordern eine Klarstellung in der Frage der Verordnungsfähigkeit von Phytopharmaka bei bestimmten Indikationen und des dafür eventuell vorgegebenen Dokumentationsaufwands. Der Phytopharmaka-Report wurde dementsprechend überarbeitet und dem aktuellen Stand (April 1999) angepaßt.

Mai 1999   Die Verfasser

Vorwort 1. Auflage

Pflanzliche Arzneimittel sind wichtige Bestandteile der Pharmakotherapie, sei es in der ärztlichen Versorgung des Patienten oder im Rahmen der Selbstmedikation nach fachkompetenter Beratung durch den Arzt oder den Apotheker. Im Arzneimittelgesetz § 3 Abs. 2 AMG 2 sind Phytopharmaka definiert als Stoffe aus „Pflanzen, Pflanzenteilen und Pflanzenbestandteilen in bearbeitetem oder unbearbeitetem Zustand." Phytopharmaka unterliegen wie alle Arzneimittel der Zulassungspflicht, d. h. dem Nachweis der Qualität, Wirksamkeit und Unbedenklichkeit. Die vom Hersteller deklarierte Qualität, Wirksamkeit und Unbedenklichkeit wird durch die Bundesoberbehörde überprüft und durch den Zulassungsbescheid testiert.

Nach dem Sozialgesetzbuch V hat der Patient das Recht auf eine adäquate, medizinisch fundierte und der Erfahrung der Ärzte entsprechende Behandlung. In der Verschreibbarkeit von Arzneimitteln gibt es keine Unterschiede zwischen chemisch definierten Präparaten und pflanzlichen Präparaten. Entscheidend sind Qualität, Wirksamkeit, Unbedenklichkeit sowie das Gebot der Wirtschaftlichkeit.

Ziel des vorliegenden Phytopharmaka-Reports ist die sachliche Aufklärung über die rationale Anwendung von Phytopharmaka in der vertragsärztlichen Praxis. Die Autoren wünschen sich Anregungen und konstruktive Kritik von Lesern und Benutzern, um das Ansehen einer rationalen Phytotherapie weiter zu stärken.

Herbst 1997   *D. Loew*
                                              (für die Verfasser)

Inhaltsverzeichnis

I. Einführung in die Anwendung von Phytopharmaka

1 Rationale Therapie mit Phytopharmaka

Rationale Phytopharmaka sind pflanzliche Arzneimittel, die durch nachgewiesene pharmazeutische Qualität, therapeutische Wirksamkeit und Unbedenklichkeit bei einem günstigen Nutzen-Risiko-Verhältnis gleichrangig neben chemisch definierten Medikamenten stehen. Patienten besitzen für diese Phytopharmaka den gleichen Anspruch auf eine Arzneimittelverordnung nach § 31 des SGB V wie für alle anderen vertragsärztlich verordnungsfähigen Arzneimittel.

1. Die Versorgung mit Phytopharmaka muß bedarfsgerecht, ausreichend und zweckmäßig sein. Sie darf das Maß des Notwendigen nicht überschreiten.
2. Das Gebot einer humanen Behandlung erfüllen indikationsgerecht eingesetzte Phytopharmaka in besonderer Weise.
3. Das medizinisch Notwendige leitet sich stets vom individuellen Behandlungsbedarf ab und ist nicht nur auf schwerwiegende Erkrankungen hin definiert, wie dies vielfach falsch interpretiert wird.
4. Phytopharmaka sind bei gegebener Indikationsstellung im Sinne des AMG 2 §§ 2 und 3 zweckmäßig. Sie können hinsichtlich des häufig günstigeren Nutzen-Risiko-Verhältnisses chemisch definierten Arzneimitteln überlegen und demnach vorzuziehen sein.
5. Den therapeutischen Nutzen eines Arzneimittels und demzufolge auch den von Phytopharmaka kann nur der Arzt für den jeweils individuellen Behandlungsfall bestimmen. Die häufig pauschal und undifferenziert geäußerte Bewertung, Phytopharmaka hätten in der Regel allenfalls einen zweifelhaften Nutzen wegen des Ausmaßes einer umstrittenen oder kontrovers diskutierten Wirksamkeit, ist falsch und diskriminierend. Dies gilt speziell für bereits zugelassene pflanzliche Arzneimittel und die mit einer Positiv-

Monographie konformen, soweit kein neueres Erkenntnismaterial vorliegt.

Die Anwendung von Phytopharmaka erfolgt nach den Regeln der Allopathie und gehört zu den schulmedizinischen medikamentösen Interventionen. Das bedeutet wiederum eine Begrenzung auf Phytopharmaka im engeren Sinne, wobei folgende Arzneimittelgruppen auch pflanzlicher Herkunft nicht hierunter fallen:

- Pflanzliche homöopathtische Arzneimittel
- Pflanzliche anthroposophische Arzneimittel
- Pflanzliche traditionelle Arzneimittel § 109 a AMG 2.

Die Gruppe von Phytopharmaka, deren pharmazeutische Qualität, Wirkung, Wirksamkeit und Unbedenklichkeit, bezogen auf den schulmedizinischen Indikationsanspruch, den wissenschaftlichen Nachweiskriterien entsprechen, sind schulmedizinisch geprüfte Pharmaka. Es ist nicht zulässig, rationale Phytopharmaka mit der Pauschalbezeichnung „Naturheilmittel" oder „biologische Heilmittel" zu belegen und anschließend diese Gruppe pauschal zu bewerten bzw. als zweifelhaft wirksam zu diskriminieren.

Rationale Phytopharmaka sind keine Arzneimittel mit umstrittener Wirksamkeit. Im übrigen ist „umstrittenes Arzneimittel" vorrangig ein politischer, ideologischer und ökonomischer Begriff, um gezielt Meinungen und Einstellungen zu prägen und Verunsicherungen im Verordnungsverhalten hervorzurufen. Dieser Begriff ist, genau wie der Begriff „das Ausmaß der therapeutischen Wirksamkeit ist umstritten" wissenschaftlich nicht definiert und begründet.

Die im Phytopharmaka-Report dargestellte indikationsbezogene Wirksamkeit und Unbedenklichkeit von pharmazeutisch hochwertigen pflanzlichen Arzneimitteln berücksichtigen in hohem Maße die Vorstellung der behandelnden Ärzte und ihrer Patienten über eine zweckmäßige, notwendige und wirtschaftliche medikamentöse Therapie und die daraus resultierenden guten Compliance-Bedingungen. Der Phytopharmaka-Report orientiert sich vorrangig an der Lösung von Problemen im Ärzte-Patienten-Verhältnis im Rahmen des therapeutischen Nutzens, der Zweckmäßigkeit und der Notwendigkeit einer patientenindividuellen Arzneimitteltherapie mit wissenschaftlich belegten Phytopharmaka.

Empfehlungen zur zweckmäßigen und wirtschaftlichen Verordnung von Phytopharmaka:

- An erster Stelle indikationsgerecht verordnen. Es muß eine behandlungsbedürftige Erkrankung vorliegen und das zur Wahl stehende Phytopharmakon für die entsprechende Indikation angezeigt sein.
- Zugelassene oder von der Kommission E positiv monographierte bzw. dem aktuellen wissenschaftlichen Erkenntnisstand entsprechende pflanzliche Zubereitungen sind in der Verordnung zu bevorzugen. Inzwischen liegen Drogenmonographien auch von der WHO und ESCOP vor.
- Besonders wichtig ist die Nutzen-Risiko-Abwägung im Hinblick auf eine abgestufte Therapie.
- Persönliche positive Therapieerfahrungen mit spezifischen Phytopharmaka sind zu berücksichtigen.
- Die Möglichkeiten der Indikationssicherung und Verlaufsdokumentation sind zu nutzen.
- Langjährig erprobte Medikamente sind zu bevorzugen.
- Keine ausgeschlossenen Arzneimittel (Negativlisten) verordnen, keine traditionellen Arzneimittel (§ 109a AMG) verordnen.
- Packungsgröße an der Behandlungsdauer orientieren.
- Verordnungsmengen bei Dauermedikation regelmäßig kontrollieren.
- Praxisbesonderheiten genau dokumentieren und der zuständigen kassenärztlichen Vereinigung (KV) melden.

Literatur

Richtlinien des Bundesausschusses der Ärzte und Krankenkassen über die Verordnung von Arzneimitteln in der vertragsärztlichen Versorgung (Arzneimittel-Richtlinien/AMR), BAnz. Nr. 185 vom 29.9.1994.

Sozialgesetzbuch (SGB)-Gesetzliche Krankenversicherung SGB V vom 20.12.1988 (BGBl I S 2477), zuletzt geändert durch das Gesetz vom 21.12.1992 (BGBl I. S 2266)

Trunzler G (1990) Grundlagen einer rationalen Therapie mit Phytopharmaka. Vasomed aktuell 5:28–34

2 Pharmazeutische Qualität, Wirkung und therapeutische Wirksamkeit, Unbedenklichkeit von Phytopharmaka

Rationale Phytopharmaka sind Arzneimittel, die im Unterschied zu chemisch definierten Arzneimitteln und isolierten chemisch identifizierten pflanzlichen Reinstoffen als Wirkstoffe pflanzliche Zubereitungen, vorwiegend standardisierte und/oder normierte Extrakte, enthalten. Diese werden in üblichen Zubereitungsformen wie Tropfen, Tabletten (auch als Film- oder Lacktabletten), Dragees in nichtretardierter und retardierter Form, Kapseln (Weich- und Hartgelatinekapseln) und topischen Arzneiformen angeboten. Sie kommen nach den Regeln der Schulmedizin im Sinne der Allopathie (krankheitsbezogene Indikationen) zur Anwendung. Ihre Wirkungen sind tier- und humanpharmakologisch nachgewiesen, und ihre klinische Wirksamkeit ist in kontrollierten klinischen Studien entsprechend den Arzneimittelprüfrichtlinien (§ 26 AMG) von 1989 bzw. 1995 auch unter Berücksichtigung ärztlichen Erfahrungswissens belegt. Ärztliches Erfahrungswissen wurde in der wissenschaftlichen Aufbereitung des Erkenntnismaterials berücksichtigt.

Enthält ein Phytopharmakon als Wirkstoff einen Extrakt aus einem oder mehreren Drogenteilen der gleichen Arzneipflanze, wird es als Monopräparat deklariert. Der Extrakt ist in seiner Gesamtheit der Wirkstoff. Ein pflanzliches Kombinationspräparat enthält mehrere Kombinationspartner in Extraktform aus verschiedenen Arzneipflanzen.

Pflanzliche Zubereitungen können Preßsäfte oder Ölmazerate aus Frischpflanzen, Pulver aus geschnittenen oder zerkleinerten getrockneten Drogen oder mittels Lösungsmittel, Fraktionierung, Eliminierung unerwünschter Bestandteile und Konzentrierung auf wirksamkeitsrelevante Inhaltsstoffe durch spezielle Herstellungsverfahren gewonnene Extrakte sein. Extrakte sind Auszüge (Mazerate, Perkolate), die entweder teilweise oder vollständig vom Extraktionsmittel befreit wurden, wie Fluid(Flüssig)-Extrakte, Spissum(Dickflüssig)-

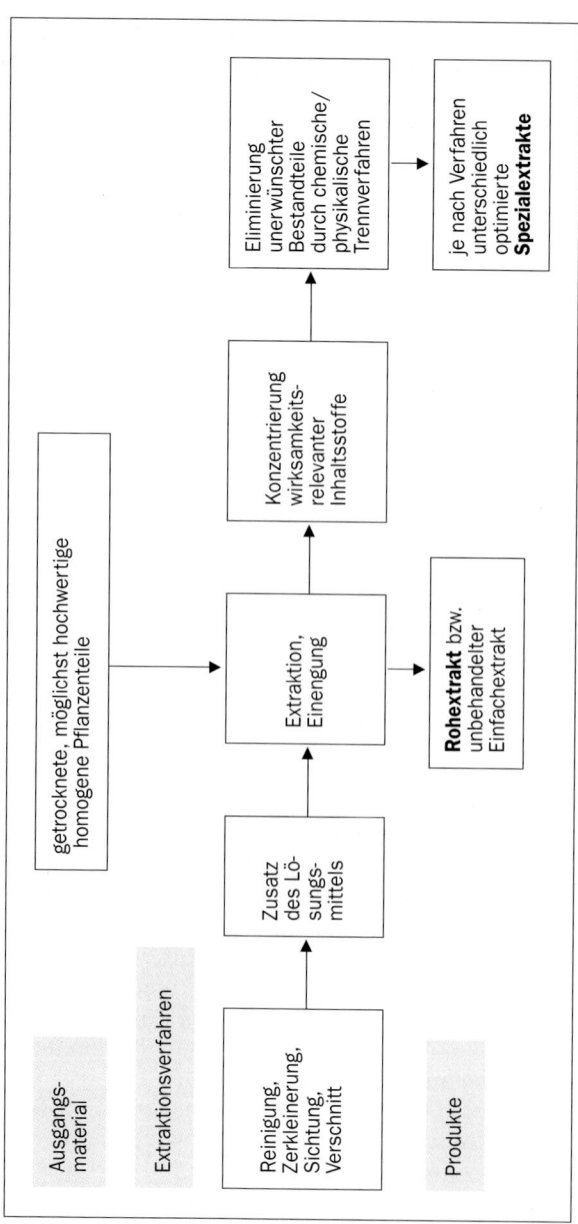

Abb. 1.1. Herstellungsverfahren von pflanzlichen Extrakten

Extrakte, Siccum(Trocken)-Extrakte als Rohextrakte oder Extraktfraktionen bzw. Spezialextrakte. Spezialextrakte unterscheiden sich von den genannten nativen Rohextrakten durch zusätzliche Extraktionsschritte (Abb. 1.1)

2.1 Qualität

Ist für chemisch definierte Wirkstoffe die Qualität einfach zu beschreiben (Reinheitsgrad, chemisch-physikalische Kenndaten), trifft dies für Pflanzenextrakte so nicht zu. In Pflanzenextrakten kommt eine Vielzahl von Wirkstoffqualitäten vor, deren Wertigkeit vielfach nicht ohne weiteres aus der Extraktbezeichnung hervorgeht.

Pflanzenart

Vor der Extraktzubereitung sind botanische und phytochemische Identität des verwendeten Pflanzenmaterials sicherzustellen. Unterschiedliche Pflanzenarten enthalten naturgemäß unterschiedliche phytochemische Inhaltsstoffe.

Pflanzenteile

Die unterschiedliche Zusammensetzung der phytochemischen Inhaltsstoffe in verschiedenen Pflanzenteilen (Blüten, Früchte, Blätter, Wurzeln, Wurzelstock, Rinde usw.) erfordert eine selektierte Extraktion des betreffenden Drogenteils.

Pflanzenmaterial

Nur ein möglichst kontrollierter Arzneipflanzenanbau unter Berücksichtigung des Standortes, der Vegetationsperioden, der Wachstumsbedingungen, Bodenqualität, Normierung der Anbaubedingungen, der Erntezeiten, der Lagerung und

Trocknung der Droge ist eine Voraussetzung für die gleichbleibende Qualität von Extrakten. Eine sorgfältige Analyse vor Verarbeitung des Drogenmaterials bietet dann noch die Möglichkeit, durch Verschneiden unterschiedlicher Drogenpartien die notwendige Homogenisierung zu erreichen, um Chargenkonformität sicherzustellen. Eine Standardisierung hat hier ihre wesentlichen Ausgangspunkte.

Standardisiertes Herstellungsverfahren

Die kontrollierte Extraktqualität ist nur dann gewährleistet, wenn das standardisierte Pflanzenmaterial auch in einem gleichbleibenden standardisierten Herstellungsprozeß verarbeitet wird. Eine eigene Herstellung oder die bei einem durch langfristige Verträge gebundenen Lohnhersteller kann eine solche Forderung erfüllen.

Inprozeßkontrolle

Für die Erhaltung gleichbleibender Qualität pflanzlicher Extrakte ist eine Inprozeßkontrolle im Verlauf der Herstellung hochwertiger Phytopharmaka unerläßlich. Solche Kontrollen verfolgen die Extraktherstellung vom Ausgangsmaterial bis zum fertigen Extrakt oder Spezialextrakt. Inprozeßkontrollen stellen sicher, daß zu jeder Zeit der Herstellung die Normen eingehalten wurden und das Ergebnis den Standards entspricht.

Normierung und Standardisierung

Eine Normierung des Pflanzenextraktes ist dann notwendig bzw. gerechtfertigt, wenn dieser genau auf dieselben Mengen wirksamkeitsmitbestimmender Inhaltsstoffe eingestellt ist. Sind wirksamkeits**mit**bestimmende Inhaltsstoffe nicht oder nur teilweise bekannt, ist die gleichbleibende Extraktqualität durch die Qualität der Ausgangsdroge, das validierte Herstellungsverfahren, die Inprozeßkontrolle und durch die

Quantifizierung von sogenannten Leitsubstanzen im Sinne einer Standardisierung zu erreichen. Ein solches Standardisierungsverfahren sichert nicht nur die pharmazeutische Qualität, sondern auch die Reproduzierbarkeit der therapeutischen Wirksamkeit von Charge zu Charge. Zu beachten ist hierbei, daß nur im deutschen Sprachgebrauch die Bezeichnung „Normierung" bekannt ist. Der Vorgang der Normierung wird im Englischen als „Standardization" bezeichnet, was aber auch das in der deutschen Sprache als „Standardisierung" bezeichnete allgemeine Instrument zur Gewährleistung einer gleichbleibenden Qualität mit einschließt.

Vergleichbarkeit der Qualität

Eine Vergleichbarkeit der Qualität ist an folgende Voraussetzung gebunden:

● Analoge Zusammensetzung und Extrakt(Wirkstoff)-Identität wie oben beschrieben.

● Beim Vergleich pflanzlicher Arzneimittel, die aus der gleichen Stammpflanze hergestellte Extrakte enthalten, spielen die biopharmazeutischen Qualitätsaspekte eine besonders große Rolle. Dies gilt vor allem, wenn bei ihnen ohne eigene klinische Studien auf die Dokumentation des Erstanmelderpräparates Bezug genommen werden soll. Für solche pflanzlichen Generika ist sozusagen als „Brücke" zur klinischen Dokumentation des jeweiligen Erstanmelderpräparates der Nachweis einer analogen Extraktzusammensetzung sowie in vitro und in vivo vergleichbarer Eigenschaften der Darreichungsform zu fordern. Die innere Zusammensetzung der Extrakte kann signifikant differieren, selbst wenn Droge-Extrakt-Verhältnis und verwendetes Auszugsmittel gleich sind.

In praxi bedeutet dies, zumindest Ausgangsdroge, Droge-Extrakt-Verhältnis, Herstellungsverfahren, primäre Extraktionsmittel und analytisch geprüfte Parameter (Konzentration der wirksamkeitsbestimmenden Inhaltsstoffe, der wirksamkeits**mit**bestimmenden Inhaltsstoffe und der Leitsubstanzen) müssen übereinstimmen.

Nur so kann der für das Erstanmelderpräparat nachgewiesene Therapieerfolg auch für das Generikum postuliert werden.

Da bis heute ein Bioäquivalenznachweis bei pflanzlichen Arzneimitteln infolge der komplexen Zusammensetzung der Extrakte sowie aufgrund der Tatsache, daß die wirksamkeitsbestimmenden Komponenten meist nicht vollständig bekannt sind, schwierig oder sogar unmöglich ist, müssen alternative Wege beschritten werden. Nach dem derzeitigen Stand von Wissenschaft und Technik bleibt hier oft nur der produktspezifische Wirksamkeitsnachweis auch für das generische Arzneimittel.

● Die pharmazeutisch-analytische Übereinstimmung in Teilkomponenten des Extraktes, wenn sie als wirksamkeits**mit**bestimmende Inhaltsstoffe oder Leitsubstanzen deklariert sind, reicht demnach allein nicht aus, das Wertesiegel „pharmazeutisch äquivalentes Phytopharmakon" zu beanspruchen. In diesem Fall muß bei abweichenden Kriterien für jede Extraktzubereitung ein gesonderter Nachweis der therapeutischen Äquivalenz über entsprechende Wirksamkeitsstudien erbracht werden.

2.2 Wirkung und therapeutische Wirksamkeit

Die Wirksamkeit ist ein ärztlich-wertender Begriff. Er geht vom Standpunkt des therapeutischen Nutzen aus und bezeichnet die mit einem Arzneimittel zu erreichende Heilung, Besserung, Linderung oder Prophylaxe einer Erkrankung. Der Begriff „Wirksamkeit" besitzt normativen Charakter und umfaßt die Summe aller in einer bestimmten therapeutischen Situation bei einem bestimmten Anwendungsgebiet erwünschten Wirkungen eines Arzneimittels. Sie sind erkennbar als Heilung oder Linderung einer Krankheit oder leicht krankhafter Beschwerden, als Besserung eines Mißempfindens, als Vermeidung einer Krankheit oder krankhafter Komplikationen. Wirksamkeit ist damit kein absoluter Begriff, sondern muß am konkreten Heilungsanspruch gemessen werden.

Fülgraff definiert Wirksamkeit als „den Nutzen eines Arzneimittels, gemessen am Ziel, dessentwegen es verabreicht oder eingenommen wird". Wirksamkeit bemißt also Grad der Heilung, Besserung oder Linderung eines Krankheitszustandes, einer körperlichen oder seelischen Beschwerde oder eines Mißempfindens oder der Verhinderung einer Krankheit oder einer Verschlimmerung, je nach dem Grund der Anwendung eines Arzneimittels. Wirksamkeit ist die Summe aller erwünschten Einzelwirkungen.

Nach Schönhöfer et al. „läßt sich die Wirksamkeit eines Arzneimittels nicht an den Wirkungen auf biologische Abläufe auf der molekularen oder zellulären Ebene und nicht an den Wirkungen am Tiermodell oder im gesunden Menschen nachweisen, sondern nur anhand von Daten über die erwünschte Beeinflussung von Krankheitsverläufen am Patienten". Bei konkret meßbaren Parametern oder erfaßbaren Krankheitszeichen ist der Nachweis der Wirksamkeit unproblematisch. Da bei vielen Erkrankungen harte Parameter zum Nachweis des Behandlungserfolges fehlen, fordert Schönhöfer kontrollierte Studien unter standardisierten Bedingungen, wobei der erwünschte Effekt des Arzneimittels wahrscheinlicher oder nachvollziehbar gemacht wird. Zum Erkennen des Risikos sind Tiermodelle geeignet, da mögliche teratogene, mutagene und kanzerogene Wirkungen von Arzneistoffen beim Säuger und Menschen qualitativ weitgehend identisch sind. Bei einer Vielzahl von Krankheitszuständen in der täglichen Praxis liegt häufig keine Erkrankung im Sinne einer gesicherten Diagnose vor. Diese Tatsache macht Probleme, da sich zum Zeitpunkt der ersten Kontaktaufnahme des Patienten mit dem Arzt nicht alle typischen Symptome eines ausgeprägten Beschwerdekomplexes zeigen. In der Allgemeinmedizin müssen häufig „Arbeitsdiagnosen" ausreichen, um zu therapieren.

Schneider hat sich mit dem Begriff der Wirksamkeit und der Objektivierung auseinandergesetzt. „Erste Voraussetzung für einen objektiven und validen Wirksamkeitsnachweis ist eine genaue Festlegung der Erkrankung und der Symptome oder Befunde, die durch das Arzneimittel gebessert oder geheilt werden sollen. Die Symptome und Befunde sollen klar definiert und möglichst mit objektiven, nachvollziehbaren Verfahren beurteilt werden. Um diese Änderung in der Symptomatik aber als Wirksamkeit des Arzneimittels ansprechen zu können, muß außerdem gezeigt werden, daß das Arzneimittel tatsächlich Ursache der Wirkung ist. Es besteht also das Problem, eine Ursachen-Wirkungs-Beziehung aufzuzeigen". Wirksamkeit ist also die Eigenschaft eines Mittels, bei Patienten mit bestimmten Erkrankungen definierte Wirkungen hervorzurufen, wobei unter Bezug auf das Kollektivmodell die Wahrscheinlichkeit für eine Besserung oder Heilung mit dem Mittel größer ist als ohne das Mittel. Solche Wahrscheinlichkeitsaussagen sind jedoch für den Einzelfall unbefriedigend. Schneider differenziert deshalb beim Wirksamkeitsbegriff zwischen der sogenannten generellen Wirksamkeit und der Wirksamkeit im konkreten Einzelfall.

Das Urteil über die Wirksamkeit eines Arzneimittels kann deshalb immer nur ein Wahrscheinlichkeitsurteil sein, das die Frage beantwortet, ob das Arzneimittel generell wirksam ist. Für Arzt und Patienten stellt sich jedoch die Frage der individuellen Wirksamkeit.

- Das Wirksamkeitsurteil ist damit immer ein Wahrscheinlichkeitsurteil.
- Jede Erkenntnisquelle kann in ein Wirksamkeitsurteil einfließen.
- Unterschiedliche methodische Denkansätze zur Urteilsfindung sind denkbar (Methodenpluralismus).
- Unterschiedliche Gewißheitsgrade der Wirksamkeit je nach allgemeiner therapeutischer Situation bei der konkreten Erkrankung sind zu beachten.
- Verständliche und vergleichbare Formulierungen der Anwendungsgebiete sind zu fordern, so daß die Leistungsfähigkeit des Arzneimittels und die zugrundeliegende Konzeption für Arzt und Patienten erkennbar sind.

Die Entwicklung qualitativ hochwertiger Phytopharmaka hat zu einer neuen, differenzierten Betrachtungsweise über ihre indikationsbezogene Wirksamkeit geführt. Entscheidend für die Wirksamkeit und deren Ausmaß ist der entsprechende Extrakt, die Extraktionsfraktion oder der Spezialextrakt. Der Wirksamkeitsnachweis muß durch kontrollierte klinische Studien und/oder mit belegbarem ärztlichen Erfahrungswissen bzw. anderem validen wissenschaftlichen Erkenntnismaterial erbracht worden sein.

Wenn auch die Bewertung der Wirksamkeit von Phytopharmaka vor allem zwischen Vertretern der puristischen theoretischen Medizindisziplinen und ambulant tätigen Ärzten und Fachärzten immer noch z. T. kontrovers geführt wird, liegt inzwischen über die Wirksamkeit einer Anzahl von Phytopharmakagruppen valides wissenschaftliches Erkenntnismaterial vor, das den Anforderungen des § 26 AMG und den Arzneimittelprüfrichtlinien von 1989, 1994 bzw. 1995 entspricht. Hieraus ergibt sich, daß solche Studien zum Wirksamkeitsnachweis grundsätzlich realisierbar sind.

Die Methodenentwicklung der klinischen Forschung für akute und schwere Krankheiten hat inzwischen weitgehend Konsens erreicht. Somit sind die Ergebnisse entsprechender Prüfungen unstrittig. Die Schwierigkeit des Wirksamkeitsnachweises bei Phytopharmaka besteht darin, daß der statistische Nachweis von Wirkung und Wirksamkeit geringerer Stärke eine große Testsensitivität erfordert. Dem probaten Mittel, die Stichprobe zu vergrößern, um eine ausreichende Testsensitivität zu erhalten, steht entgegen, daß eine größere Stichprobe meist eine Vermehrung der Störgrößen und eine Beeinträchtigung der Homogenität zur Folge hat. Die Prüfung eines Phytopharmakons im Hinblick auf den Verlauf einer chronischen Erkrankung setzt Langzeitstudien voraus, die in der Klinik nicht realisierbar sind und in der ärztlichen Praxis erhebliche praktische Durchführungsprobleme mit sich bringen. Die Methodenentwicklung für leichtere oder chronische Erkrankungen, die in Universitätskliniken selten anzutreffen sind, ist bei weitem noch nicht abgeschlossen. Zudem sind die Erfolgsparameter bei diesen Krankheitsbildern schwieriger zu fassen. Daher besteht über die Befundinterpretation entsprechender Studien weniger Einigkeit. Da Phytopharmaka oft bei „nicht vitalen" Erkrankungen eingesetzt werden, kann ihr Wirksamkeitsbeleg methodenbedingt „diskussionswürdiger" sein. Hier sind Methodiker gefragt, konsensfähige und validierte Prüfmodelle und Auswertungsverfahren zu entwickeln.

Für die Objektivierung subjektiver Einschätzungen im Rahmen des Nachweises von Wirksamkeit fehlen derzeit immer noch weitgehend valide Methoden, über die in breiten Maßen ein wissenschaftlicher Konsens besteht. Zunächst ist es unabdingbar, sich hier an den von Überla aufgestellten Kriterien für belegbares ärztliches Erfahrungswissen zu orientieren und sie für Wirksamkeitsstudien, auch bei Phytopharmaka, umzusetzen:

- Erfahrung in der Medizin muß durch belegbare und dokumentierte Beobachtungen begründbar sein.
- Erfahrung in der Medizin muß wiederholbar sein.
- Erfahrung in der Medizin muß in ihrer Variabilität beschreibbar sein.
- Erfahrung in der Medizin muß überprüfbar und kommunizierbar sein.

Begründung für die Erfahrung in vier Ebenen, die nebeneinander stehen und sich ergänzen, sind:

- klinische Intensität,
- Mitteilung von Kasuistiken und Einzelfallstudien,
- klinische Beobachtungsstudien,
- kontrollierte randomisierte Studien.

Aktuell wird derzeit Evidence-based medicine (EBM) als qualitätsorientierte und nicht meinungsbasierte Umsetzung von wissenschaftlichem Erkenntnismaterial diskutiert. Nach Sackett et al. handelt es sich um die bestmögliche Nutzung wissenschaftlicher Erkenntnisse aus der systemischen Forschung zur medizinischen Versorgung des einzelnen Patienten. Auslöser von EBM ist die kaum mehr überschaubare Flut von wissenschaftlichen Veröffentlichungen. EBM versucht, die Vielzahl der in unterschiedlichen Zeitschriften publizierten bzw. in elektronischen Datenbanken verfügbaren klinischen Ergebnisse auszuwerten und zu komprimieren, um konkrete Fragestellungen der Praxis anhand von geeigneten Informationsquellen zu beantworten. Es ist das Verdienst der „Cochrane Collaboration", die entsprechenden Wege aufgezeigt zu haben, wie medizinische Literatur gefunden und zusammengefaßt wird. Praktisch wird so vorgegangen, daß die in Datenbanken vorhandene Literatur hierarchisch nach der höchsten Evidenzstufe geordnet wird. An erster Stelle stehen

- systematische Reviews, Basis sind randomisierte kontrollierte Studien;
- mindestens eine genügend große randomisierte kontrollierte Studie;
- nicht randomisierte bzw. nicht prospektive Studien, z. B. Kohortenstudien, Fall-Kontroll-Studien;
- mindestens eine nicht experimentelle Beobachtungsstudie;
- Meinungen von Experten, Konsensusverfahren.

Beliebt sind Metaanalysen, d. h. die Auswertung verschiedener Studien unter Berücksichtigung des Konfidenzintervalls d. h. des Vertrauensintervalls, innerhalb dessen sich die gewünschten Effekte befinden. Je enger dieses Intervall, desto höher die Aussagekraft. Die Übertragbarkeit auf die tägliche Praxis ist umso eher möglich, je besser Studienteilnehmer und individuelle Patienten übereinstimmen.

Zu Recht wird aber auch Kritik an evidenzbasierter Medizin als Entscheidungskriterium für den individuellen Therapiefall geäußert. Man sollte klar unterscheiden zwischen dem, was in klinischen Studien gemessen und in ihrer Auswertung statistisch beurteilt wird, und dem, was wir eigentlich wissen wollen. Häufig finden wir indikationsspezifische Meßparameter in klinischen Studien, die fest etabliert sind, aber nicht das abbilden, was für Patienten und Arzt relevant ist. Es ist die Ausnahme, wenn in klinischen Studien als Zielparameter abgebildet wird, was der Patientenerwartung entspricht. Man will nicht das am besten klinisch und statistisch dokumentierte Arzneimittel einsetzen, sondern das für eine gegebene Therapiesituation wahrscheinlich erfolgreichste.

Die Qualität der Evidence-based medicine steht und fällt mit der Qualität und dem Standpunkt der Bearbeiter. So erscheinen unter Bezugnahme auf EBM unterschiedliche Reviews und Leitlinien mit unterschiedlichen Empfehlungen, obgleich ihnen identische Daten (Primärpublikationen) zugrunde liegen. Zweifelsohne führt der Weg einer rationalen Medizin nur über gesicherte Evidenzen aus kontrollierten Studien. Unter diesem Gesichtspunkt ist Evidence based medicine keineswegs neu.

Literatur

Evidence-based Resource Group (1994) Evidence-based care: 1 Setting priorities: How important is this problem? Can Med Assoc J 150: 1249–1254

Keil U (1998) Not Evidence Based. Fortschritte der Medizin 116, Nr. 7, 1

Perleth M (1998) Gegenwärtiger Stand der Evidenz-basierten Medizin. Z Allg Med 74:450–454

Perleth M, Antes G (Hrsg) (1998) Evidenz-basierte Medizin. MMW Taschenbuch. MMV Medizin Verlag München

Sackett DL, Richardson WS, Rosenberg W, Haynes RB (1997) Evidence-based Medicine. How to practice & teach EBM. Churchill Livingstone, New York

Sackett DL, Rosenberg WMC, Gray JAM et al (1996) Evidence-based medicine. What it is and what it is not. Br Med J 312:71–72

2.3 Unbedenklichkeit

Die Unbedenklichkeit eines Medikamentes ist ein arzneimittelrechtlicher Begriff, der nicht nur die Toxizität einschließlich Gen- und Embryotoxizität, Mutagenität und Karzinogenität und andere bedenkliche (unerwünschte) Nebenwirkungen berücksichtigt, sondern insbesondere die Nutzen-Risiko-Abwägung eines Arzneimittels. Zum Risiko gehören das toxikologische Potential sowie unerwünschte Neben- und Wechselwirkungen. Als weniger bedenklich wird ein Arzneimittel eingestuft, wenn es eine günstige Nutzen-Risiko-Bewertung erhält, die bei stark wirkenden Pharmaka mit hohem Indikationsanspruch einen deutlichen Nutzen gegenüber den tolerablen Risiken zeigt. Ist dagegen der therapeutische Nutzen bei einem niedrigen Indikationsanspruch geringer als das Risiko, ist die Verkehrsfähigkeit des Arzneimittels nicht gegeben.

Zulassungsfähig und damit verkehrsfähig ist ein Arzneimittel nur, wenn der – am Risiko der zu behandelnden Erkrankung gemessene – therapeutische Nutzen die therapeutischen Risiken übersteigt. Dabei muß das Gesamtrisiko, das aus dem nach einer Therapie verbliebene Restrisiko der Erkrankung und dem therapeutischen Risiko besteht, geringer sein, als das ursprüngliche Erkrankungsrisiko vor einer Therapie.

Rationale Phytopharmaka unterliegen hier den gleichen Bewertungsmaßstäben wie chemisch definierte Arzneimittel. Das zeigen auch die Drogen-Negativmonographien, die auf der Bewertung des Nutzen-Risiko-Verhältnisses beruhen. Im Rahmen der Aufbereitung der vor 1976 im Verkehr befindlichen Arzneimittel wurden 132 Drogen negativ bewertet, d. h. sie wurden aus dem Arzneimittelarsenal eliminiert. Das Nebenwirkungspotential bei Phytopharmaka kann als gering bezeichnet werden. Unerwünschte Neben- und Wechselwirkungen und Gegenanzeigen von Phytopharmaka unterliegen der Deklarationspflicht in der Packungsbeilage und in der Fachinformation nach § 11 und § 11 a AMG 2.

Literatur

Bauer R, Czygan FC, Franz G, Ihrig M, Nahrstedt A, Sprecher E (1993) Qualitätsansprüche an rational anwendbare Phytopharmaka. Dtsch Apoth-Ztg 133 : 17–20

Bauer R, Czygan FC, Franz G, Ihrig M, Nahrstedt A, Sprecher (1994) Pharmazeutische Qualität, Standardisierung und Normierung von Phytopharmaka. Z Phytother 15 : 82–91

Chatterjee SS (1990) Pharmakologische Eigenschaften verschiedener Ginkgo-Extrakte. Unterschiedliche Wirkungen bei unterschiedlichen Extrakten. Ärztl Forsch 27 : 4–8

Fox J (1988) Phytopharmaka und kontrollierter Versuch – ein Gegensatz. therapeutikum 2.2.88 : 66–71

Fülgraff G (1985) Der kontrollierte klinische Versuch – Eine kritische Würdigung. Pharm Ztg 130, Nr 51/52

Haase KE (1994) Arzneimittel-Positivliste, Risiko und Gefahren für Patient und Arzt. Prakt Arzt 19 : 24–32

Hänsel R (1987) Möglichkeiten und Grenzen pflanzlicher Arzneimittel (Phytotherapie). Dtsch Apoth-Ztg 127 : 1–6

Hänsel R, Trunzler G (1989) Wissenswertes über Phytopharmaka. Braun, Karlsruhe

Hänsel R (1990) Analytische Differenzierung verschiedener Ginkgo-Extrakte. Ärztl Forsch 37 : 1–3

Hänsel R, Stumpf H (1994) Vergleichbarkeit und Austauschbarkeit vom Phytopharmaka. Dtsch Apoth-Ztg 134 : 4561–4555

Hefendehl FW (1984) Anforderungen an die Qualität pflanzlicher Arzneimittel. In: Eberwein B et al. (Hrsg) Pharmazeutische Qualität von Phytopharmaka. Deutscher Apotheker Verlag, Stuttgart, S 27

Lange S, Windeler J (1997) Das Konzept der therapeutischen Äquivalenz. Med Klin 92 : 215–220

Loew D (1994) Die Anwendung von Phytopharmaka im Wandel der Forschung. In: Benedum J, Loew D, Schilcher H (Hrsg) Arzneipflanzen in der Traditionellen Medizin. Kooperation Phytopharmaka

Loew D (1997) Is the biopharmaceutical quality of extracts adequate for clinical pharmacology? Int Journ of Clinical Pharm & Therapeutics 35:302–306

Loew D, Oelze F (1999) Aufklärung tut not. Dt Ärztebl 96:A-474–476 [Heft 8]

Loew D, Steinhoff B (1998) Beurteilung von Phytopharmaka aus pharmazeutischer und klinischer Sicht. Klin Pharmakol akt 9 (3) 71–76

Menßen H.G (1994) Qualitätskriterien für Phytopharmaka. Z Allg Med 70:3–4

Miehlke K (1993) Phytopharmaka und das GSG, 2. Aufl. pmi, Frankfurt

Schneider B (1990) Die Erfahrung bei der Beurteilung der Wirksamkeit von Arzneimitteln. Hufeland-Journal, S 87–99

Schönhöfer PS (1989) Naturheilkundliche Arzneimittel: immer wirksam und unbedenklich. Pädiatrische Praxis, S 141

Überla KH (1982) Die Qualität der Erfahrung in der Medizin. Münch Med Wochenschr 124:18–21

3 Traditionelle pflanzliche Arzneimittel und rationale Phytopharmaka

Phytopharmaka unterliegen wie alle Arzneimittel der Zulassungspflicht. Mit der 5. AMG-Novelle vom 9.8.1994 hat der Gesetzgeber in den §§ 109 und 109 a für Arzneimittel, die aufgrund der Empirie eine lange Tradition haben, eine Erleichterung im Nachzulassungsverfahren geschaffen. Danach kann für alle freiverkäuflichen Arzneimittel nach § 44 Abs. 1 oder Abs. 2 Nr. 1–3 oder § 45 AMG die Nachzulassung erteilt werden, sofern nicht bestimmte Ausschlußkriterien für das Arzneimittel vorliegen. Voraussetzung für die traditionelle Indikation sind Verkehrsfähigkeit seit dem 1.1.1978 in unserem Kulturkreis, Risikofreiheit und im Hinblick auf die Dosis ein Mindestgehalt von 10% der Angaben der Monographie der Kommission E.

Nach § 109 a Abs. 2 AMG sind die Anforderungen an die Qualität erfüllt, wenn die pharmazeutische Dokumentation und das analytische Gutachten vorliegen und vom pharmazeutischen Unternehmer eidesstattlich versichert wird, daß das Arzneimittel gemäß den Arzneimittelprüfrichtlinien geprüft ist und die erforderliche Qualität aufweist (Tabelle 3.1). Als Nachweis der Wirksamkeit können ältere Publikationen gelten, begründete pharmakologische Plausibilität anhand von Inhaltsstoffen sowie, als niedrigste Stufe, die tradierte und dokumentierte Anwendung. Die Verantwortung für die Indikation obliegt dem Bundesinstitut für Arzneimittel und Medizinprodukte (BfArM) nach Anhörung der vom Bundesminister berufenen Kommission. Die Anwendungsgebiete werden unter Berücksichtigung der Besonderheiten dieser Arzneimittel und der tradierten und dokumentierten Erfahrung festgelegt und erhalten den Zusatz: „Traditionell angewendet", wobei Anwendungsgebiete sind:
– Zur Stärkung oder Kräftigung …
– Zur Besserung des Befindens bei …
– Zur Unterstützung der Organfunktion des …

– Zur Vorbeugung gegen …
– Als mild wirksames Arzneimittel bei …

Grob irreführende Begriffe wie „Blutreinigung, Prophylaxe und Therapie von Mangelzuständen, Stärkung des Immunsystems" werden nicht mehr akzeptiert. Sofern die Wirksamkeit bei den tradierten Indikationen weder durch Erkenntnismaterial belegt, noch auf der Basis von pharmakologischen Daten plausibel ist, wird bei den Anwendungsgebieten darauf hingewiesen: „Diese Angabe beruht ausschließlich auf Überlieferung und langjähriger Erfahrung". Von der Kommission nach § 109a sind inzwischen (Stand 1999) über 1000 Präparate mit der Indikation „traditionell angewendet" verabschiedet und im Bundesanzeiger veröffentlicht worden. Die Umsetzung durch den pharmazeutischen Unternehmer ist mitunter noch nicht erfolgt. Das BfArM hält jedoch die pharmazeutischen Unternehmer zu einer zügigen Umsetzung an, so daß anhand der Kennzeichnung zwischen traditionellen Phytopharmaka nach § 109a und rationalen Phytopharmaka nach § 105 eine Unterscheidung möglich ist. Diese Präparate sind nicht zu Lasten der gesetzlichen Krankenkassen verschreibungsfähig (AMR 17.1. vom 13. August 1993, zuletzt geändert am 23. Februar 1996 (BAnz Nr. 77 vom 23. April 1996)).

Von den nach § 109a traditionellen Phytotherapeutika sind pflanzliche Arzneimittel abzugrenzen, die einen gesicherten Indikationsanspruch besitzen. Mit Recht werden an diese rationalen Phytopharmaka die gleichen Anforderungen wie an chemisch definierte Arzneimittel gestellt (Tabelle 3.1). Hierzu gehört wissenschaftliches Erkenntnismaterial zur Toxikologie, zum pharmakologischen Wirkprofil, zur Wirksamkeit und Unbedenklichkeit bzw., soweit möglich, zur Pharmakokinetik. In der Nachzulassung befinden sich noch 3547 Phytopharmaka, 588 pflanzliche Präparate sind neu zugelassen und 235 monographiekonforme bzw. dem aktuellen Erkenntnisstand entsprechende Phytopharmaka nachzugelassen. Über 1000 Präparate sind durch die Liste nach § 109a AMG abgedeckt. In der Kennzeichnung sind zugelassene rationale Phytopharmaka (Zul.-Nr.: …) von zugelassenen traditionellen Phytopharmaka (ebenfalls Zul.-Nr. …) an dem

Hinweis „Traditionell angewendet bei" zu unterscheiden. Noch nicht nachzulassende Arzneimittel haben entweder keine Identifikationsnummer oder eine Registriernummer (Reg-Nr. ...).

Tabelle 3.1 zeigt in einer Gegenüberstellung den Unterschied zwischen traditionellen und rationalen pflanzlichen Arzneimitteln im Hinblick auf die gesetzliche Grundlage, den Geltungsbereich, den Nachweis der Qualität, die Anwendungsgebiete und die Unbedenklichkeit. Da rationale Phytopharmaka die gleichen Bedingungen erfüllen wie chemisch definierte Präparate, sind sie gleichrangig mit den chemisch definierten Arzneimitteln zu Lasten der gesetzlichen Krankenversicherung (GKV) verordnungsfähig.

Tabelle 3.1. Gegenüberstellung von traditionellen und rationalen Phytopharmaka

Traditionelle Phytopharmaka	Rationale Phytopharmaka
§ 109a AMG	§ 105 AMG
§ 21 ff, § 109a AMG, § 105 AMG vom 24. August 1976 in der Fassung der 5. AMG-Novelle vom 9. August 1994; 24.–39. Bekanntmachung des BfArM	§ 21 ff, § 105 AMG vom 24. August 1976 in der Fassung der 5. AMG-Novelle vom 9. August 1994
Geltungsbereich	
freiverkäuflich und apothekenpflichtig	freiverkäuflich, apothekenpflichtig, verschreibungspflichtig
Ausnahmen	
Verschreibungspflicht: chemische Verbindungen mit bestimmten pharmakologischen Wirkungen, bestimmte Inhaltsstoffe, Darreichungsformen und Indikationen (Rechtsverordnung aufgrund § 45 oder § 46 AMG)	keine
Qualität	
pharmazeutische Dokumentation, eidesstattliche Versicherung durch den pharmazeutischen Unternehmer, keine generelle Prüfung durch BfArM	pharmazeutische Dokumentation, Prüfung durch BfArM

Tabelle 3.1. Fortsetzung

Traditionelle Phytopharmaka	Rationale Phytopharmaka
Indikation	
Einschränkungen aufgrund der Rechtsverordnung § 45 oder § 46 AMG Indikationsformulierung aus Stoffliste nach § 109a AMG beginnend mit: „Traditionell angewendet": Solche Anwendungsgebiete sind: „Zur Stärkung und Kräftigung …" „Zur Besserung des Befindens …" „Zur Unterstützung der Organfunktion …" „Zur Vorbeugung gegen …" „Als mild wirkendes Arzneimittel bei …"	Nachweis der Wirksamkeit für das beanspruchte Anwendungsgebiet
Beleg	
Tradierte Erfahrung, da seit mindestens 1978 in Verkehr. Darreichungsform vergleichbar. Zusammensetzung im wesentlichen unverändert. Seit 17.8.94 durch Änderungsanzeige (Hersteller) oder durch das BfArM oder im Rahmen von Stufenplanverfahren. Bei freiverkäuflichen Arzneimitteln nach § 44, 1 AMG Elimination von wirksamen Bestandteilen bis 30.6.95 zur Verringerung des Risikos möglich.	Wissenschaftliches Erkenntnismaterial zur Pharmakologie, Toxikologie und zur Klinik entsprechend 5. Abschnitt der Arzneimittelprüfrichtlinien nach § 26 Abs. 1 AMG. Seit 17.8. 1994 (Inkrafttreten der 5. AMG-Novelle) Änderungen nur noch nach Mitteilung von Mängeln durch das BfArM oder im Rahmen von Stufenplanverfahren möglich.

Literatur

Gesetz über den Verkehr mit Arzneimitteln (AMG). Artikel 1 des Fünften Gesetzes zur Änderung des Arzneimittelgesetzes vom 9. August 1994 (BGBl I S 2071)

Loew D (1996) Phytopharmaka. In: Rietbrock N, Staib AH, Loew D: Klinische Pharmakologie, 3. Aufl. Steinkopff, Darmstadt

Loew D, Oelze F (1999) Aufklärung tut not. Dt Ärztebl 96: A-474–476 [Heft 8]

4 Sinnhaftigkeit von pflanzlichen Kombinationspräparaten

Arzneimittel, die mehrere wirksame Bestandteile in einem festen Mengenverhältnis enthalten, bezeichnet man als fixe Arzneimittelkombinationen. Zu ihnen gehören viele phytopharmazeutische Präparate, die derzeit noch auf dem deutschen Arzneimittelmarkt sind. Vielfach erfolgt die Wahl der Kombinationspartner weniger als Konsequenz aus wissenschaftlich belegtem Erkenntnismaterial als aus Plausibilitätsüberlegungen. Mit zunehmender Verwissenschaftlichung werden verschärfte Anforderungen an den Nachweis von Wirksamkeit und Unbedenklichkeit, aber auch an die Sinnhaftigkeit von Kombinationsarzneimitteln gestellt. Im Oktober 1971 veröffentlichte die FDA (amerikanische Zulassungsbehörde) Kriterien zur Beurteilung fixer Arzneimittelkombinationen. Diese Anforderungen wurden 1974 in „The Journal of Clinical Pharmacology" publiziert und enthalten im wesentlichen zwei Gesichtspunkte:

- Jede Komponente muß zum Erreichen des therapeutischen Ziels beitragen.
- Die Dosierung jeder Einzelkomponente muß so gewählt werden, daß die Kombination als solche sicher und für den Durchschnittspatienten wirksam ist.

Auf europäischer Ebene sind die Empfehlungen im Anhang V zur EG-Richtlinie 83/571/EWG im Amtsblatt der Europäischen Gemeinschaft vom 28.11.1983 publiziert. Danach ist die Kombination der aktiven Inhaltsstoffe zu begründen. Mögliche Vorteile von fixen Kombinationen sind:

- Verbesserung der Relation therapeutische/toxische Wirkung, z.B. als Ergebnis der Potenzierung der therapeutischen Wirkung.
- Therapievereinfachung mit Folgen einer besseren Compliance.

Mögliche Nachteile fixer Kombinationen bestehen darin, daß:
- eine fixe Kombination nicht nach den individuellen Anforderungen zusammengestellt werden kann,
- mit einer Akkumulation nachteiliger Reaktionen zu rechnen ist.

Fixe Arzneimittelkombinationen sind unter folgenden Voraussetzungen sinnvoll:
- Jeder arzneilich wirksame Bestandteil leistet einen Beitrag zur positiven Beurteilung des Arzneimittels (AMG 2, § 22 (3a) 1986).
- Unerwünschte Wirkungen von Einzelkomponenten werden durch Dosisreduktion vermindert.
- Die einzelnen Kombinationspartner stimmen im Wirkungseinritt, in der Wirkungsdauer und im Dosierungsintervall überein.
- Die Wirksamkeit und Unbedenklichkeit der Einzelkomponenten ist belegt.

Grundsätzlich haben diese Richtlinien auch für pflanzliche Arzneimittel zu gelten. Aufgrund des Extraktes als Vielstoffgemisch ergeben sich jedoch Probleme und Besonderheiten, die bei fixen Kombinationen zu beachten sind.
- Zunächst sind Drogen und hieraus hergestellte Extrakte in ihrer Gesamtheit und nicht bezüglich der einzelnen Inhaltsstoffe als Wirkstoff anzusehen. Sie gelten als Summe von unterschiedlich pharmakologisch aktiven, mitunter antagonistisch, aber auch additiv oder synergistisch wirkenden Inhaltsstoffen.
- Da Extrakt nicht gleich Extrakt ist, sind bei einer Kombination von Extrakten pharmakologische Wechselwirkungen auszuschließen.
- Im Hinblick auf die biopharmazeutische Qualität ist zu bedenken, daß mit Zunahme von Kombinationspartnern die in vitro gegebene qualitative und quantitative Konformität einer fixen Kombination gewährleistet bleiben muß. Insbesondere sind pharmazeutische Inkompatibilitäten auszuschließen. Aus diesem Grund sind normierte bzw. standardisierte Monoextrakte fixen Kombinationen oft vorzuziehen.

- Kombinationspräparate sollten nicht mehr als drei Extrakte enthalten.
- Mit der Kombination sollten unterschiedliche Symptome oder Pathomechanismen beeinflußt werden.
- Die jeweiligen Kombinationspartner sollten gleichartig und gleichsinnig wirken und sich additiv oder überadditiv ergänzen.
- Die Dosierung der Einzelpartner kann unterhalb des Bereichs, aber auch im Bereich der entsprechenden Aufbereitungsmonographie für die individuelle Droge liegen.
- Wichtig sind Verbesserung der Verträglichkeit und Therapievereinfachung.

Grundsätzlich sollten, ähnlich wie bei den chemisch definierten Präparaten, Monoextrakte bevorzugt werden. Dies gilt insbesondere für Anwendungsgebiete mit einem hohen Indikationsanspruch wie chronische Herzinsuffizienz, Hirnleistungsstörungen, Angst, Depressionen und chronische Veneninsuffizienz. Im Bereich der nervösen Unruhe, Schlafstörungen, grippeartigen Infekte, fibroadenomatösen Prostatahyperplasie und Magen-Darm-Erkrankungen sind fixe Kombinationen berechtigt, wenn sich einzelne Kombinationspartner in ihren verschiedenen Wirkungen sinnvoll ergänzen. Die Sinnhaftigkeit der einzelnen Partner sollte nach Möglichkeit experimentell belegt und klinisch begründet sein.

Vielfach handelt es sich um Patienten mit Mehrfachbeschwerden bzw. Erkrankungen, für die verschiedene Arzneimittel mit Arzneistoffen unterschiedlicher Substanzklassen in Frage kommen. Werden in diesen Fällen mehrere Einzelsubstanzen verabreicht, so trifft der Begriff Monotherapie nicht mehr zu. In Wirklichkeit handelt es sich bei mehreren gleichzeitig eingenommenen Arzneimitteln um eine Ad-hoc-Kombination. Von dieser Ad-hoc-Kombination sind fixe Kombinationen zu unterscheiden. Beide Arten von Kombinationen können unterteilt werden in additive und komplementäre Kombinationen. Bei erster sind die Einzelpartner pharmakodynamisch im Sinne additiver oder sich gegenseitig verstärkender (d.h. synergistischer) Wirkungen oder nebenwirkungsabschwächender Effekte abgestimmt. Komplementäre

Kombinationen enthalten dagegen pharmakologische differente Wirkstoffe aus verschiedenen Substanzklassen, die gegen verschiedene, bei einem Patienten gleichzeitig bestehende Symptome, Beschwerden, Krankheitsbilder, Mangelzustände bzw. Mechanismen gerichtet sind.

Nach Auffassung der Kommission E ist ein Beitrag zur positiven Beurteilung gegeben, wenn der arzneilich wirksame Bestandteil zur therapeutischen Wirksamkeit beiträgt. Es können auch arzneilich wirksame Kombinationspartner enthalten sein, für die aufgrund ihrer Wirkung ein Beitrag zur Wirksamkeit der Gesamtkombination plausibel gemacht werden kann. Die Kombination muß indikationsbezogen der Therapie oder der Vorbeugung dienen. Denkbar ist, daß die einzelnen Bestandteile einer fixen Kombination gleichzeitig Erleichterung bei unterschiedlichen Symptomen eines solchen Krankheitszustands bringen. Es wäre jedoch nicht richtig, jedes einzelne Symptom als Indikation einer fixen Kombination zu betrachten, da dieses auch bei anderen Krankheiten auftreten kann und die Wirkung anderer Bestandteile für die Behandlung dieses Symptoms irrelevant sein könnte. Nach Gundert-Remy können einzelne Symptome, die zusammengefaßt eine Krankheitseinheit bilden, Angriffspunkte hinsichtlich der Wirksamkeit der einzelnen Kombinationspartner darstellen.

Literatur

Crout JR (1974) Fixed combination prescription drugs: FDA Police. The Journal of clinical pharmacology, May/June 249–254

Empfehlungen des Rates vom 26.10.1983 zu den Versuchen mit Arzneimittelspezialitäten im Hinblick auf deren Inverkehrbringen (83/571/EWG), Amtsblatt der Europäischen Gemeinschaft Nr.L. 332 vom 18.11.1994

Gesetz zur Neuordnung des Arzneimittelrechts vom 24.8.1976. Bundesgesetzblatt I, 2445

Gundert-Remy U (1987) Grundzüge der klinisch-pharmakologischen und klinischen Beurteilung bei der Zulassung von Fertigarzneimitteln. In: Schnieders S (Hrsg) Zulassung und Nachzulassung von Arzneimitteln. Aesopus, Basel, S 64–70

Kemper FH, Rietbrock N, Vogel G, Eberwein B (1988) Risikogestuftes Beurteilungsmodell für pflanzliche Kombinationsarzneimittel. In: Gesellschaft für Phytotherapie (Hrsg) Beurteilung pflanzlicher Kombinationsarzneimittel. Deutscher Apotheker Verlag, Stuttgart

Loew D (1996) Phytopharmaka. In: Rietbrock N, Staib AH, Loew D (Hrsg) Klinische Pharmakologie, 3. Aufl. Steinkopff, Darmstadt

Loew D (1997) Stellenwert von Kombinationsarzneimitteln. Klin Pharmakol aktuell 8 (2):25–29

Loew D (1998) Mono- und Kombinationspräparate aus pflanzlichen Arzneimitteln. In: Loew D, Rietbrock N (Hrsg) Phytopharmaka IV – Forschung und klinische Anwendung. Steinkopff, Darmstadt, S 121–128

Note for guidance on fixed combination medicinal products (1996) CPMP efficacy working party, April 1996

5 Ein- und Ausschlußkriterien für eine rationale Therapie mit Phytopharmaka

Jede sinnvolle medikamentöse Therapie bedarf einer klaren Indikationsstellung, Abwägung des Nutzen-Risiko-Verhältnisses und adäquaten Dosierung. Unterdosierungen bewirken Wirkungslosigkeit, Überdosierung das Risiko vermeidbarer unerwünschter Arzneimittelwirkungen bzw. mangelnder Compliance. Dies gilt auch für Phytopharmaka. Nach erfolgter Befundbewertung und vor dem Einsatz eines Arzneimittels sollten die folgenden Gesichtspunkte beachtet werden.

Einschlußkriterien
- Klar erfaßte Symptomengruppen, oder Diagnosen im Sinne objektivierbarer Befunde.
- Für die jeweilige Indikation belegte Wirksamkeit des pflanzlichen Arzneimittels.
- Berücksichtigung abgestufter Therapiekonzepte nach dem Ausmaß der Erkrankung. Phytopharmaka sind keine Arzneimittel der Akutmedizin. Hier und bei Schwerkranken sind chemisch definierte Substanzen vorzuziehen. Phytopharmaka sind vorrangig bei leichten bis mittelschweren und chronischen Erkrankungen indiziert. Vielfach sind sie hier gleichrangig und mitunter chemisch definierten Arzneimitteln im Hinblick auf Wirksamkeit, Verträglichkeit und Compliance überlegen.
- Es entspricht dem Gebot einer humanen Patientenbehandlung, und es ist compliancefördernd, bei alternativen Therapieoptionen dem Wunsch des Patienten zu folgen, insbesondere, wenn der kritische Patient bereits über gute Erfahrungen damit verfügt. Die große Mehrheit der Patienten zieht den Einsatz pflanzlicher Arzneimittel bei vergleichbarer Wirksamkeit chemisch definierter Substanzen vor. Dies geht aus Umfragen des Instituts für Demoskopie Allensbach, des IGSF Instituts für Gesundheits-System-Forschung, Kiel, und einer Studie bei niedergelassenen

Ärzten in Nordrhein-Westfalen, Hessen und Dresden hervor.

Ausschlußkriterien

- Nicht jeder Beschwerdekomplex ist medikamentös behandlungsbedürftig. Auch pflanzliche Arzneimittel sollen nur bei begründeter Indikation verordnet werden.
- Keine vertragsärztliche Verordnungsfähigkeit (z. B. Ausschluß durch Arzneimittelrichtlinien, Ausschluß wegen fehlender Zweckmäßigkeit und Wirtschaftlichkeit).
- Bei akuten, exazerbierten Erkrankungen und progredienten Verläufen kommen Phytopharmaka nicht oder nur in Ausnahmen zur Anwendung.
- Die Therapie sollte indikationsbezogen einheitlich sein. Behandlungsprinzipien unterschiedlicher Therapieformen sollten nicht vermischt werden, d. h. keine Kombination allopathischer und homöopathischer Therapien wegen der gleichen Erkrankung.

Relative Indikation

- Beschwerde- und symptomorientierte Behandlung. Vielfach ist eine exakte Diagnose nicht sofort möglich oder erforderlich bzw. ergibt sich erst im weiteren Konsultationsverlauf. Da die Beschwerden einer sofortigen Abilfe bedürfen, ist eine kontrollierte symptomatische Therapie mit pflanzlichen Arzneimitteln berechtigt, z. B. mit Ginkgo biloba bei Schwindelzuständen. Entscheidend ist jedoch, daß hierdurch die weitere diagnostische Abklärung nicht verschleiert wird.

Absolute Kontraindikationen

- Keine nachgewiesene Wirksamkeit.
- Bessere Therapieverfahren. Phytopharmaka sind hier keine „therapeutische Lücke".

Grundregeln der medikamentösen Therapie in der hausärztlichen Praxis:

- Der Patient sollte in die Therapieentscheidung einbezogen werden.
- Die Häufigkeit der Medikamenteneinnahme sollte möglichst gering gehalten werden.

- Sinnvolle Kombinationen sind anzustreben.
- Polypragmasie ist zu vermeiden.
- Der Patient sollte einen schriftlichen Therapieplan erhalten.
- Die Therapiemaßnahmen müssen regelmäßig im Hinblick auf Wirksamkeit, unerwünschte Arzneimittelwirkungen und Compliance kontrolliert werden.
- Der Arzt muß davon ausgehen, daß der Patient parallel zu den verordneten Medikamenten oft eine Selbstmedikation durchführt, die dem Arzt bekannt sein sollte. Daher ist eine arztgeleitete Selbstmedikation besonders sinnvoll.

Im Grunde genommen gelten damit für rationale Phytopharmaka die gleichen Forderungen und Richtlinien wie für chemisch definierte Substanzen.

Literatur

Allensbacher Archiv (1997) IfD Umfrage 6039
Hallauer FJ, Kern AO, Beske F (1996) Ergebnisse einer Meinungsumfrage zu pflanzlichen Arzneimitteln. IGSF Insitut für Gesundheits-System-Forschung Kiel, Juli 1996
Petereit G, Rössler G, Kirch W, Loew D (1998) Akzeptanz und Anwendung von Phytopharmaka bei niedergelassenen Ärzten mit und ohne Zusatzbezeichnung Naturheilverfahren. In: Loew D, Rietbrock N (Hrsg) Phytopharmaka IV – Forschung und klinische Anwendung. Steinkopff, Darmstadt

6 Vertragsärztliche Verordnungsfähigkeit von Phytopharmaka

Der Versorgungsanspruch des Kassenpatienten ist im Sozialgesetzbuch V niedergelegt. Ein Anspruch auf Krankenbehandlung besteht, wenn sie notwendig ist, um eine Krankheit zu erkennen, zu heilen, Verschlimmerung zu verhüten oder Beschwerden zu lindern. Auf Versorgung mit Arzneimitteln besteht ein Anspruch, soweit sie nicht durch die Negativliste nach § 34 Abs. 1 SGBV ausgeschlossen sind. Ein Differenzierung nach Art des Arzneimittels für den Versorgungsanspruch (z.B. pflanzliche Arzneimittel im Gegensatz zu chemisch definierten Pharmaka) kennt das Gesetz nicht.

Der Versorgungsauftrag des Vertragsarztes umfaßt alle behandlungsbedürftigen Erkrankungen. Er gilt gleichberechtigt für alle Arzneimittel. Die Verschreibung muß bedarfsgerecht, ausreichend, zweckmäßig sein, darf das Maß des Notwendigen nicht überschreiten und muß wirtschaftlich erbracht werden. Diese zunächst unbestimmten Rechtsbegriffe sind Interpretationen zugänglich und damit einer gewissen interessengeleiteten Willkür, aber der Wille des Gesetzgebers ist in der Rechtsprechung der Sozialgerichte umfangreich dokumentiert. Es lohnt sich daher, neben dem Blick ins Gesetz die Rechtsprechung zu konsultieren, bevor man autonomen Interpretationen folgt. Das medizinisch Notwendige ist die Begrenzung auf die Maßnahmen (z.B. Arzneimittel), die nach den Regeln der ärztlichen Kunst zweckmäßig und notwendig sind. Hierbei ist der Begriff „ärztliche Kunst" bewußt gewählt. Er umfaßt nicht nur „naturwissenschaftlich-medizinisches Wissen", sondern trägt auch ärztlichem Erfahrungswissen und der Pluralität der medizinischen Methoden Rechnung. Kernpunkt ist, daß das medizinisch Notwendige sich stets vom individuellen Behandlungsfall ableitet. Notwendig ist eine Therapie, wenn sie geeignet ist, eine Krankheit zu heilen, ihre Progredienz zu verhüten oder Beschwerden zu lindern. Der Ausgrenzungsversuch für Phytopharmaka aus der

Regelerstattung, indem der Begriff der medizinischen Notwendigkeit willkürlich in das Nötigste uminterpretiert wird, ist durch das Sozialgesetz nicht abgedeckt. Individuell, indikationsgerecht eingesetzt, erfüllt die rationale Therapie mit Phytopharmaka den Gesetzesauftrag in hervorragender Weise, gerade bei chronischen oder leichteren bis mittelschweren Erkrankungen, also den Beschwerden, die die Mehrzahl der Patienten beim niedergelassenen Arzt aufweisen.

Zweckmäßig sind Phytopharmaka, wenn sie indikationsgerecht eingesetzt werden. Hierzu ist es hilfreich, die Indikationsangaben zu kennen, die das Bundesinstitut für Arzneimittel und Medizinprodukte im Rahmen der Nutzen-Risiko-Bewertung festgelegt hat. Die Deklaration der Arzneimittel gibt wichtige Hinweise auf ihre Qualität. Es lohnt sich, bevor man ein Präparat erstmalig verschreibt, seinen Status zu überprüfen. Für alle wichtigen Arzneipflanzen liegen inzwischen vom BfArM herausgegebene bewertende Drogenmonographien vor, deren Angaben der Vertragsarzt für die von ihm verwendeten Phytopharmaka kennen sollte. Sie geben ebenso wie die Zulassung durch das BfArM den allgemein anerkannten Stand der medizinischen Erkenntnis wieder. Der Arzt handelt richtig im Sinne seines Versorgungsauftrages und gemäß dem Versorgungsanspruch des Patienten, wenn er zugelassene oder auf einer positiven Drogenmonographie beruhende Phytopharmaka indikationsgerecht verordnet. Um die Leistung wirtschaftlich zu erbringen, ist die Verordnung therapiegerechter Packungsgrößen ein wesentlicher Faktor. Das Ausnutzen von Präparatealternativen innerhalb der Gruppe der pflanzlichen Arzneimittel hat engere Grenzen als bei chemisch definierten Pharmaka. In der Regel ist die pharmazeutische Qualität und die klinische Dokumentation für eine oder wenige Darreichungsformen definierter Extrakte bestimmter Hersteller erarbeitet worden. Die ungeprüfte Übertragung dieser Ergebnisse auf Arzneimittelzubereitungen anderer Hersteller ist problematisch. Bioäquivalenzstudien, die eine vergleichbare Wirksamkeit von pflanzlichen Arzneimitteln nahelegen, sind nur dann möglich, wenn die zur Wirksamkeit beitragenden Inhaltsstoffe bekannt sind. Das ist in der Regel nicht der Fall. Man würde in diesen Fällen auch erwarten, daß die Wirksubstanzen als isolierte Reinstoffe angeboten werden. Die Bioäquivalenz einzelner Leitsubstanzen beweist bei pflanzlichen Arzneimitteln noch keine identische Wirksamkeit. Je nach Herstellungsverfahren (z. B. Abreicherung toxikologisch bedenklicher Inhaltsstoffe) kann die Verträglichkeit pflanzlicher Arzneimittel variieren, selbst wenn identische Mengen an einzelnen wirksamkeitsbestimmenden Inhaltsstoffen deklariert werden.

In den Erläuterungen zur EG-Richtlinie 75/318/EWG sind u. a. bestimmte Begriffe zur Charakterisierung von pflanzlichen Arzneimitteln offiziell definiert und festgelegt. Danach ist der Wirkstoff aus pflanzlichen Drogen nach Art und Menge zu charakterisieren, und zwar die Art durch

● das Verhältnis zwischen der Droge und der Zubereitung aus pflanzlicher Droge,
● den physikalischen Zustand der pflanzlichen Zubereitung (z. B. Trockenextrakt),
● das Lösungsmittel bzw. Lösungsmittelgemisch (z. B. Ethanol 60 % V/V),

und die Menge des Wirkstoffes durch

● die Masse des eingesetzten Extraktes in der Arzneiform,
● die Spanne der Masse, die einer bestimmten Masse von wirksamkeitsbestimmenden Inhaltsstoffen entspricht.

Die Gleichwertigkeit von Phytopharmaka hängt aber nicht nur von der pharmazeutischen Äquivalenz, d. h. der eingesetzten Drogenqualität, sondern auch von der biopharmazeutischen Qualität ab. Gerade durch die Galenik können pharmakokinetische und pharmakodynamische Eigenschaften wie Verfügbarkeit, Wirkungseintritt, Wirkungsdauer maßgeblich bestimmt werden. Der Nachweis der Gleichwertigkeit einer galenischen Formulierung anhand von Daten zur Zerfallszeit und zum Freisetzungsverhalten ist eine unabdingbare Voraussetzung, um die biopharmazeutische Äquivalenz zu bewerten.

Für die Praxis empfiehlt es sich, eine begrenzte Anzahl von Phytopharmaka auszuwählen und mit diesen routinemäßig zu arbeiten. Die persönliche Auswahl sollte anhand von pharmazeutischen Qualitätskriterien, klinischen Belegen der Wirksamkeit, der Unbedenklichkeit und anhand des Preis-

Leistungs-Verhältnisses erfolgen. Wird eine solche Auswahl von Phytopharmaka im Rahmen einer rationalen Therapie indikationsgerecht verordnet und dokumentiert, entspricht sie dem Versorgungsauftrag des Vertragsarztes, und ein Arzneimittelregreß ist nicht zu befürchten. In den folgenden Kapiteln werden konkrete Therapieempfehlungen gegeben, die diesen Auswahlkriterien entsprechen. Diese Synopsis ist an der Gesetzeslage im Winter 1998 orientiert. Politische Änderungen im Leistungsumfang des SGB V und davon abgeleitete Konkretisierungen (z. B. Arzneimittelrichtlinien) zu einem späteren Zeitpunkt sind nicht auszuschließen.

Literatur

Döben-Koch M (1997) Was sind umstrittene/unwirtschaftliche Arzneimittel? Der Arzt und sein Recht 1:22–23

Loew D (1997) Is the biopharmaceutical quality of extracts adequate for clinical pharmacology? Int J Clin Pharmacol Ther 35:302–306

Loew D (1997) Heilversuch, klinische Forschung und Therapiefreiheit – Ärztliche Aspekte. Z Ärztl Fortbild, Qualsich 91:691–695

Pranschke-Schade S (1997) Arzneimittelbudget – Willkürliche Einschränkung der Therapiefreiheit des Arztes? top medizin 3:27–28

Sozialgesetzbuch (SGB), Fünftes Buch (V) – Gesetzliche Krankenversicherung vom 20.12.1988 (BGBl I, S 2477) zuletzt geändert durch das Gesetz vom 21.12.1992 (BGBl S 2266)

Stebner FA (1992) Das Recht der biologischen Medizin. Haug, Heidelberg

Stebner FA (1997) Verordnungsfähigkeit pflanzlicher Arzneimittel. Der Arzt und sein Recht 1:4–7

Stebner FA (1997) Was sind umstrittene/unwirtschaftliche Arzneimittel? Top Med 2:6–7

Ziskoven R, Schüssler B (1993) Das Gesundheitsstrukturgesetz: Ein Anwenderhandbuch für die ärztliche Praxis. Systemed, Lünen

II. Anwendungsgebiete für Phytopharmaka

1 Herz-Kreislauf-Erkrankungen

Cardia remedia (Syn. Kardiaka) ist ein Sammelbegriff für Arzneimittel mit Wirkungen auf den Herzmuskel, den Herzrhythmus und die Koronargefäße. Aufgrund des hohen Indikationsanspruchs und der Erwartungshaltung des Patienten nach wirksamen und im Hinblick auf das Risiko-Nutzen-Verhältnis nach unbedenklichen Arzneimitteln reicht das Argument der Erfahrungsmedizin nicht aus. Ärzte und kritische Patienten verlangen mit Recht wissenschaftliche Belege zur pharmakologischen Wirkung, klinischen Wirksamkeit und Qualität der eingesetzten Präparate.

Unter koronarer Herzkrankheit (KHK) versteht man die Auswirkungen einer Insuffizienz der Koronarien. Die klinische Symptomatik ergibt sich aus dem Mißverhältnis zwischen dem Sauerstoffbedarf des Myokards und dem Sauerstoffangebot. Übersteigt der Sauerstoffbedarf, etwa bei körperlicher Belastung, das Angebot, so resultiert daraus die Myokardischämie. Sie beruht vorrangig auf einer primären Koronarinsuffizienz, deren Ursache meist in einer Stenose der extramuralen Koronargefäße oder einem Koronararterienspasmus liegt. Charakteristisch ist der typische Angina-pectoris-Schmerz nach körperlicher oder psychischer Belastung, der nach Abbruch der Belastung bzw. nach sublingualer Applikation von Nitroverbindungen innerhalb von Minuten abklingt. Der Schmerz ist meist retrosternal, strahlt in die linke Schulter, den linken Arm oder in den Oberbauch aus und wird als krampfend, brennend und einschnürend empfunden. Nicht nur die Beschwerdesymptomatik, sondern vor allem die Gefahr des Myokardinfarktes, von Herzrhythmusstörungen und plötzlichem Herztod erfordern effektive medikamentöse oder invasive Maßnahmen zur Verbesserung der Sauerstoffversorgung.

Bisher steht kein pflanzliches Arzneimittel bei koronarer Herzkrankheit bzw. bei stenokardischen Beschwerden zur

Verfügung, das die zuvor genannten Anforderungen erfüllt. Für einen auf 10,5 % γ-Pyrone eingestellten (berechnet als Khellin) Ammi-visnaga-Trockenextrakt liegen zwar Untersuchungen zum pharmakologischen Wirkprofil vor, die klinische Wirksamkeit bei Angina pectoris und Koronarinsuffizienz ist jedoch nicht belegt.

Ursachen von Arrhythmien können Störungen der Erregungsbildung, der Erregungsausbreitung und der Erregungsrückbildung sein. Sie sind dann problematisch, wenn sie die Hämodynamik ernsthaft gefährden oder Vorboten von Kammerflimmern sind mit dem erhöhten Risiko eines plötzlichen Herztodes. Neben tachykarden können bradykarde Herzrhythmusstörungen und Irregularitäten ohne nennenswerte Frequenzalterationen auftreten. Das zentrale Nervensystem reagiert am empfindlichsten und schnellsten auf die reduzierte Förderleistung des Herzens mit Schwindel, Sehstörungen, Absencen und Adams-Stokes-Anfällen. In zweiter Linie ist das Myokard durch die Minderdurchblutung gefährdet. Zur Behandlung von Herzrhythmusstörungen stehen wirksame Antiarrhythmika zur Verfügung, die im Hinblick auf das spezifische Wirkprofil in Substanzen mit Einfluß auf membranständige Ionenkanäle (Na^+, K^+, Ca^{++}, Cl^-), Rezeptoren (α-, β-, muskarinerge und purinerge) und Ionenpumpen (Na^+-, K^+-, Ca^{++}-Pumpe) eingeteilt werden. Zu diesen nach sorgfältiger Nutzen-Risiko-Abwägung und strenger Indikationsstellung eingesetzten chemisch definierten Substanzen gibt es bisher keine Alternative an Phytopharmaka.

Herzinsuffizienz

Definition und Einteilung. Die Herzinsuffizienz ist durch eine unzureichende Versorgung der Körperperipherie mit Sauerstoff und Nährstoffen auf dem Boden einer Herzerkrankung definiert. Reichen die physiologischen hämodynamischen und neurohumoralen Kompensationsmechanismen zur Steigerung der Myokardleistung und adäquaten Perfusion peripherer Organe nicht aus, dann droht die manifeste

Myokardinsuffizienz. Nach der Stadieneinteilung der New York Heart Association (NYHA) äußert sich die Herzinsuffizienz in leichter Einschränkung der körperlichen Leistungsfähigkeit mit Beschwerden bei mittlerer Belastung (NYHA II), erheblicher Einschränkung der körperlichen Leistungsfähigkeit mit Beschwerden bei geringster Belastung (NYHA III) und hochgradiger Einschränkung der Leistungsfähigkeit mit Beschwerden unter Ruhebedingungen und Verstärkung bei geringster Belastung (NYHA IV). Wegen untersucher- und patientenabhängiger Variabilität sowie fließender Übergänge zu den einzelnen Stadien, insbesondere von NYHA II zu III, hat sich die Behandlung weniger nach der formalen Stadieneinteilung als nach dem klinischen Zustandsbild des Patienten zu richten.

Bei der akuten Herzinsuffizienz treten die kardialen Funktionsstörungen im Verlauf von Minuten und Stunden auf, während sich die chronische Herzinsuffizienz über Monate und Jahre entwickelt. Ätiologisch kommen kardiale und/oder extrakardiale Ursachen in Frage (Tabelle 1.1). Meist handelt es sich um eine Linksherzinsuffizienz, wobei die Abnahme der kontraktilen Muskelmasse, z. B. bei der koronaren Herzkrankheit oder bei Zustand nach Herzinfarkt, und die arte-

Tabelle 1.1. Kardiale und extrakardiale Ursachen der Herzinsuffizienz

Pathophysiologie	Kardial	Extrakardial
Drucküberlastung	Aortenstenose	Hypertonie
Volumenüberlastung	Aorteninsuffizienz Mitralinsuffizienz angeborene Vitien	Nierenversagen
Füllungsbehinderung	Mitralstenose	konstriktive Perikarditis
Erkrankungen der Herzmuskelzelle	hypertrophe und dilative Kardiomyopathie Myokarditis	toxische Kardiomyopathie metabolische und endokrine Kardiomyopathie
Abnahme kontraktiler Muskelmasse	koronare Herzkrankheit Zustand nach Herzinfarkt	

rielle Hypertonie im Vordergrund stehen. Eine Rechtsherzinsuffizienz ist meist Folge einer Lungenerkrankung oder einer sekundären Überlastung des rechten Ventrikels durch eine Linksherzinsuffizienz.

Symptome. Subjektive Symptome der Herzinsuffizienz sind allgemeine Leistungsschwäche, Belastungs- bzw. Ruhedyspnoe, Kurzatmigkeit, Orthopnoe, Zyanose, Tachykardie, Beklemmungsgefühl, Nykturie. Zu den hämodynamischen Befunden gehören erhöhter ventrikulärer Füllungsdruck, inadäquate Steigerung des Herzminutenvolumens mit erniedrigter Ejektionsfraktion. Die morphologischen Veränderungen äußern sich in ventrikulärer Hypertrophie, Dilatation, Myokarddegeneration bis hin zu Myokardapoptosen und Myokardnekrosen.

Therapieziel

Therapieziel sind Senkung der Vor- und Nachlast sowie Normalisierung der kompensatorisch übersteuerten neurohumoralen Aktivität des Sympathicus und des Renin-Angiotensin-Systems, Verbesserung bzw. Normalisierung der Pumpfunktion und damit der Perfusion lebenswichtiger Organe, Verhinderung des Fortschreitens in prognostisch ungünstige Stadien, Reduktion der Morbidität, Verbesserung der Lebensqualität und Verlängerung der Überlebenszeit. Die Therapie hat sich nach der kardialen Grundkrankheit (z.B. KHK, Hypertonie, Klappenfehler), Begleiterkrankungen, Nierenfunktion und Allgemeinzustand des Patienten zu richten.

Therapiemaßnahmen

Neben einer kausalen Therapie kommen symptomatische medikamentöse Maßnahmen in Frage. Zur Verfügung stehen Substanzen, welche die Kontraktionskraft stärken oder das Herz durch Senkung der Vor- und Nachlast entlasten und das übersteuerte neurohumorale System normalisieren.

* Standardisierte herzglykosidhaltige pflanzliche Extrakte

Inhaltsstoffe und Pharmakodynamik

Neben den Reinglykosiden Digoxin und Digitoxin stehen herzwirksame Glykoside, als Digitaloide bezeichnet, aus Adonidis herba, Convallariae herba, Oleandri folium und Scillae bulbus zur Verfügung.

Im Hinblick auf den Mechanismus wirken diese herzglykosidhaltigen Pflanzenextrakte qualitativ über den identischen Glykosidrezeptor wie die Reinglykoside. Anhand von Experimenten zur Rezeptorbindung konnten Schwinger et al. zeigen, daß ein definierter Extrakt aus den vier Pflanzendrogen am gleichen Rezeptor bindet wie Digoxin und ^{3}H-Quabain (3,3 mol/l) aus der spezifischen Bindung an der membranständigen Na^{+}/K^{+}-ATPase verdrängt, nach 100 nmol/l zu 100 % und nach 10 nmol/l zu 50 %. In vitro steigerte die definierte Extraktkombination mit Convallatoxin (0,0195 mmol/l), Cymarin (0,2111 mmol/l), Oleandrin (0,0165 mmol/l) und Proscillaridin (0,0362 mmol/l) im Konzentrationsbereich von 0,03–0,3 µmol/l dosisabhängig die isometrische Kontraktionskraft von Papillarmuskelstreifen am mäßiggradig insuffizienten (NYHA II–III) und terminal insuffizienten menschlichen Myokard (NYHA IV). Nach Lehmann besitzt ein standardisierter Extrakt aus Adonisröschen, Maiglöckchen, Meerzwiebel und Oleander neben der positiv inotropen Wirkung zusätzlich eine dosisabhängige venokonstriktorische Wirkung an der Hinterextremität der narkotisierten Katze, die sich durch eine längere Wirkdauer von den kardialen Effekten unterscheidet. Die Übertragbarkeit dieser experimentellen In-vitro- und In-vivo-Befunde auf den Menschen ist von der Bioverfügbarkeit des eingesetzten Extraktes und einer ausreichenden Konzentration am Wirkort, z. B. Herzmuskel, abhängig.

Pharmakokinetik

Der entscheidende Unterschied zwischen den Reinglykosiden und herzglykosidhaltigen Pflanzenextrakten liegt in den pharmakokinetischen Daten wie Resorptionsquote, Proteinbindung, Halbwertszeit, Abklingquote sowie dem Eliminationsweg und beruht auf den physikochemischen Eigenschaften. Während die pharmakodynamische Wirkung vom stero-idalen Aglykon (Genin) ausgeht, ist der Zuckeranteil für die pharmakokinetischen Eigenschaften verantwortlich. Rein-glykoside sind wegen der geringeren Polarität infolge der niedrigen Zahl an polaren Substituenten am Geninmolekül lipophil und in Wasser praktisch unlöslich. Pflanzliche Digi-taloide sind polare Substanzen, aufgrund der freien OH-Gruppen wasserlöslich und damit schlechter bioverfügbar. Polarität und Resorptionsquote stehen in gewisser Bezie-hung, d. h. je apolarer das Glykosid desto größer die Resorp-tion. In Tabelle 1.2 sind die wichtigsten pharmakokinetischen Parameter von Digitoxin und Digoxin diesen pflanzlichen

Tabelle 1.2. Wichtige pharmakokinetische Kenngrößen von Reinglykosiden und pflanzlichen Herzglykosiden (nach Loew et al. 1994)

	Digitoxin	Digoxin	Adonis vernalis
Glykoside	Reinglykosid Cardenolid	Reinglykosid Cardenolid	ca. 27 Cardenolid
Leitglykosid	Digitoxin	Digoxin	Cymarin
Resorptionsquote (%)	95–100	60–80	15–37
Halbwertszeit (h)	ca. 200	ca. 40	13–23
Abklingquote (%)	7–10	20–25	28–39
Wirkdauer (d)	10–21	4–8	2,8
Proteinbindung (%)	90–97	20	
Ausscheidung	renal biliär	überwiegend renal	überwiegend renal
	Convallaria majalis	Nerium oleander	Urginea maritima (= Scilla)
Glykoside	ca. 40	ca. 25	ca. 30
Leitglykosid	Cardenolid Convallatoxin	Cardenolid Oleandrin	Bufadienolid Proscillaridin A
Resorptionsquote (%)	10	65–86	20–30
Halbwertszeit (h)			23–49
Abklingquote (%)	40–50	41	30–50
Wirkdauer (d)		2,65	2–3
Proteinbindung (%)	16	50	85
Ausscheidung	renal biliär	renal biliär	überwiegend biliär

Herzglykosiden gegenübergestellt. Gegenüber Digitoxin mit einer Bioverfügbarkeit von 95–100 % und Digoxin von 60–80 % besitzt unter den herzglykosidhaltigen Pflanzenextrakten Convallatoxin mit ca. 10 % die geringste und Oleandrin mit 65–86 % die höchste Resorptionsquote. Für die Praxis sind Abklingquote zur Berechnung der Erhaltungsdosis und die Ausscheidungswege für die Anwendung bei Patienten mit Nierenfunktionsstörungen von Bedeutung. Bei den herzglykosidhaltigen Pflanzenextrakten liegt die Abklingquote bei 30–50 %. Das Leitglykosid Cymarin wird überwiegend renal, Convallotoxin und Oleandrin renal/biliär und die Scillaglykoside überwiegend über die Galle ausgeschieden.

Indikationen für herzglykosidhaltige Pflanzenextrakte

In der rationalen Therapie der Herzinsuffizienz spielen herzglykosidhaltige Pflanzenextrakte wegen der geringen und unregelmäßigen oralen Verfügbarkeit, fehlender Standardisierung, mangelhafter Kontrolle von Plasmaspiegeln im Rahmen der therapeutischen Einstellung und Erfassung von toxischen Plasmakonzentrationen im Blut gegenüber Digitoxin, Digoxin und ihren methylierten oder acetylierten Derivaten heute keine Rolle. Vielfach finden herzglykosidhaltige Pflanzenextrakte in der täglichen Praxis noch eine Anwendung bei Patienten mit funktionellen Herzbeschwerden, beginnender bzw. leichter Belastungsinsuffizienz, Kreislauflabilität und bei älteren Personen.

Phytopharmaka für eine rational begründbare vertragsärztliche Verordnung

✳ Crataegi folium cum flore (Standardisierte Crataegus-Extrakte aus Blättern mit Blüten)

Inhaltsstoffe und Pharmakodynamik

Von über 100 Crataegus-Arten sind fünf offizinell, wobei im wesentlichen Crataegus laevigata und monogyna in die Therapie Eingang gefunden haben. Die Droge enthält verschiedene Inhaltsstoffe wie Flavonoide, Procyanidine, Catechine,

Triterpensäuren, aromatische Carbonsäuren, Amino- und Purinderivate, aber keine herzwirksamen Glykoside. Experimentelle Daten liegen von wäßrigen und alkoholischen Extrakten, von verschiedenen Fraktionen und Inhaltsstoffen vor. Zubereitungen aus einem 45 % wäßrig-ethanolischen Extrakt aus Weißdornblättern mit Blüten, eingestellt auf 18,75 % oligomere Procyanidine (OPC), und einem 70 % wäßrig-methanolischen Extrakt aus Weißdornblättern mit Blüten, eingestellt auf 2,2 % Flavonoide, wurden in vitro am isolierten Froschherz, an isolierten Herzmuskelzellen von Ratten, am perfundierten isolierten Langendorff-Meerschweinchenherzen, am isolierten Vorhof und in vivo an Ratten und Hunden nach kurzfristiger (7 min) und langfristiger (20 bzw. 120 min) Ischämie der linken Koronararterie mit anschließender Reperfusion untersucht. An isolierten Herzmuskelzellen besitzt der auf 2,2 % Flavonoide standardisierte Weißdorn-Trockenextrakt bis zu 120 µg/ml eine dosisabhängige positiv inotrope Wirkung, verlängert ab 90 µg/ml die apparente Refraktärzeit bzw. die nach Isoprenalin (10^{-8} M) verkürzte Refraktärzeit. Nach Untersuchungen an glatten Muskelzellen von normalen und arteriosklerotischen Koronargefäßen hyperpolarisierte der untersuchte Extrakt die Membran dosisabhängig und relaxierte die Wandspannung. Am Modell des isolierten Rattenherzens wurde die Auswirkung einer 3monatigen Vorbehandlung mit einem auf 2,2 % Flavonoide standardisierten Crataegus-Extrakt auf die Freisetzung der Laktatdehydrogenase während Ischämie und Reperfusion untersucht. In der Ischämiephase stieg die Enzymaktivität bei Kontrollen und behandelten männlichen Wistar-Ratten nur gering und erst mit Beginn der Reperfusion deutlich an. Die Zunahme war bei den crataegusvorbehandelten Tieren signifikant geringer, was auf einen kardioprotektiven Effekt hinweist. Bei Ratten verhinderte eine 6tägige Vorbehandlung mit 100 mg/kg KG/Tag des definierten Crataegus-Extrakts WS 1442 nach kurzfristiger Ischämie der linken Koronararterie und Reperfusion das Auftreten von Fibrillationen und reduzierte signifikant Tachykardie und Anstieg der Kreatinphosphokinase. In ergänzenden Versuchen mit einer längeren Ischämie und nachfolgender Reperfusion der linken Koronararterie an Ratten (Okklusion 120 min) und

Hunden (Okklusion 20 min) äußerte sich die kardioprotektive Wirkung des standardisierten Crataegus-Extraktes WS 1442 in einem signifikant geringeren ST-Anstieg gegnüber Placebo. Untersuchungen der drei Einzelfraktionen im WS-1442-Extrakt ergaben, daß die OPC-reiche Fraktion für die Hemmung der Lipidoxidation und Inhibition der proteolytischen Aktivität der humanen neutrophilen Elastase die ausgeprägtesten Radikalfänger- und elastasehemmenden Eigenschaften hatten. Am menschlichen Myokard verdrängte der Crataegus-Spezialextrakt WS 1442 spezifisch gebundenes ^{3}H-Quabain konzentrationsabhängig von der sarkolemmnalen Na^+/K^+-ATPase und steigerte in isolierten elektrisch stimulierten linksventrikulären Papillarmuskelstreifen insuffizienter menschlicher Herzen (NYHA IV) ab einer Konzentration von 10 µg/ml die Kontraktionskraft im Vergleich zur Kontrolle und verbesserte ab 100 µg/ml signifikant die Kraft-Frequenz-Beziehung.

Nach diesen In-vitro- und In-vivo-Experimenten unterscheidet sich das pharmakodynamische Wirkprofil der untersuchten Crataegus-Extrakte von anderen positiv inotropen Substanzen und läßt sich wie folgt zusammenfassen:

- Steigerung der Kontraktionskraft (positiv inotrop),
- weitgehende Frequenzneutralität auf Spontanfrequenz (chronotrop neutral),
- Verkürzung der AV-Überleitungszeit (positiv dromotrop),
- Verlängerung der effektiven Refraktärzeit (negativ bathmotrop),
- Zunahme der Koronar- und Myokarddurchblutung,
- Erhöhung der Toleranz gegenüber Sauerstoffmangel,
- Senkung des peripheren Gefäßwiderstandes,
- kardioprotektive Wirkung am Ischämiemodell.

Crataegus-Extrakte zeichnen sich im pharmakodynamischen Wirkprofil gegenüber den untersuchten Inotropika und insbesondere gegenüber Digitalis durch verschiedene Effekte aus, hauptsächlich durch die verlängerte Refraktärzeit und positive Korrelation von Refraktärzeit mit der inotropen Wirkung, die für Digoxin und Phosphodiesterasehemmer einen annähernd linearen Abfall ergaben. Dieser Befund ist deshalb interessant, da positiv inotrope Substanzen im allgemeinen arrhythmogen und antiarrhythmogene Substanzen negativ inotrop wirken. Dies spricht für einen antiarrhythmischen Effekt von Crataegus-Extrakten. Zusätzlich konnte im Hinblick auf den Sauerstoff- und Energieverbrauch eine ökonomisierende Wirkung gezeigt werden. In Crataegus sind demnach Fraktionen enthalten, die die pharmakodynamischen Eigenschaften von Digitalis, ACE-Hemmern und β-Rezeptorenblockern zeigen (Tabelle 1.3).

Tabelle 1.3. Nutzen-Risiko-Profil von Arzneimitteln bei chronischer Herzinsuffizienz

	Digitalis	Diuretika	**Nutzen** ACE-Hemmer	β-Blocker*	Crataegus
Steigerung der Pumpleistung	✓	–	–	–	✓
Senkung der Vorlast	–	✓	✓	✓	
Senkung der Nachlast	–	✓	✓	✓	✓
Vasodilatation	–	–	✓	✓	✓
Radikalfänger	–	–	–	✓	✓
Einfluß auf neurohumorale Parameter	–	–	✓	✓	✓
Kardioprotektion	–	–	✓	✓	✓
	Digitalis	Diuretika	**Risiko** ACE-Hemmer	β-Blocker*	Crataegus
Wechselwirkung	✓	✓	✓	✓	keine
Nebenwirkungen	✓	✓	✓	✓	gering
Einfluß auf Elektrolyte	✓	✓	✓	✓	keine
Therapeutische Breite	gering	groß	groß	groß	groß

– kein Effekt; ✓ Effekt; * 3. Generation

Ungeklärt ist bisher der Wirkungsmechanismus. Nach Siegel beruht die Zunahme der Kontraktionskraft auf einer Stimulation von β_1-adrenergen Rezeptoren über sekundäre Botenstoffe, wobei nach Crataegus das zyklische 3′,5′-Adenosinmonophosphat (cAMP) um ca. 20 % ansteigt und zyklisches 3′,5′-Guanosinmonophosphat (cGMP) um ca. 20 % abfällt. cAMP phosphoryliert und aktiviert den spannungsabhängigen Ca^{2+}-Kanal, während cGMP diesen blockiert. Hierdurch wird der Einstrom von Ca^{2+} gesteigert und die Kontraktion verbessert. Auf β_2-Rezeptoren wirkt Crataegus gefäßerweiternd, indem es den cAMP-Spiegel um 24 % senkt und den cGMP-Spiegel um 57 % erhöht. Die Signalübertragung läuft nicht über den muskulären β_2-Rezeptor, sondern über das Gefäßendothel ab, wobei vermehrt Stickstoffmonoxid (NO) synthetisiert wird und das cGMP ansteigt. Dieses stimuliert eine cGMP-abhängige Proteinkinase, welche den Ca^{2+}-aktivierten K^+-Kanal phosphoryliert und die Offenwahrscheinlichkeit erhöht. Die Folgen sind Membranhyperpolarisation und Förderung des Auswärtstransports sowie Hemmung des passiven Einstroms von Ca^{2+}. Nach Joseph et al. steht das Wirkprofil des auf 2,2 % Flavonoide eingestellten Crataegus-Extraktes eher mit den Phosphodiesterasehemmern (PDE) in Einklang, zumal verschiedene Untersuchungen über eine In-vitro-Hemmung sowohl der cAMP- als auch der cGMP-spezifischen PDE durch Flavonoide und Xanthiome berichten und computergestützte Modellanalysen eine strukturelle Ähnlichkeit mit PDE-Hemmstoffen zeigen. Schwinger et al. zeigten, daß ein auf OPC standardisierter Extrakt radioaktiv markiertes H-Quabain aus seiner Bindung an die Na^+/K^+-ATPase verdrängt und keinen Einfluß auf die Adenylatzyklase hat.

Indikationen für standardisierte Crataegus-Extrakte
Aufgrund des Indikationsanspruchs „chronische Herzinsuffizienz NYHA II" sind an Crataegus-Zubereitungen die gleichen Anforderungen für den Nachweis der Wirksamkeit zu stellen wie an chemisch definierte Substanzen:
- Verlängerung der Überlebenszeit,
- Reduktion der Morbidität,
- Verbesserung der Lebensqualität,

- Verbesserung primärer Surrogate wie submaximale und/oder maximale Belastungskapazität, definierte subjektive Beschwerden (NYHA- oder SAS-Skala),
- Verbesserung sekundärer Surrogate wie hämodynamischer (Ejektionsfraktion, Ultraschall, Szintigraphie) und neurohumoraler (Plasma-Noradrenalin, Renin, Aldosteron, ANF) Parameter.

In offenen und randomisierten klinischen Doppelblindstudien, die den derzeitigen Arzneimittelprüfrichtlinien entsprechen, konnten anhand objektiver Kriterien wie Steigerung der Arbeitstoleranz, Erhöhung der anaeroben Schwelle mittels Spiroergometrie, Zunahme der Ejektionsfraktion und Senkung des Druck-Frequenz-Produktes relevante Surrogat-Endpunkte beeinflußt und durch Verringerung subjektiver Beschwerden eine verbesserte Lebensqualität bei Patienten mit einer Herzinsuffizienz NYHA II nachgewiesen werden (Tabelle 1.4). Therapieerfolge bei Patienten mit charakteristischen Symptomen des aktivierten sympathoadrenergen Systems wie grenzwertige Hypertonie und Arrhythmien bei einer Herzinsuffizienz NYHA II sind erste Hinweise darauf, daß ein auf 2,2 % Flavonoide standardisierter Crataegus-Extrakt auch einen positiven Einfluß auf sekundäre Surrogate hat. Neben der klinischen Wirksamkeit zeichnen sich Cratae-

Tabelle 1.4. Kontrollierte klinische Studien mit standardisierten Extrakten aus Crataegus-Blättern mit Blüten bei NYHA II

Autor/Jahr	Design	tägliche Dosis (mg)	Dauer (Wochen)	Parameter
Leuchtgens et al. 1993	DBP	160*	8	SB, DFP
Weikl et al. 1993	DBP	160*	8	SB, LB, DFP
Weikl et al. 1996	DBP	160*	8	DFP, LP
Bödigheimer et al. 1994	DBP	300*	4	SB, AT, DFP
Schmidt et al. 1994	DBP	600**	8	SB, AT, DFP
Förster et al. 1994	DBP	900**	8	SB, AS, DFP
Tauchert et al. 1994	DBC	900**	8	SB, AT, DFP

DBP = Doppelblind – Placebo, DBC = Doppelblind Captopril, LB = Lebensqualität, SB = subjektive Beschwerden, DFP = Druck-Frequenz-Produkt, AT = Arbeitstoleranz, AS = anaerobe Schwelle. Standardisiert auf * OPC, ** Flavonoide.

gus-Extrakte durch die gute Verträglichkeit, fehlende Wechselwirkungen mit anderen Arzneimitteln und durch eine große therapeutische Breite aus (s. Tabelle 1.3), weshalb u. a. eine Kombination mit ACE-Hemmern und Diuretika sinnvoll ist. Inwieweit die Morbidität und die Anzahl der Krankenhauseinweisungen aufgrund kardiovaskulärer Ereignisse durch die Kombination von Crataegus mit einem ACE-Hemmer und Diuretika ähnlich wie bei der DIG-Studie reduziert werden, wird in einer derzeit laufenden SPICE Studie (Survival and Prognosis: Investigation of Crataegus Extract WS 1442 in CHF) untersucht. Aufgrund der bereits vorliegenden Befunde präklinischer und klinischer Studien sind entsprechend standardisierte Extrakte aus Weißdornblättern mit Blüten eine Alternative zu chemisch definierten Substanzen.

☞ **Anwendungsgebiete, die eine vertragsärztliche Verordnung rechtfertigen:** Nachlassende Leistungsfähigkeit des Herzens entsprechend Stadium II nach NYHA.

Tagesdosis: 160 bis 900 mg nativer, wäßrig-alkoholischer Auszug aus Weißdornblättern mit Blüten (Ethanol 45 % V/V oder Methanol 70 % V/V: Drogen-Extrakt-Verhältnis = 4–7:1; mit definiertem Flavonoid- oder Procyanidingehalt) entsprechend 30 bis 168,7 oligomere Procyanidine, berechnet als Epicatechin, oder 3,5 bis 19,8 mg Flavonoide, berechnet als Hyperosid nach DAB 10, in zwei oder drei Einzeldosen.

Anwendungsdauer: Mindestens 6 Wochen.

Nebenwirkungen: Bisher keine bekannt.

Gegenanzeigen: Bisher keine bekannt. Aus der Anwendung des Weißdorn-Extraktes als Arzneimittel und aus experimentellen Untersuchungen haben sich keine Anhaltspunkte für Risiken in Schwangerschaft und Stillzeit ergeben. Zur Anwendung bei Kindern liegen keine ausreichenden dokumentierten Untersuchungen vor. Weißdorn-Extrakte sollen deshalb bei Kindern unter 12 Jahren nicht angewendet werden.

Wechselwirkungen: Bisher keine bekannt.

Symptome der Intoxikation: Bisher keine bekannt.

Auswahl von zugelassenen bzw. monographiekonformen Fertigarzneimitteln mit Crataegus-Extrakten aus Blättern mit Blüten, ohne Anspruch auf Vollständigkeit:

Crataegutt novo 450 Filmtbl. ED 450 mg
Crataegutt 80 Filmtbl. ED 80 mg
Crataegus Stada Dragees ED 240 mg
Crataegutt forte Lösung 94 mg/ml
Crataepas Filmtbl. ED 100 mg
Crataezyma Herzkapseln ED 224–274 mg
Cratecor Filmtbl. ED 80 mg, Lösung 94 mg/ml
Faros 300 Dragees ED 300 mg
Steicorton Filmtbl. ED 210 mg, Fluidextrakt, Lösung 75,5 mg/ml
SX Crataegus Filmtbl. ED 300 mg

ED = Einzeldosis pro Zubereitungsform

Literatur

Al Makdessi S, Sweidan H, Müllner S, Jakob R (1996) Myocardial protection by pretreatment with Crataegus oxyacantha. Arzneim-Forsch/ Drug Res 46(I), 1:25–27

Beretz A, Joly M, Stoclet C, Anton R (1979) Planta med 36:193

Brixius K, Frank K, Münch G, Müller-Ehmsen J, Schwinger RHG (1998) WS 1442 (Crataegus-Spezialextrakt) wirkt am insuffizienten menschlichen Myokard Kontraktionskraft-steigernd. Herz/Kreislauf 30: 298–333

Bödigheimer K, Chase D (1994) Wirksamkeit von Weißdorn-Extrakt in der Dosierung 3 × 100 mg tägl. Multizentrische Doppelblind-Studie mit 85 herzinsuffizienten Patienten im Stadium NYHA II. Münch Med Wochenschr 136, Suppl 1:7–11

Chatterjee SS, Koch E, Jaggy H, Krzeminski T (1997) In-vitro- und In-vivo-Untersuchungen zur kardioprotektiven Wirkung von oligomeren Procyanidinen in einem Crataegus-Extrakt aus Blättern mit Blüten. Arzneim-Forsch/Drug Res 47(I):821–825

Deutsches Arzneibuch, DAB 1997, Weißdornblätter mit Blüten

Eichstädt H, Bäder M, Danne O, Kaiser W, Stein U, Felix R (1989) Crataegus-Extrakt hilft dem Patienten mit NYHA II-Herzinsuffizienz. Therapiewoche 39:3288–3296

Fischer K, Jung F, Koscielny J, Kiesewetter H (1994) Crataegus-Extrakt vs. Methyldigoxin. Münch Med Wochenschr 136, Suppl 35–38

Förster A, Förster K, Bühring M, Wolfstädter HD (1994) Crataegus bei mäßig reduzierter linksventrikulärer Auswurffraktion. Ergospirometrische Verlaufsuntersuchung bei 72 Patienten in doppelblindem Vergleich mit Placebo. Münch Med Wochenschr 136, Suppl 1:21–26

Gabard B, Trunzler G (1983) Zur Pharmakologie von Crataegus. In: Rietbrock N, Schnieders B, Schuster J (Hrsg) Wandlung in der Therapie der Herzinsuffizienz. Vieweg, Wiesbaden

Hänsel R, Keller K, Rimpler H, Schneider G, Drogen A-D (Hrsg) (1992) Hagers Handbuch der Pharmazeutischen Praxis. Springer, Berlin Heidelberg New York London Paris Tokyo Hong Kong Barcelona Budapest

Höltje HD (1994) Wirkmechanismen von Crataegus-Inhaltsstoffen. Münch Med Wochenschr 135 (Suppl.), S 61–63

Holubarsch C, Martin C, Köhler S, Meng G (1998) SPICE-Studie: Survival and Prognoses: Investigation of Crataegus Extract WS 1442 in CHF. Prüfungsdesign einer Doppelblindstudie. In: Gesellschaft für Phytotherapie und Gesellschaft für Arzneipflanzenforschung (Hrsg) Phytopharmakaforschung 2000, Abstractband. Science Data Supply, Köln, S 27–28

Joseph G, Zhao Y, Klaus W (1995) Pharmakologisches Wirkprofil von Crataegus-Extrakt im Vergleich zu Epinephrin, Amrinon, Milrinon und Digoxin am isolierten perfundierten Meerschweinchenherzen. Arzneim-Forsch/Drug Res 45:1261–1265

Krzeminski T, Chatterjee SS (1993) Ischemia- and reperfusion-induced arrhythmias: beneficial effects of an extract of Crataegus oxyacantha L. Pharm Pharmacol Lett 3:45–48

Kurcok A (1992) Ischemia- and reperfusion-induced cardiac injury; effects of two flavonoids containing plant extracts possessing radical scavening properties. Naunyn-Schmiedeberg's Arch Pharmacol 345, Suppl RB 81, Abstr 322

Lehmann HD (1984) Zur Wirkung pflanzlicher Glykoside auf Widerstandsgefäße und Kapazitätsgefäße. Arzneim-Forsch/Drug Res 34:423–429

Leuchtgens H, Noh HS (1993) Crataegus-Spezialextrakt WS 1442 bei Herzinsuffizienz NYHA II. Fortschr Med 111:352–354

Loew DA, Loew AD (1994) Pharmakokinetik von herzglykosidhaltigen Pflanzenextrakten. Z Phytother 15:197–202

Loew D, Albrecht M, Podzuweit H (1996) Efficacy and tolerability of a hawthorn preparation in patients with heart failure stage I and II according to NYHA – a surveillance study. 2nd International Congress on Phytomedicine. September 11–14, 1966

Loew D (1997) Phytotherapy in heart failure. Phytomedicine 4 (3):289–285

Loew D (1998) Phytotherapie bei Herzerkrankungen. Schweiz Z Ganzheitsmedizin 10:365–371

Müller A, Linke W, Zhao Y, Klaus W (1996) Crataegus extract prolongs action potential duration in guinea-pig papillary muscle. Phytomedicine 3 (3):257–261

Pöpping S, Rose H, Ionescu I, Fischer Y, Kammermeier H (1995) Effect of a Hawthorn Extract on contraction and energy turnover of isolated rat cardiomyocytes. Arzneim-Forsch/Drug Res 45:1157–1161

Ruckstuhl M, Beretz M, Anton R, Landry Y (1979) Biochem Pharm 28:535

Schmidt U, Kuhn U, Ploch M, Hübner WD (1994) Wirksamkeit des Extraktes Li 132 (600 mg/Tag) bei achtwöchiger Therapie. Placebokontrollierte Doppelblindstudie mit Weißdorn an 78 herzinsuffizienten Patienten im Stadium II nach NYHA. Münch Med Wochenschr 136, Suppl 1:13–19

Schüssler M, Fricke U, Nicolv N, Hölzl J (1991) Planta med 57, Suppl 2:133

Schwinger RH, Erdmann E (1992) Die positiv inotrope Wirkung von Miroton. Z Phytother 13:91–95

Schwinger RHG (1997) Neue Erkenntnisse zum Wirkprofil: Crataegus bei Herzinsuffizienz-Therapie mit kardioprotektiver Wirkung. Internist 38, Beilage zu Heft 9

Siegel G, Casper U, Walter A, Hetzer R (1994) Weißdornextrakt Li 132. Dosis-Wirkungs-Studien zum Membranpotential und Tonus menschlicher Koronararterien und des Hundepapillarmuskels. Münch Med Wochenschr 126, Suppl. 1:47–56

Siegel G (1998) Weissdorn (Crataegus) bei Herzinsuffizienz. Schweiz Z Ganzheitsmedizin 10:298–300

Tauchert M., Ploch M, Hübner WD (1994) Wirksamkeit des Weißdorn-Extraktes Li 132 im Vergleich mit Captopril. Multizentrische Doppelblind-Studie bei 132 Patienten mit Herzinsuffizienz im Stadium II nach NYHA. Münch Med Wochenschr 136, Suppl 1:27–33

Trunzler G (1991) Herzwirksame Phytopharmaka am Beispiel von Crataegus. Der informierte Arzt 11:1051–1068

Weikl A, Noh HS (1993) Der Einfluß von Crataegus bei globaler Herzinsuffizienz. Herz Gefäße 11:516–524

Weikl A, Zapfe G, Assmus KD, Neukum-Schmidt A, Schmitz J (1993) Multizentrische randomisierte placebokontrollierte Doppelblind-Prüfung zum Nachweis der Wirksamkeit von Crataegus forte bei Patienten mit Herzinsuffizienz im Stadium II nach NYHA. Ref in: Internist 34, Beilage zu Heft 12

Weikl A, Assmus KD, Neukam-Schmid A, Schmitz J, Zapfe G jun, Noh HS, Siegrist J (1996) Crataegus-Spezialextrakt WS 1442. Fortschr Med 114:33–40

2 Hirnleistungsstörungen (Demenz)

Definition. Demenz ist ein Syndrom als Folge einer meist chronischen oder fortschreitenden Krankheit des Gehirns mit Störung vieler höherer kortikaler Funktionen, einschließlich Gedächtnis, Denken, Orientierung, Auffassung, Rechnen, Lernfähigkeit, Sprache und Urteilsvermögen. Das Bewußtsein ist nicht getrübt. Die kognitiven Beeinträchtigungen werden gewöhnlich von Veränderungen der emotionalen Kontrolle, des Sozialverhaltens oder der Motivation begleitet, gelegentlich treten diese auch eher auf. Dieses Syndrom kommt bei der Alzheimer-Krankheit, bei zerebrovaskulären Störungen und bei anderen Zustandsbildern vor, die primär oder sekundär das Gehirn betreffen.

Einteilung

Demenz bei Alzheimer-Krankheit
Die Alzheimer-Krankheit ist eine primär degenerative Krankheit mit unbekannter Ätiologie und charakteristischen neuropathologischen und neurochemischen Merkmalen.

Demenz bei Alzheimer-Krankheit *mit frühem Beginn:* Demenzbeginn vor dem 65. Lebensjahr. Der Verlauf weist eine vergleichsweise rasche Verschlechterung auf, es bestehen deutliche und vielfältige Störungen der höheren kortikalen Funktionen.

Demenz bei Alzheimer-Krankheit *mit spätem Beginn:* Demenzbeginn nach dem 65. Lebensjahr, meist in den späten 70er Jahren oder danach, mit langsamer Progredienz und mit Gedächtnisstörungen als Hauptmerkmal.

Vaskuläre Demenz
Die vaskuläre Demenz ist das Ergebnis einer Infarzierung des Hirngewebes als Folge einer vaskulären Krankheit, einschließlich der zerebrovaskulären Hypertonie. Die Infarkte

sind meist klein, kumulieren aber in ihrer Wirkung. Der Beginn liegt gewöhnlich im späteren Lebensalter.

Vaskuläre Demenz *mit akutem Beginn:* Diese entwickelt sich meist sehr schnell nach einer Reihe von Schlaganfällen als Folge von zerebrovaskulärer Thrombose, Embolie oder Blutung. In seltenen Fällen kann eine einzige massive Infarzierung die Ursache sein.

Multiinfarkt-Demenz: Sie beginnt allmählich, nach mehreren vorübergehenden ischämischen Episoden (TIA), die eine Anhäufung von Infarkten im Hirngewebe verursachen.

Subkortikale vaskuläre Demenz: Hierzu zählen Fälle mit Hypertonie in der Anamnese und ischämischen Herden im Marklager der Hemisphären. Im Gegensatz zur Demenz bei Alzheimer-Krankheit, an die das klinische Bild erinnert, ist die Hirnrinde gewöhnlich intakt.

Therapieziele

1. Individuelles Ziel
Erhalt von Alltagskompetenz und Lebensqualität. Das Ziel der therapeutischen Maßnahmen ist das Fortschreiten des geistigen Verfalls derart zu beeinflussen, daß Alltagskompetenz und Lebensqualität des Patienten möglichst lange erhalten werden. Die Prognose der Erkrankung kann durch eine frühzeitige konsequente Therapie verbessert werden. Verringerter Betreuungsaufwand und Erleichterung im Umgang mit dem Patienten sind wesentliche Voraussetzungen, um die pflegenden Angehörigen vor körperlichen und seelischen Überlastungen zu schützen. Im Idealfall läßt sich eine Reduzierung der Inanspruchnahme von ambulanten Pflegediensten und die Notwendigkeit einer Unterbringung im Pflegeheim hinauszögern.

2. Sozialpolitische Zielsetzung
Kostensenkung durch Verschiebung oder Reduktion der veranlaßten Leistungen. 1990 betrugen die Kosten für die Pflege von Demenzpatienten in der Bundesrepublik (alte und neue Bundesländer) rund 38 Milliarden DM.

Vermeidung der Einweisung von Patienten in ein Akutkrankenhaus oder Pflegeheim oder die Rückverlegung aus einer derartigen Einrichtung in die häusliche Umgebung hat eine Kostenverringerung zur Folge. Leistungsverschiebungen und -reduktionen sind jedoch in erster Linie bei leichten Fällen, weniger bei mittelschweren Fällen und gar nicht bei sehr schweren Fällen zu erreichen. Der Gesamtnutzen eines Therapiekonzeptes ist daher umso größer, je früher die Behandlung einsetzt.

Therapiemaßnahmen

Da es bisher keine kausale Therapie beginnender und manifester primärer dementieller Erkrankungen gibt, sind ganzheitliche Therapieansätze für die Prognose der Demenzerkrankung in der Regel um so günstiger, je früher eine adäquate Behandlung begonnen wird. Hier bietet sich z. B. nach B. Fischer das ABCD-Modell an, das eine Arzneimitteltherapie (A), eine Bewegungstherapie (B), das zerebrale Training (C) und diätetische Maßnahmen (D) umfaßt. Es scheint allerdings schwierig zu sein, dieses gesamte Modell in der ambulanten allgemein- und fachärztlichen Praxis selbst im Frühstadium dementiell bedingter Hirnleistungsstörungen umzusetzen. Vor allem sind nach Untersuchungen der Arbeitsgruppe des Psychologen Lehrl zerebrale Trainingsverfahren kaum ambulant durchführbar. Nach Kanowski ist die Demenztherapie ein kombiniertes Therapiekonzept, das eine internistische Basistherapie, zerebrales Training, Bewegungstherapie und körperliche Aktivität, die medikamentöse Therapie mit Antidementiva/Nootropika und Psychopharmaka, die Vermittlung sozialer Hilfen und die psychotherapeutische Beratung und Führung umfassen sollte. Unter ambulanten Bedingungen bei noch nicht pflegebedürftigen Demenzkranken gibt es zur Zeit keine Alternative für die symptomatische medikamentöse Therapie von Hirnleistungsstörungen, einschließlich Antidementiva/Nootropika.

Vor Beginn einer antidementiven Medikation sollte geklärt werden, ob die Symptome nicht auf einer zunächst spezifisch zu behandelnden Grundkrankheit bei sekundär dementieller Erkrankung beruhen.

Bei Antidementiva/Nootropika handelt es sich um zerebral wirksame Substanzen, die die höheren Hirnfunktionen, wie Gedächtnis, Lern-, Auffassungs-, Denk- und Konzentrationsfähigkeit, verbessern.

Wirkprinzip Antidementiva/Nootropika
Das Wirkprinzip von Antidementiva/Nootropika beruht auf der Stimulation noch funktionstüchtiger Neuronenverbände zu höherer Leistung der Hirnzellen. Hinzu kommt der Schutz der Nervenzellen vor pathologischen Einflüssen, wie z. B. Störungen im Bereich des zerebralen Energie-, Elektrolyt-Transmitter- und/oder Einweißstoffwechsels. Bei rechtzeitig einsetzender Behandlung im frühen Stadium der Erkrankung kann eine Verlangsamung des neuronalen Abbauprozesses und damit der Progredienz dieses bisher unheilbaren Leidens erreicht werden.

Therapeutischer Nutzen von Antidementiva/Nootropika
Der klinische Wirksamkeitsnachweis von Antidementiva/Nootropika stützt sich in der Regel auf die Merkmalsbeobachtungsebenen:
1. psychopathologischer Befund,
2. Ebene objektivierender Leistungsverfahren,
3. Alltagsbewältigung und soziale Kompetenz.

Die nach modernen Anforderungen geprüften Antidementiva/Nootropika vermindern nachweisbar die Leistungsdefizite des Demenzkranken auf verschiedenen Ebenen (kognitive Funktionen, Beschwerden wie Schwindel, Ohrensausen und Kopfschmerzen, Verhalten und Alltagskompetenz). Ihr positiver Einfluß auf die Symptomatik und die Lebensqualität der betroffenen Patienten stellt bei einem günstigen Nutzen-Risiko-Verhältnis einen hohen therapeutischen Nutzen dar.

Gegenüber anderen Antidementia besitzen die zentralwirksamen Cholinesterasehemmer (z. B. Tacrin, Donepezil) den Vorteil eines definierten monokausalen Wirkprinzips. Bei der Komplexität der Pathomechanismen dementieller Erkrankungen ist dies zugleich ihre stärkste Einschränkung. Sie können nur in dem Umfang wirken, in dem die Hirnleistungsstörungen auf einem Defizit dieses spezifischen Neurotransmitters beruhen. Direkte Vergleichsstudien zwischen Pharmaka mit multifunktionalem Wirkansatz und den Cholinesterasehemmern stehen aus, so daß es zur Zeit offen bleiben muß, ob es ein überlegenes Therapieprinzip im Sinne häufigerer Responder oder ausgeprägterem Respons gibt. Cholinesterasehemmer haben keine Indikation bei vaskulär bedingten Demenzen. Für die Zukunft scheint es erfolgversprechend, Kombinationstherapien und Stufenschemata zu entwickeln. Gegenwärtig sind bei vergleichbaren Wirksamkeiten individuelle Nebenwirkungsrisiken und die Tagestherapiekosten rationale Entscheidungsgrundlagen für die Arzneimittelauswahl.

Die Verringerung des Betreuungsaufwandes hilft, die pflegenden Angehörigen vor seelischer und körperlicher Überforderung zu schützen – ein wichtiger Beitrag zur Fortsetzung der häuslichen Pflege anstelle der Einweisung in eine stationäre Einrichtung.

Da sich der therapeutische Effekt am besten bei dementiellen Erkrankungen leichten und mittleren Schweregrades erzielen läßt, ist eine frühzeitige, konsequente compliancefreundliche medikamentöse Behandlung zu fordern. Damit können nach F. Beske Einsparungen von 1,6–2,7 Milliarden DM in Deutschland pro Jahr an Pflegekosten erzielt werden.

Phytopharmaka für eine rational begründbare vertragsärztliche Verordnung bei Hirnleistungsstörungen infolge dementieller Erkrankungen

Nur standardisierte Spezialextrakte aus den Blättern von Ginkgo biloba, über die eine Positiv-Monographie vorliegt (Bundesanzeiger Nr. 133 vom 19.07.1994), erfüllen die Forderungen nach den Empfehlungen in einem Konsensuspapier der ehemaligen Zulassungskommission für neue Stoffe (Kommission A) und der Aufbereitungskommission Neurologie, Psychiatrie (Kommission B3) beim ehemaligen BGA zum Wirksamkeitsnachweis von Antidementiva bei Hirnleistungsstörungen infolge dementieller Erkrankungen.

✳ Ginkgo-Spezialextrakt

Zur Zeit steht hier als pflanzlicher Wirkstoff nur der standardisierte Spezialextrakt (Droge-Extrakt-Verhältnis 35–67:1)
aus Ginkgo-biloba-Blättern zur Verfügung. Dieser Extrakt ist
laut Positiv-Monographie BAnz Nr. 133 vom 19.7.1994 charakterisiert durch: 22 bis 27 % Flavonglykoside, bestimmt als
Quercetin, und Kämpferol incl. Isorhamnetin (mit HPLC)
und berechnet als Acylflavone mit der Molmasse $M_r = 756,7$
(Quercetinglykoside) und $M_r = 740,7$ (Kämpferolglykoside);
5 bis 7 % Terpenlactone, davon ca. 2,8–3,4 % Ginkgolide A, B
und C sowie 2,6–3,2 % Bilobalid; unter 5 ppm Ginkgolsäuren.
Die meisten Untersuchungen liegen für den Extrakt EGb 761
vor. Ebenfalls gut dokumentiert ist der Extrakt Li 1370.

Pharmakologische Wirkungen

Die pharmakologischen Wirkungen von EGb 761 sind in einer großen Anzahl von Studien dokumentiert. Sie lassen sich
im wesentlichen vier Bereichen zuordnen (Tabelle 2.1). Das
polyvalente Wirkprinzip des Ginkgo-Extraktes entspricht der
Vielschichtigkeit der Pathogenese degenerativer Demenz mit
multiplen Neurotransmitterdefiziten und einer Progression
der neuronalen Degeneration selbst unter Neurotransmittersubstitution (Steigerung z. B. von Acetylcholin).

Auch wenn die Wirkungsmechanismen für EGb 761 im
ZNS noch nicht vollständig aufgeklärt sind, so ist doch von
synergistischen Effekten der Flavonoidfraktion, der Terpenlactone und weiterer Inhaltsstoffe auszugehen. Diese Stoffe
steigern die Synthese und/oder Freisetzung von EDRF
(endothelium-derived relaxing factor) aus Endothelzellen
und von Prostazyklin. Sie hemmen Enzyme wie die Katechol-
O-Methyltransferase, Monoaminoxidasen und Phosphodiesterasen, was den Anstieg von second messengers bewirkt, sie
zeigen Radikalfängereigenschaften. Es kommt demnach zu
Wirkungen, die als Membran- und Gewebsprotektion sowie
als Vasoregulation beschrieben werden können. EGb 761
wirkt neuroprotektiv, steigert die Hypoxietoleranz, hemmt
die altersbedingte Reduktion von zerebralen muskarinergen,
α_2-adrenergen und 5-HT_{1A}-Rezeptoren, fördert die Cholinaufnahme im Hippocampus, verbessert die Fließeigenschaf-

Tabelle 2.1. Pharmakologische Wirkungen des Ginkgo-Spezialextraktes EGb 761

Neuroprotektion	Radikal-fänger	PAF-Antago-nismus	Rheologie
• Verbesserung des zerebralen Energie-stoffwechsels, Schutz vor Hypoxie- und Ischämiefolgen • protektive und kurative Effekte bei Hirnödemen • Einfluß auf zen-trale cholinerge Systeme • Schutz vor Läsion zerebraler Struk-turen • Abnahme alters-bedingter Neuro-transmitter-Defizite • Verbesserung von Gedächtnisleistung und Lernvermögen • Verbesserung der Streßadaption	• Hemmwir-kung auf: – Lipidper-oxidation – Radikal-produk-tion von Granulo-zyten – radikal-induzierte Membran schäden • Steigerung der Prosta-zyklinsyn-these • Beschleu-nigung post-ischämischer Reparations-vorgänge	• Hemmung der durch den Mediator PAF* indu-zierten – Thrombo-zytenaggre-gation – Ca^{2+}-Akku-mulation – Ödement-stehung – postischämi-schen Zell-schäden – Leukozyten-aktivierung	• Steigerung der Durch-blutung im Bereich der Mikrozirku-lation • Senkung der – Vollblut- und Plasma-viskosität – Erythro-zytenag-gregation – Thrombo-zytenag-gregation – Fibrinogen-werte • Steigerung der Erythro-zyten-flexibilität • Steigerung der Leukozy-tenflexibilität

* PAF = platelet-activating factor

ten des Blutes und fördert die Mikrozirkulation. Eine Ab-schwächung der degenerativen Prozesse bei progressiver De-menz ist somit unter EGb 761-Therapie plausibel.

Pharmakokinetik

Beim Menschen wurde im Pharmako-EEG eine dosisabhän-gige Beeinflussung der hirnelektrischen Aktivität und somit die zerebrale Bioverfügbarkeit des Spezialextraktes EGb 761 nachgewiesen. Die Terpenlactone Ginkgolid B und Bilobalid zeigten beim Menschen nach oraler Applikation eine hohe absolute Bioverfügbarkeit von mehr als 80 % (Ginkgolide A und B) bzw. 79 % (Bilobalid). Nach Einmalgabe von 120 mg des Spezialextraktes EGb 761 lagen die maximalen Plasmaspiegel von Ginkgolid A bei 33,3 ng/ml, von Ginkgolid B bei 16,5 ng/ml und von Bilobalid bei 18,8 ng/ml. Die Halbwertszeiten betrugen 4,5 Stunden für Ginkgolid A, 10,5 Stunden für Ginkgolid B und 3,2 Stunden für Bilobalid. Die Bioverfügbarkeit der Terpenlactone wurde durch die Nahrungsaufnahme nicht beeinflußt. Bei Mehrfachgabe des Spezialextraktes EGb 761 in unterschiedlichen Dosierungsintervallen, entsprechend einer zweimal bzw. dreimal täglichen Einnahme, bestanden keine Unterschiede in der Bioäquivalenz der Terpenlactone. Eine Kumulation der Terpenlactone konnte nicht festgestellt werden.

Terpenlactone gehen eine nur mäßig ausgeprägte Plasmaproteinbindung ein. In-vitro-Untersuchungen mit menschlichem Plasma ergaben eine Plasmaproteinbindung für Ginkgolid A von 43 %, für Ginkgolid B von 47 % und für Bilobalid von 67 %.

Bei Ratten wurde nach oraler Verabreichung von mit ^{14}C radioaktiv markiertem Spezialextrakt EGb 761 eine Resorptionsquote von 60 % ermittelt. Im Plasma wurde eine Maximalkonzentration von 1,5 Stunden gemessen, die Halbwertszeit lag bei 4,5 Stunden. Ein erneuter Anstieg der Plasmakonzentration nach 12 Stunden deutet auf einen enterohepatischen Kreislauf hin.

Toxikologie
In verschiedenen Tierexperimenten wurde die akute, subakute, chronische Toxizität, Teratogenität, Reproduktionstoxizität und Mutagenität von Ginkgo-Spezialextrakt EGb 761 untersucht, wobei sich keine Hinweise auf ein Gefährdungspotential für den Menschen ergaben.

☞ **Anwendungsgebiete, die eine vertragsärztliche Verordnung rechtfertigen:** Zur symptomatischen Behandlung von hirnorganisch bedingten Leistungsstörungen im Rahmen eines therapeutischen Gesamtkonzeptes bei dementiellen Syndromen mit der Leitsymptomatik Gedächtnisstörungen, Konzentrationsstörungen, depressive Verstimmung, Schwindel, Ohrensausen und Kopfschmerzen.

Zur primären Zielgruppe gehören Patienten mit dementiellem Syndrom bei primär degenerativer Demenz, vaskulärer Demenz und Mischformen aus beiden, wie Ergebnisse aus umfangreichen klinischen Studien zeigen. Diese belegen die Wirksamkeit auf den 3 relevanten Beobachtungsebenen: Psychopathologie, Gedächtnisleistung, Alltagskompetenz. Bereits im Jahre 1992 waren in einer Metaanalyse 8 Studien von guter methodischer Qualität zusammengestellt und in einer Übersichtsarbeit in Lancet festgestellt worden, daß die Wirksamkeit bei leichten bis mittelschweren Fällen belegt ist. Inzwischen wurden weitere nationale und internationale Studien vorgelegt, die diese Bewertung bestätigen. Tabelle 2.2 faßt *kontrollierte* klinische Studien zusammen, die die Wirksamkeit auf den 3 relevanten Beobachtungsebenen Psychopathologie, Hirnleistung, Alltagskompetenz geprüft haben.

Tabelle 2.2. Klinische Studien mit Ginkgo-biloba-Extrakten bei primär degenerativer Demenz, vaskulärer Demenz und Mischformen aus beiden (DSM-III-R, DSM-IV und ICD-10 (F00-F03) WHO)

Autor	Fälle/Dosis		Dauer	Beurteilungskriterien	Ergebnisse
Weitbrecht W. et al. 1986	n = 20 n = 20 n = 20	Placebo Ergotalkaloid 3 × 1,98 mg EGb 761 120 mg/d p.o.	3 Monate	psychopathologische Ebene – Selbstbeurteilungs-Skala, SCAG psychometrische Ebene	signifikant
				– Kurzzeitgedächtnis	signifikant
				– Leistungsgeschwindigkeit Verhaltensebene	signifikant
				– geriatrische Skala nach Crichton	signifikant
Hofferberth B. 1994	n = 19 n = 21	Placebo EGb 761 240 mg/d p.o.	12 Wochen	psychopathologische Ebene psychometrische Ebene	signifikant
				– Orientierung, Kurzzeitgedächtnis	signifikant
				– Langzeitgedächtnis Verhaltensebene	nicht signifikant
				– Alltagsaktivität, Interesse	signifikant

Tabelle 2.2. Fortsetzung

Autor	Fälle/Dosis	Dauer	Beurteilungs-kriterien	Ergeb-nisse
Kanowski S. et al. 1996	n = 99 Placebo n = 106 EGb 761 240 mg/d p.o.	24 Wo-chen	psychopatholo-gische Ebene – Clinical Global Impression (CGI) psychometrische Ebene – Syndrom-Kurz-test (SKT) Verhaltensebene – Alltagsaktivität, NAB	signifikant signifikant nicht signifikant
Haase J. et al. 1996	n = 20 Placebo n = 20 EGb 761 i.v. 200 mg	4 Tag/Wo. 4 Wo-chen	psychopatholo-gische Ebene – Clinical Global Impression (CGI) – Self rating de-pressions scala psychometrische Ebene – Kurztest für In-telligenz (KAI) Verhaltensebene – Alltagsaktivität NAB, NAA	signifikant signifikant signifikant signifikant
Le Bars P. L. et al. 1997	n = 154 Placebo n = 155 EGb 761 120 mg/d p.o.	52 Wo-chen	psychopatholo-gische Ebene – Clinical Global Impression of Change psychometrische Ebene – Alzheimers' Disease Assess-ment Scale Verhaltensebene – Geriatric Eva-luation by Rela-tive's Rating Instruments (GERRI)	nicht signifikant signifikant signifikant
Maurer K. 1997	n = 10 Placebo n = 10 EGb 761 240 mg/d p.o.	12 Wo-chen	psychopatholo-gische Ebene psychometrische Ebene – Zahlen-Symbol n. Wechsler Verhaltensebene – geriatrische Skala n. Plutchik	signifikant signifikant signifikant

Die Gesamtschau zeigt, daß die Unterschiede zwischen der Placebogabe und der Therapie mit dem Ginkgo-Spezialextrakt meist statistische Signifikanz erreicht, und zwar bei den Zielparametern, die heute international bei der Prüfung von Antidementiva gefordert werden.

Hinweis: Bevor die Behandlung mit dem Ginkgo-Extrakt begonnen wird, sollte geklärt werden, ob die Krankheitssymptome nicht auf einer spezifischer zu behandelnden Grunderkrankung beruhen.

Gegenanzeigen: Überempfindlichkeit gegen Ginkgo-biloba-Zubereitungen.

Nebenwirkungen: Sehr selten leichte Magen-Darm-Beschwerden, Kopfschmerzen oder allergische Hautreaktionen.

Medikamentöse und sonstige *Wechselwirkungen:* Keine bekannt.

Dosierung: 120 bis 240 mg monographiekonformer Trockenextrakt in 2 oder 3 Einzeldosen täglich.

Art der Anwendung: In flüssigen oder festen Darreichungsformen zum Einnehmen.

Dauer der Anwendung: Die Behandlungsdauer richtet sich nach der Schwere des Krankheitsbildes und soll bei diesen chronischen Erkrankungen mindestens 8 Wochen betragen. Ab einer Behandlungsdauer von 3 Monaten ist zu überprüfen, ob die Weiterführung der Behandlung gerechtfertigt ist.

Überdosierung: Keine bekannt.

Besondere Warnungen: Keine bekannt.

Auswirkungen auf Kraftfahrer und auf die Bedienung von Maschinen sind keine bekannt.

Auswahl von zugelassenen bzw. monographiekonformen Fertigarzneimitteln mit Ginkgo-biloba-Blätter-Spezialextrakt, ohne Anspruch auf Vollständigkeit:

Gingium Filmtbl. ED 40 mg; -Lösung 40 mg/ml
Gingopret Filmtbl. ED 40 mg; -Lösung 40 mg/ml
Ginkgo Stada Filmtbl. ED 40 mg

Ginkgobil N Filmtbl. ED 40 mg, Lösung 40 mg/ml
Ginkgopur Filmtbl. ED 40 mg, Lösung 40 mg/ml
Isoginkgo Filmtbl. ED 40 mg
Kaveri forte Filmtbl. ED 50 mg; Lösung 40 mg/ml
Rökan Filmtbl. ED 40 mg, Lösung 40 mg/ml
Rökan Novo Filmtbl. ED 120 mg
Rökan Plus Filmtbl.. ED 80 mg
SX Ginkgo Filmtbl. ED 40 mg
Tebonin forte Filmtbl. ED 40 mg; Lösung 40 mg/ml
Tebonin intens Filmtbl. ED 120 mg
Tebonin spezial Filmtbl. ED 80 mg

ED = Einzeldosis pro Zubereitungsform

Literatur

Berufsverband der Allgemeinärzte Deutschlands (BDA) (1996) Demenz-Manual. Emsdetten

Brüchert E, Heinrich SE, Ruf-Kohler P (1992) Wirksamkeit von Li 1370 bei älteren Patienten mit Hirnleistungsschwäche. Multizentrische Doppelblindstudie des Fachverbandes Deutscher Allgemeinärzte. Münch Med Wochenschr 133, Suppl 1 : 9–114

Bundesgesundheitsamt (1991) Empfehlungen zum Wirksamkeitsnachweis von Nootropika im Indikationsbereich „Demenz" (Phase III), Bundesgesundheitsblatt 34 (7), S 342–350

CPMP Working Party on Efficacy of Medicinal Products. Note for Guidance, Antidementia medicinal products. Draft 5, Commission of the European Communities, Brussels

DeFeutis FV (1998) Ginkgo biloba extract (EGb 761): From chemistry to the clinic. Ullstein Medical, Wiesbaden

Eckmann F, Schlag H (1982) Kontrollierte Doppelblind-Studie zum Wirksamkeitsnachweis von Tebonin bei Patienten mit zerebrovaskulärer Insuffizienz. Fortschr Med 100 : 1474–1478

Ermini-Fünfschilling D, Stähelin HB (1993) Gibt es eine Prävention der Demenz? Z Gerontol 26 : 446–452

Fischer B (1993) Multidimensionale zerebrale Aktivierung – Therapie der Zukunft. Ärzte Zeitung/Forschung und Praxis 163 : 17–19

Gräßel E (1992) Einfluß von Ginkgo-biloba-Extrakt auf die geistige Leistungsfähigkeit, Doppelblindstudie unter computerisierten Meßbedingungen bei Patienten mit Zerebralinsuffizienz. Fortschr Med 110 : 73–76

Haase J, Halama P, Hörr R (1996) Efficacy of short-term treatment with intravenously administered Ginkgo biloba special extract EGB 761 in Alzheimer-type and vascular dementia. Z Gerontol Geriatr 29 : 301–309

Habs M, Meyer B (1997) Demenz: Phytotherapeutische Möglichkeiten mit Ginkgo biloba. Geriatrie Praxis, Suppl I : 24–33

Habs M (1997) Zur Toxikologie von Phytopharmaka. In: Loew D, Rietbrock N (Hrsg) Phytopharmaka III – Forschung und klinische Anwendung. Steinkopff, Darmstadt, S 11–24

Halama P (1992) Ginkgo biloba. Münch Med Wochenschr 133:190–194
Halama P, Bartsch G, Meng G (1988) Hirnleistungsstörungen vaskulärer Genese. Randomisierte Doppelblindstudie zur Wirksamkeit von Ginkgo-biloba-Extrakt. Fortschr Med 106:408–412
Hirnliga e.V. (1993) Therapie der Demenz: Möglichkeit und Wirklichkeit. Anhörung der Hirnliga e.V. am 3. November 1993, Bonn. Schriftreihe der Hirnliga e.V., Band 1
Hofferberth B (1991) Ginkgo-biloba-Spezialextrakt bei Patienten mit hirnorganischem Psychosyndrom. Münch Med Wochenschr 133, Suppl.1:30-33
Hofferberth B (1994) The efficacy of EGB 761 in patients with senile dementia of the Alzheimer type, a double-blind, placebo-controlled study on different levels of investigation. Human Psychopharmacol 9:215–222
Hopfenmüller W (1994) Nachweis der therapeutischen Wirksamkeit eines Ginkgo biloba-Spezialextraktes. Arzneim-Forsch/Drug Res 44:1005–1013
Ihl R, Weyer G (1993) Alzheimer's disease assessement scale (ADAS). Deutschsprachige Bearbeitung. Manual Beltz Test, Weinheim
Ihl R, Kretschmar C (1997) Zur Nootropikabewertung für die Praxis. Nervenarzt 68:853–861
Israel L, Dell'Accio E, Martin G, Hugonot R (1987) Extrait de Ginkgo biloba et exercices d'entrainement de la memoire. Evaluation comparative chez des personnes agées ambulatoires. Psychol Med 19:1431–1439
Itil TM, Erlap E, Tsambis E, Itil KZ, Stein U (1996) Central nervous system effects of Ginkgo biloba, a plant extract. Amer J Therpeut 3:63–73
Kanowski S, Herrmann WM, Stephan K, Wierich W, Hörr R (1996) Proof of efficacy of the Ginkgo biloba special extract EGB 761 in outpatients suffering from mild to moderate primary degenerative dementia of the Alzheimer type or multi-infarct dementia. Pharmacopsychiatry 29:47–56
Kern AO, Beske F (1997) Sozioökonomische Bedeutung der Demenz in Deutschland. Gesundheitspolitik 2–6
Kern AO, Harms G, Beske F (1995) Hirnleistungsstörungen im Alter. Schriftenreihe Institut für Gesundheits-System-Forschung, Bd 48. Triltsch, Würzburg
Kleijnen J, Knipschild P (1992) Ginkgo biloba for cerebral insufficiency. Br J clin Pharmac 34:352–358
Kriegelstein J (1990) Hirnleistungsstörungen. Pharmakologie und Ansätze für die Therapie. Wissenschaftliche Verlagsgesellschaft, Stuttgart
Le Bars P, Katz M, Berman N, Hil T, Freedman A, Schatzberg A (1997) A placebo-controlled, double-blind, randomized trial of an extract of ginkgo biloba for dementia. J Am Med Assoc (JAMA) 278:1327–1332
Lehrl S (1992) Psychometrische Frühdiagnostik der Demenz: Der Arzt erkennt erst 35%ige Demenzausprägung. Therapiewoche 42 (37):2134–2139
Lehrl S, Fischer B (1988) The basic parameters of human information processing: their role in the determination of intelligence. Person Indiv Diff 9:883–896
Lehrl S, Gallwitz A, Blaha L (1980) Kurztest für allgemeine Intelligenz KAI. Manual Vless, Vaterstetten

Luthringer R, d'Arbigny P, Macher JP (1995) Ginkgo biloba extract (EGB 761), EEG and event-related potentials. In: Christen Y, Courtois Y, Droy-Lefaix MT (eds) Advances in Ginkgo biloba extract research, vol 4. Effects of Ginkgo biloba on aging and age-related disorders. Elsevier, Paris, p 107–118

Maurer K, Ihl R, Dierks T, Krebs E, Frölich L (1997) Clinical efficacy of Ginkgo biloba special extract EGB 761 in dementia of the Alzheimer type. J Psychiatr Res 31:645–655

Menges K (1992) Proof of efficacy of nootropics for the indication „dementia" (phase III), Recommendations. Pharmacopsychiatry 25: 126–135

Monographie Trockenextrakt (35-67:1) aus Ginkgo-biloba-Blättern, extrahiert mit Aceton-Wasser, BAnz vom 19.7.1994

Nehen H.G (1992) Frühdiagnose der Demenz. Therapiewoche 42 (49): 2318–2322

Reuter HD (1993) Spektrum Ginkgo biloba. Aesopus, Dornach

Schmidt U, Rabinovici K, Lande S (1991) Einfluß eines Ginkgo-biloba-Spezialextraktes auf die Befindlichkeit bei cerebraler Insuffizienz. Münch Med Wochenschr 133, Suppl 1:15–18

Schubert H, Halama P (1993) Primary therapy-resitant depressive instability in elderly patients with cerebral disorders: Efficacy of a combination of Ginkgo biloba extract EGb 761 with antidepressants. Geriatr Forsch 1:45–53

Schulz H, Jobert M, Breuel HP (1991) Wirkung von Spezialextrakt LI 1370 auf das EEG älterer Patienten im Schlafentzugsmodell. MMW 133, suppl 1:26–29

Skoog I et al (1993) A population-based study of dementia in 85-year-olds. New Engl J Med 328 (3):153–158

Szelies B (1991) Demenz. Diagnostik und klinische Symptomatologie. Dtsch Apoth-Ztg 131 (32):1645–1650

Weiss H, Kallischnigg G (1991) Ginkgo-biloba-Extrakt (EGb 761): Meta-Analyse von Studien zum Nachweis der therapeutischen Wirksamkeit bei Hirnleistungsstörungen bzw. peripherer arterieller Verschlußkrankheit. Münch Med Wochenschr 133:138–142

Weitbrecht WU, Jansen W (1986) Primär degenerative Demenz:Therapie mit Ginkgo-biloba-Extrakt. Placebo-kontrollierte Doppelblind- und Vergleichsstudie. Fortschr Med 104:199–202

Wesnes K, Simmons D, Rook M, Simpson P (1987) A double-blind placebo-controlled trial of Tanakan in the treatment of idiopathic cognitive impairment in the elderly. Hum Psychopharmacol 2:159–169

3 Erkrankungen des psychovegetativen Nervensystems

Definition. Phytopharmaka werden häufig bei Ein- und Durchschlafstörungen, bei Angst,- Spannungs- und Unruhezuständen sowie bei depressiver Verstimmung eingesetzt. Die Klassifikation dieser psychischen Störungen geschieht anhand der vorherrschenden Symptome und ist in der ICD-10 (10. Revision der Internationalen Klassifikation der Krankheiten, herausgegeben von der WHO) festgelegt. Phytopharmaka gewinnen als Alternative zu Benzodiazepinen, Barbituraten, Neuroleptika und Antidepressiva an Bedeutung, da ihre Nebenwirkungen gering, kein Hang-over, keine Veränderung des Schlafpotentials, keine Wechselwirkungen und keine Abhängigkeit bekannt sind.

3.1 Schlafstörungen

Nichtorganische Schlafstörungen (ICD-10 (F 51)) sind häufig Ausdruck einer anderen körperlichen oder geistigen Erkrankung, können aber auch eine eigenständige Krankheit darstellen. Unter F 51 werden nur solche Schlafstörungen eingeordnet, bei denen emotionale Gründe als primäre Auslöser angesehen werden, sowohl die Insomnie (F 51.0) als auch die nichtorganische Hypersomnie (F 51.1) und der Somnambulismus (F 51.3) gehören in diese Gruppe. Schlafstörungen sowie Angst-, Spannungs- und Unruhezustände sind häufig und kommen als Begleitsymptome oder als vorherrschender Befund regelmäßig in der täglichen Praxis vor. Kriterien der Insomnie entsprechend ICD-10 sind:

- Die vorherrschenden Beschwerden bestehen in Ein- und Durchschlafschwierigkeiten oder nicht erholsamem Schlaf, der Patient fühlt sich trotz adäquater Schlafdauer nicht erholt.

- Diese Auffälligkeit tritt über mindestens einen Monat mindestens dreimal wöchentlich auf; sie ist so schwerwiegend, daß entweder über deutliche Erschöpfung während des Tages geklagt wird oder Symptome beobachtet werden, die auf Schlafstörungen zurückzuführen sind, z. B. Irritabilität oder eingeschränkte Leistungsfähigkeit.
- Die Störung tritt nicht ausschließlich im Verlauf einer Störung des Schlaf-Wach-Rhythmus oder einer Parasomnie auf.

Rationale Therapie mit Phytopharmaka

Die medikamentöse Therapie von Schlafstörungen und pathologischen Angstzuständen sollten nur vorrübergehend und im Rahmen einer umfassenden Therapiestrategie erfolgen (z. B. aktive Mitwirkung durch den Patienten für reaktiv bedingte psychosomatische Beschwerden).

Indikation

Die Indikation für die medikamentöse Therapie stellt sich für pflanzliche Arzneimittel im Prinzip gleichartig wie für chemisch definierte Präparate. Da es oft somatisierte Ängste gibt, müssen zunächst pathologische Organbefunde ausgeschlossen werden. Somatische Symptome bei Angsterkrankungen sind Tinnitus, Kribbeln, Hitzewallungen, Hyperhidrose, Schwächegefühl, gastrointestinale und Herz-Kreislauf-Beschwerden, Muskelschmerzen, Kopf- und Gliederschmerzen, urogenitale Beschwerden, wie Pollakisurie und Libidoverlust. Phytopharmaka sind generell nicht geeignet für akute Kriseninterventionen, für schwere (zyklothyme) Depressionen oder andere psychische Störungen mit erhöhter Suizidalität (z. B. Angstzustände bei Delir, Schizophrenie).

Aufgrund der subjektiven Beurteilungsparameter, psychometrischer Testverfahren und relativ hoher Placeboresponsraten in klinischen Studien (Größenordnung 30 %) stand die medikamentöse Therapie von Schlafstörungen, Angst- und Unruhezuständen wiederholt in der Kritik. Wichtig und entscheidend für den Einsatz pflanzlicher Arzneimittel bei

diesen Befundkonstellationen ist, daß bei gegebener vergleichbarer Wirksamkeit der Phytopharmaka die Gabe von
nebenwirkungsbelasteten oder potentiell abhängig machen-
den chemisch definierten Psychopharmaka vermieden werden kann.

Der Erfolg der Therapie mit Phytopharmaka hängt von
der geeigneten Patientenauswahl und der Patientenführung
ab. Arzt und Patient müssen wissen, daß mehrere Tage vergehen können, bevor sich eine als ausreichend empfundene
Wirksamkeit einstellt.

Phytopharmaka für eine rational begründbare vertragsärztliche Verordnung

✳ Valerianae radix officinalis (offizinelle Baldrianwurzel)

Arzneilich verwendet werden Extrakte, Fluidextrakte und
Tinkturen aus der Wurzel.

Wirkungs- und wirksamkeitsbestimmende Inhaltsstoffe

Die offizinelle Baldrianwurzel enthält ein Vielstoffgemisch
pharmakologisch aktiver Substanzen. Die Valepotriate (Va-
leranepoxytriester) sind aufgrund ihrer Thermo- und Chemo-
labilität wenig stabil, zudem gering resorbierbar und in frisch
hergestellter offizineller Baldriantinktur kaum enthalten. Sie
scheiden in Extrakten als wirksamkeitsbestimmende Inhaltsstoffe aus. Als eigentliche Wirkstoffe werden die Monoterpene und Sesquiterpene der ätherischen Öle diskutiert. Valerensäure und ihre Derivate besitzen sedierende, antikonvulsive Eigenschaften und hemmen in vitro den Abbau von
GABA. Für Valeranon wurde eine tranquilisierende Wirkung
berichtet.

Pharmakokinetik

Da die wirksamkeitsbestimmenden Inhaltsstoffe bisher un-
genügend definiert sind, liegen relevante Studien zur Pharmakokinetik nicht vor.

Klinische Studien
Humanpharmakologische und klinische Studien, die eine Verkürzung der Einschlafzeit und eine Abnahme nächtlicher Wachphasen zeigen, liegen für ethanolische Wurzelextrakte aus dem offizinellen Baldrian vor, wenn Tagesdosen von 400–900 mg Extrakt eingesetzt wurden (Tabelle 3.1). Die Wirkung setzt nicht sofort, sondern erst innerhalb von 10 bis 14 Tagen ein.

Unerwünschte Wirkungen
Relevante Nebenwirkungen und Kontraindikationen sind bisher nicht bekannt. Dokumentationen zur Wirksamkeit und Unbedenklichkeit bei Kindern unter 12 Jahren liegen nicht vor.

☞ **Anwendungsgebiete, die eine vertragsärztliche Verordnung rechtfertigen:** Die Monographie der Kommission E nennt als Anwendungsgebiete Unruhezustände und nervös bedingte Einschlafstörungen.

Eine hinreichende Charakterisierung und sinnvolle Standardisierung für Baldrianpräparate steht noch aus. Da Valerensäure und Acetoxyvalerensäure charakteristische Inhaltsstoffe des offizinellen Baldrians sind, eignen sie sich als Leitsubstanz für die biopharmazeutische Qualität von Extrakten. Individuell ist die Gabe von Baldrianpräparaten gerechtfertigt, wenn hierdurch auf den Einsatz möglicherweise nebenwirkungsbelastender Arzneimittel verzichtet werden kann.

Auswahl von Fertigarzneimitteln, ohne Anspruch auf Vollständigkeit:

Baldrian-Monopräparate

Baldrian Dispert Dragees ED 45 mg
Baldrian Dispert stark am Tag Dragees ED 125 mg
Baldrianetten N Dragees ED 200 mg
Baldrian-Phyton ED 250 mg
Benedorm Baldrian Dragees ED 441,35 mg
Sedonium Dragees ED 300 mg
Valdispert 125 Dragees ED 125 mg

ED = Einzeldosis pro Zubereitungsform

Tabelle 3.1. Placebokontrollierte Studien mit wäßrigem (w) bzw. 70 % ethanolischem (eth) Baldrianextrakt

Autor/Jahr	Dosis Extrakt	Fälle	Zielgrößen	Ergebnisse
Leathwood et al. 1983	400 mg (w)	128	Selbstbeurteilung	Schlaflatenz verkürzt * Schlafqualität verbessert * kein Effekt
	400 mg (w)	29	Schlaf-EEG	
Leathwood et al. 1984	450 mg (w) 900 mg (w)	8	Selbstbeurteilung	Schlaflatenz verkürzt * keine Dosisabhängigkeit
Kamm-Kohl et al. 1984	270 mg (w)	80	Bf-S, NOISIE, Schlafscore	Bf-S*, NOISIE*, Ein- und Durchschlafstörung
Balderer et al. 1985	450 mg (w) 900 mg (w) 900 mg (w)	10 8	Selbstbeurteilung Schlaf-EEG	Verkürzung der Schlaflatenz dosisabhängig * kein Effekt
Schulz et al. 1994	450 mg (eth)	14	Schlaf-EEG, Selbstbeurteilung	Zunahme: langsamwelliger Schlaf, Abnahme: Schlafstadium I. Kein Effekt: Schlaflatenz, Wachzeit, Schlafqualität
Schulz et al. 1995	1200 mg (eth)	12	Pharmako-EEG, CFF	charakteristische Unterschiede zu Diazepam, keine Vigilanzminderung
Vorbach et al. 1995	600 mg (eth)	121	HAMD, CGI, Bf-S, SF-B, SRA	HAMD*, CGI*, Bf-S*, SF-B* keine Akutwirkung, Effekt nach 2–4 Wochen

EEG = Elektroencephalogramm, CFF = Flimmerverschmelzungsfrequenz, Bf-S = Befindlichkeitsskala nach von Zerssen, NOISIE = Nurses Observation Scale for Inpatient Evaluation, HAMD = Hamilton-Depressions-Skala, CGI = Clinical Global Impression, SF-B = Schlaf-Fragebogen nach Görtelmeyer, SRA = Schlaf-Rating. * = signifikant

✳ Lupuli strobulus (Hopfenzapfen)

Als Droge werden überwiegend die weiblichen Fruchtstände (Lupuli strobulus) verwendet.

Wirkungs- und wirksamkeitsbestimmende Inhaltsstoffe
Obwohl eine Vielzahl von pharmakologischen Untersuchungen zu einzelnen Hopfenbitterstoffen vorliegen, sind Substanzen, die als wirksamkeitsbestimmend zu bezeichnen wären, unbekannt.

Pharmakokinetik, klinische Studien
Entsprechende Untersuchungen liegen nicht vor.

Unerwünschte Wirkungen sind bisher nicht bekannt.

☞ **Anwendungsgebiete, die eine vertragsärztliche Verordnung rechtfertigen,** bestehen bei der derzeitigen Dokumentationslage unseres Erachtens nicht. Die Monographie der Kommission E beim ehemaligen BGA beschreibt als Indikation für Hopfenzapfen Einschlafstörungen, Unruhe- und Angstzustände. Es liegt jedoch kein klinisches Erkenntnismaterial für ein Monopräparat zu Hopfenzapfen vor.

Hopfenzapfen werden in Deutschland nur in Kombinationspräparaten angeboten. Die Verordnung dieser Kombinationen als Fertigarzneimittel ist bei nachgewiesener Wirksamkeit und Unbedenklichkeit durchaus sinnvoll.

✳ Passiflorae herba (Passionsblumenkraut)

Arzneilich verwendet werden Extrakte aus dem Kraut des mittel- und südamerikanischen Strauches.

Wirkungs- und wirksamkeitsbestimmende Inhaltsstoffe
Die in der Droge enthaltenen Indolalkaloide vom Harman-Typ zeigen experimentell eine vigilanzsteigernde und in höheren Dosen eine motilitätshemmende Wirkung sowie eine Verlängerung der Phenobarbitalschlafzeit. Relevante pharmakokinetische und klinische Studien fehlen.

☞ **Anwendungsgebiete, die eine vertragsärztliche Verordnung rechtfertigen,** bestehen bei der derzeitigen Dokumentationslage unseres Erachtens nicht. Die Monographie der Kommission E beim ehemaligen BGA beschreibt als Indikation für Passiflora nervöse Unruhezustände und begründet sie mit ärztlichem Erfahrungsgut.

Nur für Baldrianwurzel-Extrakte liegen kontrollierte Studien vor. Für Hopfenzapfen, Passionsblumenkraut und Melissenblätter gibt es keine kontrollierten klinischen Studien mit Monozubereitungen.

Einige fixe Kombinationen aus
● Baldrianwurzel + Hopfenzapfen
● Baldrianwurzel + Melissenblätter
● Baldrianwurzel + Hopfenzapfen + Melissenblätter
● Baldrianwurzel + Hopfenzapfen + Passionsblumenkraut
● Baldrianwurzel + Passionsblumenkraut + Melissenblätter

sind positiv durch die Kommission E bewertet worden für die Indikationen Unruhezustände, nervös bedingte Einschlafstörungen. Nach aktueller Nomenklatur (ICD-10) handelt es sich um nichtorganische Insomnien, Ein- und Durchschlafstörungen. Es liegen kontrollierte klinische Studien für Baldriankombinationen vor, z.B. für Baldrianwurzel- und Melissenblätter-Extrakt sowie für Baldrianwurzel- und Hopfenzapfen-Extrakt. In einer placebokontrollierten Doppelblindstudie wurde gezeigt, daß eine Verbesserung von Schlafgewohnheit und Tagesbefindlichkeit bei Patienten mit behandlungsbedürftiger Insomnie erreicht werden kann. Eine Beeinträchtigung der Alltagskompetenz oder der Konzentrationsfähigkeit zeigt sich nicht. Dementsprechend sind diese Kombinationen als sinnvoll anzusehen.

Auswahl von fixen Arzneimittelkombinationen, ohne Anspruch auf Vollständigkeit

Ardeysedon Dragees ED Baldrianwurzel-Trockenextrakt 100 mg, Hopfenzapfen 24 mg

Baldriapan N Entspannungs-Dragees ED Baldrianwurzel-Trockenextrakt 95 mg, Hopfenzapfen-Trockenextrakt 15 mg

Euvegal forte Dragees ED Baldrianwurzel-Trockenextrakt 160 mg, Melissenblätter-Trockenextrakt 80 mg

Hovaletten Filmtbl. ED Baldrianwurzel-Trockenextrakt 200 mg, Hopfenzapfen-Trockenextrakt 45,5 mg

Ivel Schlaf-Dragees Filmtbl. ED 250 mg Baldrianwurzel-Trockenextrakt, 60 mg Hopfenzapfentrockenextrakt

Kytta Sedativum Dragees ED Baldrianwurzel-Trockenextrakt 100 mg,

Pantival novo Dragees ED Baldrianwurzel-Trockenextrakt 160 mg, Melissenblätter-Trockenextrakt 80 mg

Pascosedon Filmtbl. ED Baldrianwurzel-Trockenextrakt 56 mg, Melissenblätter-Trockenextrakt 28 mg, Hopfenzapfentrockenextrakt 28 mg

Phytonoctu Filmtbl. ED Melissenblätter-Trockenextrakt 60 mg, Passionsblumenkraut-Trockenextrakt 70 mg,

Seda Kneipp N Dragees ED Baldrianwurzel-Trockenextrakt 77 mg, Hopfenzapfen-Trockenextrakt 18,8 mg

Sedacur forte Beruhigungsdragees ED Baldrianwurzel-Trockenextrakt 75 mg, Hopfenzapfen-Trockenextrakt 23 mg, Melissenblätter-Trockenextrakt 45 mg

Selon Dragees ED Baldrianwurzel-Trockenextrakt 225 mg, Hopfenzapfentrockenextrakt 30 mg

SX Valeriana comp. Dragees ED Baldrianwurzel-Trockenextrakt 160 mg, Melissenblätter-Trockenextrakt 80 mg

ED = Einzeldosis Extrakt pro Zubereitungsform

3.2 Angst-, Spannungs- und Unruhezustände

Zu den Angst-, Spannungs- und Unruhezuständen, bei denen Phytopharmaka im Rahmen eines Therapiekonzeptes sinnvoll einsetzbar sind, gehören die generalisierten Angststörungen (frei flottierende Ängste, ICD-10 (F 41.1)) und Phobien (ICD-10 (F40)), d. h. Ängste, die in bestimmten, gut definierbaren Situationen auftreten, die objektiv aktuell ungefährlich sind. Die Befürchtungen des Patienten können auf einzelne Symptome wie Palpitationen, Schwächegefühl gerichtet sein und sind oft mit weitgehender Furcht assoziiert vor Kontrollverlust, Verrücktheit und mit Todesangst. Auch bei ängstlich-depressiver Verstimmtheit (F 41.2) sowie im Rahmen der Bewältigung von Anpassungsstörungen (F 43.2) sind Phytopharmaka indiziert. Anpassungsstörungen treten üblicherweise in Lebensphasen auf, in denen die Integrität des Sozialgefüges eines Individuums belastet wird (Trennungsphasen, Umzug usw.) oder wenn ein neuer Lebensabschnitt beginnt (Ausscheiden aus dem aktiven Berufsleben, Klimakterium, Wegzug der Kinder aus dem Elternhaus usw.). Die Anpassungsstörungen und die generalisierten chronischen Angststörungen stellen die wichtigsten Indikationsgruppen für pflanzliche Anxiolytika dar.

Phytopharmaka für eine rational begründbare vertragsärztliche Verordnung

* Piperis methystici rhizoma (Kava-Kava-Wurzelstock)

Als Droge verwendet wird der Wurzelstock dieser in der Südsee beheimateten Pflanze.

Wirkungs- und wirksamkeitsbestimmende Inhaltsstoffe
Extrakte aus dem Wurzelstock enthalten pharmakologisch relevante Kava-Lactone. Im Tierexperiment zeigen Kava-Lactone eine Dämpfung des limbischen Systems, wirken über eine Abnahme des Skelettmuskeltonus zentral muskelrelaxierend, ohne Fremd- und Eigenreflexe zu beeinflussen, sedieren ohne direkte narkotisch-hypnotische Wirkung, besitzen spasmolytische, antikonvulsive und lokalanästhetische Eigenschaften. Es sind eine Reihe pharmakologischer Wirkungen belegt, die auch für Benzodiazepine bekannt sind; eine Interaktion mit Benzodiazepin-Rezeptorbindungsstellen konnte bisher nicht gezeigt werden.

Pharmakokinetik

Kava-Lactone werden aus dem Gastrointestinaltrakt resorbiert und sind zerebral bioverfügbar. Die Resorption aus einem auf Kava-Lactone standardisierten Spezialextrakt war signifikant besser als nach Gabe der Reinsubstanzen oder von Mischungen der Reinsubstanzen. Kava-Lactone werden im Urin unverändert und als Metaboliten sowie unverändert über den Stuhl ausgeschieden.

Toxikologie

Reine Kava-Lactone und ein auf Kava-Lactone standardisierter Spezialextrakt (WS 1490) sind nur gering toxisch. Eine Organotropie bei akuter Intoxikation (orale LD_{50} 1800 mg/kg KG Maus) ließ sich nicht zeigen. Halbjahresstudien für WS 1490 an Ratten und Hunden mit täglicher Gabe von bis zu 320 mg/kg KG bei Ratten und 60 mg/kg KG beim Beagle-Hund verliefen ohne Todesfälle, Adaptationsprozesse an die hohe Substanzbelastung in der Leber (zentrilobuläre Hypertrophie) und im Nierengewebe der Ratte (hyaline Tröpfchen, Epithelpigmentierung der proximalen Tubuli) wurden mitgeteilt. Untersuchungen des Extraktes auf Mutageniät (Ames-Test) und im Mikronukleus-Test zeigten keine Hinweise auf ein genotoxisches Potential.

Klinische Studien

Die überwiegende Zahl humanpharmakologischer (Tabelle 3.2) und klinischer Studien (Tabelle 3.3) sind entweder placebokontrolliert oder referenzkontrolliert (Benzodiazepine) mit dem Spezialextrakt WS 1490 durchgeführt worden, der auf 70 % Kava-Lactone eingestellt ist. Die Wirksamkeit von 3×100 mg dieses Extraktes pro Tag ist für Angst-, Spannungs- und Unruhezustände belegt. Erste signifikante Besserungen im Vergleich zu Placebo werden nach einwöchiger Therapie mitgeteilt (Hauptzielvariable: Score der Hamilton-Angst-Skala), Verlaufsdaten liegen bis zu 6 Monaten vor. Sowohl die „somatische" als auch die „psychische" Angst besserten sich im Verlauf der Therapie signifikant. Während akute Wirkungen auf das Schlafverhalten (Verkürzung der Einschlafzeit, Zunahme der Tiefschlafphasen, keine Beeinflussung des REM-Schlafes) und auf kognitive Prozesse (Verbes-

Tabelle 3.2. Humanpharmakologische Untersuchungen mit normierten Kava-Kava-Extrakten

Autor	Dosis, Dauer	Zielgrößen	Ergebnisse
Herberg 1991	300 mg/Tag Kava-Kava-Extrakt bzw. Placebo 15 Tage	Orientierung, Konzentration, Reaktion auf Reize bzw. Auswahlsituation, Reaktionsfähigkeit unter Streß, Vigilanz, motorische Koordination	Zwischen Kava-Kava-Extrakt und Placebo kein relevanter Unterschied im Hinblick auf das sicherheitsbedeutsame Leistungsvermögen, Befindensseite
Herberg 1992	300 mg/Tag Kava-Kava-Extrakt bzw. Placebo 8 Tage, 0,5 ‰ Blutalkohol	Orientierung, Konzentration, Reaktion auf Reize bzw. Auswahlsituation, Reaktionsfähigkeit unter Streß, Vigilanz, motorische Koordination	Zwischen Kava-Kava-Extrakt und Placebo keine Unterschiede bei zusätzlicher Alkoholgabe, d. h. keine die reine Alkoholwirkung übersteigenden Leistungsstörungen
Johnson et al. 1991	300, 600 mg/Tag Kava-Kava-Extrakt bzw. Placebo 7 Tage	Quantitatives EEG, evozierte Potentiale, psychometrische Tests zur Beurteilung kognitiver Leistung, emotionaler, allgemeiner Persönlichkeitsbereitschaft	$\Uparrow$ β-, insbes. β_2-Welle, $\Downarrow$ α-Aktivität, Delta/Theta-Aktivität unbeeinflußt, Latenzverkürzung im β-Bereich, Zunahme emotionaler Stabilität und Erhöhung der Aktivierbarkeit
Emser, Bartylla 1991	150, 300 mg/Tag Kava-Kava-Extrakt bzw. Placebo 3 Tage	Polygraphisches Schlaf-EEG mit Elektromyogramm und Elektrookulogramm, Schlafqualität, subjektive Befindlichkeit	Einschlaf-, Slow-wave-, REM-Latenz verkürzt, Abnahme Schlafstadium 1, Zunahme des Tiefschlafs (Stadium 3/4), REM-Schlaf unbeeinflußt, Schlafqualität verbessert
Geßner, Cnota 1994	120 mg Kava-Kava-Extrakt, 10 mg Diazepam bzw. Placebo Einmalgabe	Ruhe-EEG, Vigilanz-EEG, Flimmerverschmelzungsfrequenz, Pauli-Test, Reaktionszeit, Mehrfachwahlreaktionstest	Relative Delta/Theta-Aktivität: Diazepam $\Downarrow$, Kava-Kava-Extrakt $\Uparrow$, relative α-Aktivität $\Downarrow$ nach Kava-Kava-Extrakt und Diazepam. β-Aktivität $\Uparrow$ unter Diazepam, Kava-Kava-Extrakt fördert die Entspannung, steigert die Leistungsfähigkeit

Tabelle 3.3. Randomisierte Doppelblindstudien von Kava-Kava als Anxiolytikum

Autor/Jahr	Fälle	Dosis Kava-Lactone (mg/Tag)	Dauer (Tage)	Indikation	Zielparameter
Warnecke et al. 1990	20 Verum 20 Placebo	30–60	56	klimakterisches Syndrom	Kupperman-Index*, ASI*, Patiententagebuch
Warnecke 1991	20 Verum 20 Placebo	210	56	klimakterisches Syndrom	HAMA*, DSI*, Kupperman-Index*, CGI*, Patiententagebuch
Kinzler et al. 1991	29 Verum 29 Placebo	210	28	Angst, Spannung, Erregung	HAMA*, EWL*, CGI*
Woelk 1993	57 Verum 59 Oxazepam 56 Bromazepam	210	43	Angst	HAMA, EAAS, EWL, CGI, kein Unterschied
Volz 1995	50 Verum 50 Placebo	210	42	Angst, Spannung, Unruhe	HAMA*, CGI*, Bf-S*
Volz et al. 1997	52 Verum 49 Placebo	210	25 Wochen	Angst, Spannung, Unruhe	HAMA*, CGI*, SCL-90-R, Bf-S

ASI = Angst-Status-Inventar, HAMA = Hamilton-Angst-Skala, CGI = Clinical Global Impression, DSI = Depression-Status-Inventar, EAAS = Erlanger Skala für Angst, Aggression, Spannung, Bf-S = Befindlichkeits-Skala nach von Zerssen, EWL = Eigenschaftswörterliste, SCL-90-R = Self-report symptom inventory 90 items – revised. * = signifikant

serung der Aufmerksamkeits- und Gedächtnisleistungen) humanpharmakologisch belegt sind, spricht die klinische Erfahrung dafür, daß bei der heute üblichen Tagesdosis von 3×100 mg Extrakt (entsprechend 3×70 mg Kava-Lactone) einige Tage vergehen, bis der ängstlich verstimmte Patient eine hinreichende Wirksamkeit verspürt.

Unerwünschte Wirkungen
Sehr selten leichte Magen-Darm-Beschwerden und allergische Hautreaktionen, Juckreiz. Aufgrund ethnomedizinischer Erfahrungen sollte bei längerer Einnahme auf eine passagere Gelbverfärbung der Haut, Pupillenerweiterung, Störung des Nahsehens und Koordination der Augenbewegung als denkbare Nebenwirkungen geachtet werden. In Einzelfällen sind unwillkürliche extrapyramidale Nebenwirkungen beschrieben worden. Zu einer möglichen Abhängigkeitsentwicklung beim Menschen liegen weder für den Fall der rituellen Anwendung in der Südsee (Kava-Zeremonie) noch für Reinsubstanzen (chemisch definiertes D-L-Kavain seit über einem Jahrzehnt in Deutschland im Handel) noch für Kava-Extrakte experimentelle Daten oder Fallmitteilungen vor.

Wechselwirkungen mit anderen Mitteln sind nicht bekannt. Gezielte Untersuchungen an Probanden brachten keine Hinweise auf eine Konzentrationsbeeinträchtigung bei gleichzeitiger Gabe von Ethanol (Blutalkoholspiegel 0,5 ‰). Generell ist bei zentral wirksamen Pharmaka – zumindest im Einzelfall – eine Wirkungsverstärkung von Alkohol, Barbituraten, Psychopharmaka und Muskelrelaxanzien möglich.

Gegenanzeigen: Bekannte Allergie gegen Kava-Kava, Schwangerschaft, Stillzeit und endogene Depressionen.

Tagesdosis: Extrakte mit einem Gehalt von 60 – 210 mg Kava-Lactonen.

Dauer der Anwendung: eine Langzeittherapie ist unbedenklich, sollte aber ohne ärztlichen Rat nicht länger als 3 Monate durchgeführt werden.

Anwendungsgebiete, die eine vertragsärztliche Verordnung rechtfertigen: Nervöse Angst-, Spannungs – und Unruhezustände. Bei der entsprechenden Symptomatik stellen Kava-Extrakte eine sinnvolle Alternative zu chemisch definierten Arzneimitteln dar, die mehr Nebenwirkungen haben oder zur Abhängigkeit führen können.

Auswahl von zugelassenen bzw. monographiekonformen Fertigarzneimitteln, ohne Anspruch auf Vollständigkeit:

Antares 120 Tabletten ED 120 mg
Ardeydystin forte Dragees ED 75–120 mg
Cefakava 150 Dragees ED 150 mg
Kava-Phyton Dragees ED 63,3–115,7 mg
Kava-ratiopharm forte Kapseln ED 120 mg
Kavasporal forte Kapseln ED 47,5–52,5 mg
Laitan 100 Kapseln ED 100 mg
Limbao 120 Kapseln ED 120 mg
Sedalint Kava Filmtbl. ED 90–144 mg
SX Kava Kapseln ED 90–110 mg

ED = Einzeldosis Kava-Extrakt pro Zubereitungsform

3.3 Depressive Verstimmung

Die typische leichte bis mittelgradige depressive Verstimmung (ICD 10: F 32.0, F 32.1) ist durch die gedrückte Stimmung, Antriebsarmut und Abnahme der Aktivität gekennzeichnet. Man empfindet weniger Freude, zeigt weniger Interesse, die Konzentrationsfähigkeit nimmt ab, man fühlt sich abgeschlagen und müde. Häufig kommen Schlaf- und Eßstörungen hinzu. Die Stimmungslage ist gleichförmig, man reagiert nicht auf Änderungen der äußeren Umstände. Oft kommen „somatische" Beschwerden hinzu. Von wiederholter depressiver Verstimmung (F 33) spricht man, wenn dieselben Symptome wiederholt auftreten, ohne daß Hinweise auf Episoden mit manischen Zügen vorliegen.

Phytopharmaka für eine rational begründbare vertragsärztliche Verordnung

✻ Hyperici herba (Johanniskraut)

Arzneilich verwendet werden die oberirdischen Teile der Pflanze.

Wirkungs- und wirksamkeitsbestimmende Inhaltsstoffe
Eine vollständige Aufklärung der wirksamkeitsbestimmenden Inhaltsstoffe von Johanniskraut steht noch aus. Die rot gefärbten Dihydrodianthrone (z.B. Hypericin) sind zwar in einigen pharmakologischen Modellen aktiv, jedoch wurden oft Dosen verwandt, die keine humantherapeutische Relevanz erkennen lassen. Es liegen auch Daten vor, die zeigen, daß hypericinfreie Extrakte experimentell antidepressiv wirksam sind. Der Inhaltsstoff mit ausgeprägter pharmakologischer Aktivität, der sich durchgängig als antidepressiv wirkend zeigt, ist Hyperforin. Dies ist in In-vitro-Bindungsstudien, in In-vivo-Modellen, speziell der Verhaltenspharmakologie, und im Pharmako-EEG als relevant herausgefunden worden. Laakmann et al. haben jüngst eine klinische, placebokontrollierte Doppelblindstudie vorgestellt, in der hyperforinreicher Johanniskraut-Extrakt signifikant gegenüber Placebo wirksam war, ein hyperforinarmer Extrakt nicht. Somit ist eine Dosisabhängigkeit für Hyperforin im Johanniskraut bewiesen, ohne daß hieraus geschlossen werden kann, daß Hyperforin allein für die Wirksamkeit von Johanniskraut-Extrakt verantwortlich ist.

Klinische Studien
Es liegen mehrere placebokontrollierte und referenzsubstanzkontrolllierte klinische Studien vor. Hierbei sind inbesondere zwei Extrakte untersucht worden, die mit alkoholischem Auszugsmittel zu Johanniskrautauszügen führen, die sowohl Hypericin als auch Hyperforin enthalten (Tabelle 3.4). Die Ergebnisse, die für diese Extrakte gezeigt wurden (Hauptzielvariable: Änderung der Scores der Hamilton-Depressions-Skala), sind auf andere Extrakte nicht übertragbar, solange unbekannt ist, ob im wesentlichen gleichartige Arzneimittel vorliegen. Solange die wirksamkeits**mit**bestimmenden Inhaltsstoffe nicht weiter aufgeklärt sind, ist es Zulassungspraxis des BfArM, keine Standardisierung bei der Deklaration der Wirkstoffe zu erlauben. Zur Zeit führt kein Weg an einem Studium der sich rasch vermehrenden Literatur zur Pharmakologie und Klinik der Johanniskraut-Extrakte vorbei, wenn Qualitätssicherung ernst genommen werden soll. Die *Wirksamkeit* des klinisch geprüften Johanniskraut-Ex-

Tabelle 3.4. Kontrollierte Studien mit Johanniskraut-Extrakt (nach Harrer und Schulz 1993, Linde et al. 1996, Volz 1997)

Autor/Jahr	Fälle	Dosis (mg/Tag)	Dauer (Tage)	Referenz-therapie	Signifikante Parameter
Halama 1991	50	900*	28	Placebo	HAMD, B-L, CGI
Johnson 1992	12	900*	42	Placebo	medikamenten-induzierte EEG-Änderungen
Lehrl 1993	50	900*	28	Placebo	HAMD, KAI
Schmidt 1993	32	900	7	Placebo	Interaktionen mit Alkohol
Sommer 1994	105	900*	28	Placebo	HAMD
Johnson 1994	24	900	42	Maprotilin	medikamenten-induzierte EEG-Änderungen, Bf-S
Harrer 1994	102	900	28	Maprotilin	HAMD, D-S, CGI
Hübner 1994	39	900	28	Placebo	HAMD, B-L, CGI
Martinez 1994	20	900	35	Photo-therapie	HAMD (SAD)
Schulz 1994	12	900	28	Placebo	Schlaf-EEG, D-S, Bf-S
Vorbach 1994	130	900	42	Imipramin	HAMD, D-S, CGI
Hänsgen 1996	101	900	42	Placebo	HAMD, D-S, BEB, CGI
Kerb 1996	12	300–1800	1–14	Placebo	Pharmakokinetik
Wheatley 1997	149	900	42	Amitriptylin	HAMD, MADRS, CGI
Vorbach 1997	209	1800	42	Imipramin	HAMD, D-S, CGI
Laakmann 1998	148	900	42	Placebo	HAMD, D-S, CGI**

HAMD = Hamilton-Depressionsskala; HAMA = Hamilton-Angstskala; CGI = Cli-nical-Global-Impression-Skala; B-L = Beschwerdeliste nach von Zerssen; D-S = Depressivitätsskala nach von Zerssen; Bf-S = Befindlichkeitsskala nach von Zerssen; DSI = Depressivitätsskala nach Zung; BEB = Beschwerde-Erfassungs-bogen nach Hänsgen; KAI = Kurztest der allgemeinen Informationsverarbeitung nach Lehrl; SAD = Patienten mit saisonal abhängiger Depression; MADRS = Montgomery Asberg Depressionsbewertungsskala.
* Älteres Herstellungsverfahren, Dosen nicht direkt vergleichbar. ** In wesent-lichen Inhaltsstoffen vergleichbarer Extrakt eines anderen Herstellers

traktes bei leichten bis mittelschweren depressiven Verstimmungen ist belegt mit einer Tagesdosis von 900 mg Extrakt.

Relevante *Nebenwirkungen* sind bisher nicht bekannt geworden, Photosensibilisierung ist, besonders bei hellhäutigen Personen, möglich.

☞ **Anwendungsgebiete, die eine vertragsärztliche Verordnung rechtfertigen:** Bei depressiven Episoden und leichten bis mittelschweren Verstimmungen sind Johanniskrautextrakt-Präparate indiziert. In einer neuen Zulassung vom BfArM lautete die Indikation leichte und mittlere depressive Episoden.

Da z. Zt. eine Charakterisierung der wirksamkeitsrelevanten Inhaltsstoffe und eine entsprechende Standardisierung der Johanniskraut-Extrakte nicht vorliegt, ist es nicht gerechtfertigt, Ergebnisse, die mit einem bestimmten, in einem gleichbleibenden industriellen Verfahren hergestellten Extrakt erarbeitet wurden, auf andere Extrakte zu übertragen. Wird zur Deklaration noch der rote Farbstoff Hypericin verwendet, so ist dies ein Beleg dafür, daß das Präparat noch nicht bezüglich seiner Wirksamkeit von der Zulassungsbehörde überprüft wurde. Nach AMG 2 zugelassene oder diesen entsprechende Zubereitungen sind als Alternative zu chemisch definierten anzusehen. Wenn der Patient unter dieser Phytopharmakotherapie eine hinreichende Linderung seiner Beschwerden erlebt, so kann auf chemisch definierte Antidepressiva mit dokumentierten Nebenwirkungen wie Mundtrockenheit, Sedation und innere Unruhe verzichtet werden.

Auswahl von zugelassenen bzw. monographiekonformen Fertigarzneimitteln, ohne Anspruch auf Vollständigkeit:

Aristoforat 250 Kapseln ED 350 mg
Cesradyston Kapseln ED 200 mg
Esbericum forte Dragees ED 250 mg
Felis forte 425 Kapseln ED 425 mg
Futuran Hartkapseln ED 425 mg
Helarium Hypericum Dragees ED 255–285 mg
Helarium 425 Hartkapseln ED 425 mg
Hypericum Stada Hartkapseln ED 425 mg

Hyperimerck Filmtbl. ED 260 mg
Laif 600 ED 612 mg
Jarsin 300 Dragees ED 300 mg
Neuroplant 300 Filmtbl. ED 300 mg
Psychotonin 300 Kapseln ED 306,0 mg
Remotiv Dragees ED 250 mg
Spilan 425 Kapseln ED 425 mg

ED = Einzeldosis pro Zubereitungsform

Literatur

Akiskal HS (1990) Toward a clinical understanding of the relationship of anxiety and depressive disorders. In: Maser J, Coninger R (eds) Comorbidity in anxiety and mood disorders. American Psychiatric Press, Washington, pp 597–607

Balderer G, Bobely AA (1985) Effect of valerian on human sleep. Psychopharmacology 87:406–409

Dilling H (1995) Epidemiologie, Klassifikation und Diagnostik der Schlafstörungen. Nervenheilkunde 14:402–407

Dilling H, Dittman V (1990) Die psychiatrische Diagnostik nach der ICD 10. Nervenarzt 61:259–270

Dreßing H, Riemann D, Löw H, Schredl M, Reh C, Laux P, Müller WE (1992) Baldrian-Melisse-Kombinationen versus Benzodiazepin. Therapiewoche 42:726–736

Dreßing H, Köhler S, Müller WE (1996) Verbesserung der Schlafqualität mit einem hochdosierten Baldrian-Melisse-Präparat. Eine placebokontrollierte Doppelblindstudie. Psychopharmakotherapie 3:123–130

Emser W, Bartylla K (1991) Zur Wirkung von Kava-Extrakt WS 14090 auf das Schlafmuster bei Gesunden. TW Neurologie Psychiatrie 5:636–642

Ernst E (1995) St John's wort antidepressant? A systematic criteria based review. Phytomedicine 2:67–71

Geßner B, Cnota P (1994) Untersuchung der Vigilanz nach Applikation von Kava-Kava-Extrakt, Diazepam oder Placebo. Z Phytother 15:30–37

Habs M, Honold E (1994) Der psychoaktive Spezialextrakt WS 1490 aus dem Wurzelstock von Piper methysticum (Kava-Kava). Forsch Komplementärmed 1:208–215

Hänsel R (1996) Kava-Kava in der modernen Arzneimittelforschung. Z Phytother 17:180–195

Harrer G, Schulz V (1993) Zur Prüfung der antidepressiven Wirksamkeit von Hypericum. Nervenheilkunde 12 (6a), 271–273

Herberg KW (1991) Fahrtüchtigkeit nach Einnahme von Kava-Spezial-Extrakt WS 1490. ZFA 67:842–846

Herberg KW (1992) Zum Einfluß von Kava-Spezialextrakt WS 1490 in Kombination mit Ethylalkohol auf sicherheitsrelevante Leistungen. TÜV Rheinland, Projekt 945–411001

Hölzl J (1996) Baldrian. Dtsch Apoth-Ztg 136:17–25

Johnson D, Fraunedorf A, Stecker K, Stein U (1991) Neurophysiologisches Wirkprofil und Verträglichkeit von Kava-Kava-Extrakt WS 1490. TW Neurologie Psychiatrie 5 : 340–345

Kamm-Kohl AV, Jansen W, Brockmann P (1984) Moderne Baldriantherapie gegen nervöse Störungen im Senium. Med Welt 35 : 1450–1454

Kinzler E, Kröner J, Lehmann E (1991) Wirksamkeit eines Kava-Spezial-Extraktes bei Patienten mit Angst-, Spannungs- und Erregungszuständen nicht-psychotischer Genese. Arzneim-Forsch/Drug Res 41 (I) 6 : 584–588

Lader M (1994) Treatment of anxiety. BMJ 309 : 321–324

Leathwood PD, Chauffard F (1983) Quantifying the effect of mild sedatives. J Psychiatr Res 17 : 115–122

Leathwood PD, Chauffard F (1984) Aqueous extract of valerian reduces latency to fall asleep in man. Planta Med 50 : 144–148

Linde K, Ramirez G, Mulrow CD, Pauls A, Weidenhammer W, Melchart D (1996) St. John's wort for depression – an overview and meta-analysis of randomised clinical trials. Br Med J 313, (7052), 253–258

Loew D (1998) Kava-Kava-Wurzelstock (Piper methysticum). In: Bühring M, Kemper FH (Hrsg) Naturheilverfahren und unkonventionelle medizinische Richtungen. Springer, Heidelberg

Nachtmann A, Hajak G (1996) Phytopharmaka zur Behandlung von Schlafstörungen. Internist 37 : 743–749

Müller WE, Kasper S (1997) Hypericum Extract (LI 160) as a Herbal antidepressant. Pharmacopsychiatry-Suppl 30 : 71–134

Müller WE, Chatterjee ASS (1998) Hyperforin and the antidepressant activity of St. John's Wort. Pharmacopsychiatry-Suppl 31 : 1–60

Ollenschläger G, Geidel H, Kleinlange M (Hrsg) Schwerpunkt Angst. Z Ärztl Fortbild 89 : 97–200

Perovic S, Müller WEG (1995) Pharmacological Profile of Hypericum Extract. Arzneim-Forsch/Drug Res 45 : 1145–1148

Reh C, Laux P, Schenk N (1992) Hypericum-Extrakt bei Depressionen – eine wirksame Alternative. Therapiewoche 42 : 1576–1581

Schilcher H (1995) Pflanzliche Psychopharmaka. Dtsch Apoth-Ztg 135 : 1811–1822

Schulz H, Stolz C, Müller J (1994) The effect of a valerian extract on sleep polygraphy in poor sleepers. A pilot study. Pharmacopsychiatry 27 : 147–151

Schulz H, Jobert M (1995) Die Darstellung sedierender/tranquilisierender Wirkungen von Phytopharmaka im quantifizierten EEG. Z Phytother Abstraktband, S 10

Volz H-P (1995) Die anxiolytische Wirksamkeit von Kava-Spezialextrakt WS 1490 unter Langzeittherapie – eine randomisierte Doppelblindstudie. Z Phytother Abstraktband, S 9

Volz H-P, Kieser M (1997) Kava-kava extract WS 1490 versus placebo in anxiety disorders – a randomized placebo-controlled 25-week outpatient trial. Pharmacopsychiatry 30 : 1–5

Vorbach EU, Arnold KH (1995) Wirksamkeit und Verträglichkeit von Baldrianextrakt (Li 156) versus Placebo bei behandlungsbedürftigen Insomnien. Z Phytother Abstraktband, S 11

Warnecke G, Pfaender H, Gerster G, Gracza E (1990) Wirksamkeit von Kawa-Kawa-Extrakt beim klimakterischen Syndrom. Z Phytother 11 : 81–86

Warnecke G (1991) Psychosomatische Dysfunktionen im weiblichen Klimakterium. Fortschr Med 109:119–122

Witte B, Harrer G, Kaptan T, Podzuweit H, Schmidt U (1995) Behandlung depressiver Verstimmungen mit einem hochkonzentrierten Hypericumpräparat. Fortschr Med 113:404–408

Woelk H (1993) Behandlung von Angst-Patienten. Z Allgemeinmed 69:272–277

4 Periphere arterielle Durchblutungsstörungen (pAVK)

Definition. Bei der peripheren arteriellen Verschlußkrankheit handelt es sich in mehr als 90 % der betroffenen Fälle um Stenosen oder Verschlüsse der Aorta und der die Extremitäten versorgenden Arterien arteriosklerotischer Genese.

Einteilung. Nach der Lokalisation werden folgende Typen unterschieden:
- Beckentyp (Befall von Aorta abdominalis, A. iliaca communis und externa)
- Oberschenkeltyp (Befall von A. femoralis, A. poplitea)
- peripher-akraler Typ der unteren Extremitäten (Befall von A. tibialis anterior und posterior, A. fibularis, Fuß- und Zehenarterien).

Zur Abschätzung des Schweregrades der zugrundeliegenden Krankheit im unteren Extremitätengebiet und zur Standardisierung von Diagnose wie Therapie wird die pAVK in vier klinische Stadien nach Fontaine eingeteilt.

Stadium I:	Keine Beschwerden. Hier liegt eine noch ausreichende Blut- und Sauerstoffversorgung vor, wobei im Bereich der Becken- und Oberschenkelarterien bei Stenosierungen Kollateralkreisläufe für eine ausreichende Durchblutung sorgen.
Stadium II:	Die Schmerzen treten nur bei Belastung auf – Claudicatio intermittens.
Stadium II a:	Schmerzen erst bei einer Gehstrecke von mehr als 200 Metern.
Stadium II b:	Schmerzen bei einer Gehstrecke von weniger als 200 Metern (die Grenzmarke 100 oder 200 Meter variiert je nach Autor).

Stadium III:	Ruheschmerzen. Sie treten bevorzugt im periphersten Versorgungsbereich, und zwar im Vorderfuß, auf. Sie werden im beginnenden Stadium III durch Herabhängenlassen der Beine behoben.
Stadium III a:	Der systolische Knöcheldruck liegt über 50 mm Hg.
Stadium III b:	Der systolische Knöcheldruck liegt unter 50 mmHg
Stadium IV:	Gewebeschäden (Nekrosen und Gangrän)

Symptome bei Stadium II a/b. Leitsymptom ist im allgemeinen der belastungsabhängige Schmerz der Beinmuskulatur, der sich nach einer bestimmten Gehstrecke einstellt und nach einem Ruheintervall wieder verschwindet (Claudicatio intermittens). Weitere Symptome sind: Kältegefühl, akrale Abblassung, livide Verfärbung, Parästhesien und Impotenz.

Die anamnestische Schilderung belastungsabhängiger Schmerzen am Bein ist keine Grundlage für die Diagnose einer pAVK! Andererseits haben nur 1/3 aller Patienten mit pAVK eine Claudicatio intermittens!

Begründung
1. Wegen einer langsamen Progredienz entwickeln sich vielfältige Kompensationsmechanismen, wie beispielsweise Kollateralisation, Anpassung der Gehtechnik und -geschwindigkeit.
2. Durch Zweiterkrankungen können Patienten in ihrem Belastungs- und Empfindungsvermögen beeinträchtigt werden; Beispiel: kardial bedingte Einschränkung der Gehstrecke, Herabsetzung der symmetrischen Schmerzempfindung oder Schmerzen mit brennendem Gefühl bei diabetischer Polyneuropathie.
3. Als extravasale Ursachen kommen in Frage: radikuläre ischialgieforme Schmerzen, Senk-, Spreiz- und Plattfüße, ferner das „Walking-through"-Phänomen (Durchlaufphänomen), das beim langsamen Gehen auftritt.

Diagnostischer Stufenplan bei pAVK

1. Anamnese. Frage nach Claudicatio intermittens, Ruhe-schmerz und vorhandenen bzw. früher aufgetretenen Ne-krosen. Erfassung von Risikofaktoren wie Rauchen, Hy-pertonie, Fettstoffwechselstörung, Diabetes mellitus.
2. Klinische Untersuchung (Inspektion der unteren Extre-mitäten wegen möglicher Ulzera, trophisch gestörte Nägel, Zyanose, Marmorierung der Haut und Verlust der Behaa-rung). Bei Hochlagerung beider Beine kann bei pAVK häufig eine Abblassung der betroffenen Seite festgestellt werden (Ratschowsche Lagerungsprobe). Pulspalpation, Auskultation, Bestimmung der schmerzfreien und der ab-soluten Gehstrecke.
3. Ultraschall-Doppler-Druckmessung zur frühzeitigen und sicheren Zuordnung der Diagnose pAVK.

Weitergehende Untersuchungen:
4. Zweidimensionale Ultraschalluntersuchung
5. Farbcodierte Duplex-Sonographie
6. Konventionelle Angiographie oder digitale Subtraktions-angiographie.

Therapieziel

Primäres Ziel therapeutischer Bemühungen sollte eine voll-ständige Wiederherstellung der Strombahn und dadurch Nor-malisierung der Versorgung betroffener Gefäßareale sein. Weitere Ziele sind: Förderung körpereigener Kompensa-tionsmechanismen, um die eingeschränkte Belastungsfähig-keit der Patienten zu verbessern.

Therapiemaßnahmen

Eine nichtinvasive kausale Therapie ist nicht möglich. Das „komplexe" Geschehen der Genese bedarf einer „komple-xen" Therapie. Eine solche konservative Therapie setzt sich zusammen aus:

- Beseitigung der Risikofaktoren (z.B. Rauchverbot, Diätberatung, Gewichtsreduktion und medikamentöse Behandlung vorliegender Risikofaktoren).
- Behandlung von zusätzlichen Grunderkrankungen wie z.B. KHK, Herzinsuffizienz, Herzrhythmusstörungen oder Diabetes mellitus.
- Anleitung zu vernünftiger Lebensweise, insbesondere aktives Gehtraining.
- medikamentöse Therapie mit vasoaktiven Substanzen.

Kontraindikationen für aktives Gehtraining bei bestehender pAVK:
- Ruheschmerzen (Stadium III), ischämische Läsionen (Stadium IV), Nekrose, Gangrän
- Herz-Kreislauf-Erkrankungen, manifeste Herzinsuffizienz, instabile Angina pectoris
- höhergradige Herzrhythmusstörungen, Herzklappenfehler, Cor pulmonale, nicht ausreichend eingestellte Hypertonie
- Erkrankungen des Bewegungsapparates, ausgeprägte Arthrosen, akute entzündliche Gelenkerkrankungen, Claudicatio spinalis,
- neurologische Erkrankungen, vertebrobasiläre Insuffizienz mit Gehstörungen, Paresen nach zerebralem Insult

Prognostische Faktoren im Rahmen eines Gehtrainings nach Bollinger

Günstig	Ungünstig
kurze Anamnese (weniger als 1 Jahr)	lange Anamnese (mehr als 1 Jahr)
einseitige Verschlüsse	doppelte Verschlüsse
Femoralisverschlüsse	Becken- und Mehretagenverschlüsse
gute hämodynamische Werte (Stadium II)	schlechte hämodynamische Werte (spätes Stadium II und Stadium III)
intakter Bewegungsapparat	kranker Bewegungsapparat (LWS-Schädigung, Arthrosen)
normale Herz- und Lungenfunktion	kardiorespiratorische Insuffizienz
positive Motivation	fehlende Motivation

Die medikamentöse Therapie hat folgende Ziele:

1. Unterstützung der Eröffnung und Stabilisierung von funktionstüchtigen Kollateralen vorwiegend im Becken- und Oberschenkel-Gefäßbereich.
2. Förderung der Durchblutung, auch im Bereich der Mikrozirkulation.
3. Verbesserung der rheologischen Eigenschaften des Blutes durch Senkung der Blutviskosität und durch Senkung erhöhter Fibrinogenwerte sowie durch die Hemmung der durch den Mediator PAF (plättchenaktivierender Faktor) induzierten oder durch andere Faktoren (wie die Hemmung der Thromboxansynthese) ausgelösten Thrombozytenaggregation.
4. Hemmung der Erythrozytenadhäsion und -aggregation sowie Steigerung der Erythrozyten- und Leukozytenflexibilität.

Die Auswahl der Arzneimittel erfolgt je nach Lokalisation, Zahl und Schweregrad der Gefäßstenosen und -verschlüsse unter differentialtherapeutischen Gesichtspunkten.

Die erfolgreiche Behandlung mit vasoaktiven und hämorheologischen Arzneimitteln setzt immer eine diagnostische Sicherung des Stadiums II der pAVK, auch unter Berücksichtigung anderer therapeutischer Erwägungen, voraus.

Phytopharmaka für eine rational begründbare vertragsärztliche Verordnung bei pAVK

Zur Zeit steht hier als pflanzlicher Wirkstoff nur der standardisierte Spezialextrakt (Droge-Extrakt-Verhältnis 35–67:1) aus Ginkgo-biloba-Blättern zur Verfügung. Dieser Extrakt ist laut Positiv-Monographie BAnz Nr. 133 vom 19.7.1994 charakterisiert durch: 22 bis 27 % Flavonglykoside, bestimmt als Quercetin, und Kämpferol incl. Isorhamnetin (mit HPLC) und berechnet als Acylflavone mit der Molmasse $M_r = 756{,}7$ (Quercetinglykoside) und $M_r = 740{,}7$ (Kämpferolglykoside); 5 bis 7 % Terpenlactone, davon ca. 2,8–3,4 % Ginkgolide A, B und C sowie 2,6–3,2 % Bilobalid; unter 5 ppm Ginkgolsäuren. Die angegebenen Spannweiten beinhalten bereits Produktions- und Analysenschwankungen.

❋ Ginkgo-Spezialextrakt

Pharmakologische Wirkungen

Die pharmakologischen Wirkungen des Ginkgo-Spezialextraktes EGb 761, wie eine Verbesserung der Fließeigen-
schaften des Blutes und eine Steigerung der Durchblutung im
Bereich der Mikrozirkulation durch eine Hemmung der
Thrombozyten- und Erythrozytenaggregation, sowie durch
die Senkung erhöhter Fibrinogenwerte, der Vollblutviskosität
und -elastizität sowie der Plasmaviskosität sind für die therapeutische Wirksamkeit verantwortlich zu machen. Das glei-
che bezieht sich auch auf die Herabsetzung der erhöhten Kapillarpermeabilität, die Förderung der Freisetzung des „endo-
thelial-derived relaxing-factors" (EDRF), die Regulierung
des Thromboxan-Prostazyklin-Gleichgewichtes und die
Hemmung der Freisetzung toxischer Radikale.

Pharmakokinetik und **Toxikologie** des Spezialextraktes
EGb 761 siehe unter Kapitel „Hirnleistungsstörungen", Seite
63 f.

Therapeutische Wirksamkeit

Die therapeutische Wirksamkeit einer oralen Behandlung
mit dem Spezialextrakt EGb 761 bei Patienten mit Claudicatio intermittens konnte in verschiedenen klinischen placebokontrollierten Doppelblindstudien und ärztlichen Anwen-
dungsstudien anhand der Wirksamkeitskriterien „schmerz-
freie Gehstrecke" und „maximale Gehstrecke" nachgewiesen werden. Neuere Untersuchungen in Form einer placebokontrollierten Doppelblindstudie bei austrainierten Patienten mit Claudicatio intermittens zeigten, daß diese Patienten
durch eine 24wöchige orale Behandlung mit dem Spezialextrakt EGb 761 eine weitere statistisch signifikante und klinisch relevante Verbesserung der Gehleistung erzielen konnten. So bestätigte diese Studie die zuvor in anderen klinischen
Prüfungen dokumentierte therapeutische Wirksamkeit bei
Claudicatio-Patienten und zeigte zusätzlich den additiven
Nutzen einer derartigen Behandlung bei austrainierten Patienten nach vorausgegangenen physikalischen Maßnahmen
(Tabelle 4.1).

Tabelle 4.1. Kontrollierte Klinische Studien mit EGb 761 bei pAVK

Studie	Anzahl der Patienten	Dosis Dauer	Zunahme der schmerzfreien Gehstrecke EGb	Placebo	Zunahme der maximalen Gehstrecke EGb	Placebo
Blume 1998	21 V 19 P	160 mg über 24 Wochen	40,4 %2) p<0,001	−2,8 %2)	44,9 %1) p=0,007	6,7 %1)
Peters 1998	52 V 57 P	120 mg über 24 Wochen	43,6 %2) p=0,016	22,3 %2)	39,2 %1) p=0,038	18,1 %1)
Blume 1996	28 V 26 P	120 mg über 24 Wochen	42,2 %2) p<0,0001	7,1 %2)	40,0 %1) p<0,0001	10,8 %1)
Schanowski-Bouvier 1995	12 V 23 V	120 mg 240 mg über 24 Wochen	59,8 %1) 125,0 %	– –	57,7 % 1) 103,6 %	– –
Bulling, von Bary 1991	17 V 16 P	160 mg über 24 Wochen	179,4 % p<0,01	119,1 %	262,5 % p<0,01	82,4 % 1)
Thomson 1990	20 V 17 P	120 mg über 24 Wochen	47,2 % p<0,05 %	33 %	nicht angegeben	
Diehm 1990	22 V 18 P	120 mg über 12 Wochen	47 % p<0,04	33 %	im wesentlichen ähnlich, keine Daten angegeben	
Natali 1985	9 V 9 P	160 mg über 6 Monate	101,5 % p <0,025	10,6 %	119 %	0 %
Bauer 1984	44 V 35 P	120 mg über 6 Monate	108,8 % p<0,001	37,8 %	103 % p<0,001	22 %
Salz 1980	26 V 26 P	160 mg über 12 Wochen	43,8 % p<0,001	2,1 %	48 % p<0,001	34 %

V = Verum; P = Placebo;
p-Werte immer in Bezug auf absolute Differenzen (=Zielparameter)
1) Relative Werte, berechnet aus Durchschnittswerten für die Gehstrecke wie in der ITT-Studie angegeben.
2) arithm. Mittel der relativen Differenzen

Behandlungsbedürftigkeit und Erstattungsfähigkeit

Da es sich bei der pAVK um ein chronisch-progredientes Leiden mit hoher Mortalität handelt und bisher, außer der Beeinflussung der für die Arteriosklerose relevanten Risikofaktoren, eine Kausaltherapie nicht möglich ist, sind therapeutische Maßnahmen in einem möglichst frühen Stadium zwingend erforderlich. Diese sollen die massiv beeinträchtigte Lebensqualität der Patienten verbessern und eine weitgehende Beschwerdefreiheit solange erhalten, bis invasive Maßnahmen unumgänglich werden.

Anstelle eines starren Therapieprinzips sind flexible Strategien erforderlich, besonders differenziert gilt es dabei im Stadium II vorzugehen. Lediglich bei einem Drittel der Patienten läßt sich ein Behandlungserfolg durch alleiniges Gehtraining erzielen. Für die Kombinationsbehandlung aus Gehtraining und vasoaktiven Substanzen ist ein additiver Effekt hinsichtlich der Verbesserung der Gehstreckenleistung nachgewiesen. Ist ein Gehtraining nicht durchführbar, bleibt als einzige therapeutische Alternative die Gabe vasoaktiver Pharmaka.

☞ **Anwendungsgebiete, die eine vertragsärztliche Verordnung rechtfertigen:** Zur Verbesserung der schmerzfreien Gehstrecke bei peripher arterieller Verschlußkrankheit im Stadium II nach Fontaine (Claudicatio intermittens) im Rahmen physikalisch-therapeutischer Maßnahmen, insbesondere Gehtraining.

Gegenanzeigen und sonstige Angaben s. Kapitel 2, Teil II, Seite 67.

Art der Anwendung: In flüssigen oder festen Darreichungsformen zum Einnehmen.

Dosierung: 120–160 mg monographiekonformer Trockenextrakt in 2 oder 3 Einzeldosen täglich.

Behandlungsdauer: Die Besserung der Gehstreckenleistung setzt eine Behandlungsdauer von mindestens 6 Wochen voraus.

Auswahl von zugelassenen bzw. monographiekonformen Fertigarzneimitteln mit Ginkgo-biloba-Blätter-Spezialextrakt, ohne Anspruch auf Vollständigkeit:

Gingiloba Filmtbl. ED 40 mg; Lösung 40 mg/ml
Gingium Filmtbl. ED 40 mg; Lösung 40 mg/ml
Gingobeta Filmtbl. ED 40 mg; Lösung 40 mg/ml
Gingopret Filmtbl. ED 40 mg; Lösung 40 mg/ml
Ginkgo Stada Filmtbl. ED 40 mg; Lösung 40 mg/ml
Ginkobil ratiopharm Filmtbl. ED 40 mg; Lösung 40 mg/ml
Ginkopur Filmtbl. ED 40 mg; Lösung 40 mg/ml
Isoginkgo Filmtbl. ED 40 mg
Rökan Filmtbl. ED 40 mg; Lösung 40 mg/ml
Rökan Novo Filmtbl. ED 120 mg
Rökan Plus Filmtbl. ED 80 mg
SX Ginkgo Filmtbl. ED 40 mg
Tebonin forte Filmtbl. ED 40 mg; Lösung 40 mg/ml
Tebonin intens Filmtbl. ED 120 mg
Tebonin spezial Filmtbl. ED 80 mg

ED = Einzeldosis pro Zubereitungsform

Literatur

Anadere I, Chmiel H, Witte S (1984) Hemorheological findings in patients with completed stroke and the influence of a Ginko biloba extract. Clin Hemorheol 5:411–420

Artmann G, Degenhardt R, Wolff H, Grebe R, Schmid-Schönbein H (1991) Pilotstudie über membranpharmakologische Wirkungen von Ginkgo-biloba-Extrakt: Parameter-Exploration in vitro und Reduplikation der Effekte nach enteraler und parenteraler Zugabe von Rökan. In: Kemper FH, Schmid-Schönbein H (Hrsg) Rökan – Ginkgo biloba EGb 761 – Pharmakologie, Bd 1. Springer, Berlin, S 47–62

Artmann G, Michaelis P, Schmid-Schönbein H (1989) Effect of Ginkgo biloba extract 761 on microrheological parameters of red blood cells. Clin Hemorheol 9:444

Bauer U (1984) 6-month double-blind randomized clinical trial of Ginkgo biloba extract versus placebo in two parallel groups in patients suffering from peripheral arterial insufficiency. Arzneim-Forsch/Drug Res 34:716–720

Blume J, (1996) Placebokontrollierte Doppelblindstudie zur Wirksamkeit von Ginkgo-biloba-Spezialextrakt EGb 761 bei austrainierten Patienten mit Claudicatio intermittens. VASA 25, 3:265–274

Blume J, Kieser M, Hölscher U (1998) Ginkgo-Spezialextrakt EGb 761 bei peripherer arterieller Verschlußkrankheit. Fortschr Med 116 (Orig IV):137–143

Bulling B, Bary S (1991) Behandlung der chronischen peripheren arteriellen Verschlußkrankheit mit physikalischem Training und Ginkgo-biloba-Extract 761. Med Welt 42 : 702–708

DeFeutis FV (1998) Ginkgo biloba extract (EGb 761): From chemistry to the clinic. Ullstein Medical, Wiesbaden

De la Haye R, Diehm C, Blume J et al (1992) Eine epidemiologische Untersuchung zur Einsetzbarkeit und zu den Grenzen der physikalischen Therapie/Bewegungstherapie bei der arteriellen Verschlußkrankheit im Stadium II nach Fontaine. VASA, Suppl 38 : 1–40

Diehm C (1991) Möglichkeiten und Grenzen der Trainingstherapie mit Claudicatio-intermittens-Patienten unter gleichzeitiger medikamentöser Therapie. VASA, Suppl 32 : 589–592

Diehm C, Hsu E (1994) Prävention der arteriellen Verschlußkrankheit. Welche Maßnahmen haben Gewicht? Med Trib, Suppl 29 : 25–30

Ernst E, Marshall M (1992) Der Effekt von Ginkgo-biloba-Spezialextrakt EGb 761 auf die Leukozytenfilterabilität – eine Pilotstudie. Perfusion 8 : 241–242

Gerlach H-E (1990) Therapie der peripheren arteriellen Verschlußkrankheit. Gefäßtraining oder Medikamente? Therapiewoche 40 : 3538–3546

Grebe R, Artmann G, Wolff H, Degenhardt R, Schmid-Schönbein H (1991) Hochauflösende mikrorheologische Methoden zum Studium pharmakodynamischer Wirkungen von Ginkgo-biloba-Extrakt an menschlichen Erythrozyten. In: Kemper FH, Schmid-Schönbein (Hrsg) Rökan – Ginkgo biloba EGb 761 – Pharmakologie, Bd 1. Springer, Berlin, S 31–45

Guinot P, Caffrey E, Lambe R, Darragh A (1989) Tanakan inhibits platelet-activating-factor induced platelet aggregation in healthy male volunteers. Haemostasis 19 : 219–233

Heidrich H, Allenberg J, Cachovan M et al. (1992) Prüfrichtlinien für Therapiestudien im Fontaine-Stadium II – IV bei peripher-arterieller Verschlußkrankheit. VASA 4 : 333–338

Heidrich H, Cachovan M, Creutzig A, Rieger H, Trampisch HJ (1995) Guidlines for therapeutig studies in Fontaine's Stages II – IV peripheral arterial occlusive disease. VASA 24 : 2

Klimm HD (1990) Früherkennung und Häufigkeit der peripheren arteriellen Verschlußkrankheit in der Allgemeinpraxis. Habilitationsschrift für das Fach Allgemeinmedizin, Universität Heidelberg

Költringer P, Eber O, Lind P, Langsteger W, Wakonig P, Klima G, Rothlauer W (1989) Mikrozirkulation und Viskoelastizität des Vollblutes unter Ginkgo-biloba-Extrakt. Eine plazebokontrollierte, randomisierte Doppelblind-Studie. Perfusion 1 : 28–30

Le Devehat C, Lemoine A, Zoubenco C, Cirette B (1980) Etude du Tanakan dans les artériopathies diabétiques distales. Etude critique des explorations fonctionelles vasculaires. Mises Jour Cardiol 9 : 1–8

Letzel H, Schoop W (1992) Ginkgo-biloba-Extrakt EGb 761 und Pentoxifyllin bei Claudicatio intermittens. Sekundäranalyse zur klinischen Wirksamkeit. VASA 21 : 403–410

Marshall M (1993) Eingeschränkte Gehstrecke: Gefäß muß durchgängig gemacht werden. Mit Gefäßbahnwiederherstellung, Gehtraining und Medikation gegen die pAVK. Arzte Zeitung/Forschung und Praxis 164 : 3–6

Monographie „Trockenextrakt (35–67:1) aus Ginkgo-biloba-Blättern, extrahiert mit Aceton-Wasser", Bundesanzeiger Nr 133 vom 19.07. 1994

Mörl H, Dienerowitz A, Heun-Leutsch C (1993) Fibel kardiovaskulärer Erkrankungen. Perimed-spitta, Nürnberg

Müller-Bühl U, Diehm C (1991) Angiologie, Praxis der Gefäßerkrankungen. Kohlhammer, Stuttgart

Natali J, Boissier P (1985) Protocole d'étude de l'extrait de Ginkgo biloba face au placebo dans l'arteriopathie des membres inférieurs, Paris

Peters H, Kieser M, Hölscher U (1998) Demonstartion of efficacy of ginkgo biloba special extract EGb 761 on intermittent claudication-a placebo controlled double blind multicenter trial. VASA 27,106–110.

Rudofsky G (1987) Wirkung von Ginkgo-biloba-Extrakt bei arterieller Verschlußkrankheit. Randomisierte plazebokontrollierte Cross-over-Doppelblindstudie. Fortschr Med 20:397–400

Rudofsky G (1987) Wirkung von Ginkgo-biloba-Extrakt bei arterieller Verschlußkrankheit. Fortschr Med 105:397–400

Rudofsky G (1994) Arterielle Verschlußkrankheit (AVK). In: Therapie-Handbuch. Urban & Schwarzenberg, München

Rudofsky G (1995) Periphere arterielle Verschlußkrankheit (pAVK) – keine Bagatellerkrankung! Vortrag, Atrium-Konferenz, Bonn, 21.01. 1995

Rudofsky G, van Laak HH (1994) Treatment costs of peripheral arterial occlusive disease in Germany: a comparison of costs and efficacy. J Cardiovasc Pharmacol, Suppl 3:22–25

Salz H (1980) Zur Wirksamkeit eines Ginkgo-biloba-Präparats bei arteriellen Durchblutungsstörungen der unteren Extremitäten. Kontrollierte Doppelblind-crossover-Studie. Ther Geg 119:1345–1356

Schanowski-Bouvier P (1995) Hämorheologische und angiologische Vergleichsstudie einer medikamentösen Therapie mit Ginkgo biloba Extrakt bei Claudicatio-Patienten mit und ohne Diabetes mellitus. Med Dissertation, Albert-Ludwigs-Universität Freiburg im Breisgau

Schmid-Schönbein H, Artmann G, Degenhardt R (1991) In-vitro-Nachweis der Radikalfänger-Effekte von Ginkgo-biloba-Extrakt durch das System der photometrischen Viskoelastometrie humaner Erythrozyten. In: Kemper FH, Schmid-Schönbein H (Hrsg) Rökan – Ginkgo biloba EGb 762 – Pharmakologie, Bd 1. Springer, Berlin, S 103–111

Schneider B (1992) Ginkgo-biloba-Extrakt bei peripheren arteriellen Verschlußkrankheiten. Meta-Analyse von kontrollierten klinischen Studien. Arzneim-Forsch/Drug Res 42:428–436

Thomson GJL, Vohra RK, Carr MH, Walker MG (1990) A clinical trial of Ginkgo biloba extract in patients with intermittent claudication. Int Angiol 9:75–78

Witte S, Anadere I, Walitza E (1992) Verbesserung der Hämorheologie durch Ginkgo-biloba-Extrakt. Fortschr Med 110:247–250

5 Chronische Veneninsuffizienz

Definition. Als chronische Veneninsuffizienz bezeichnet man die Folgen der chronischen venösen Rückstauung an der unteren Extremität infolge eines anhaltenden venösen Druckanstiegs unter Orthostase mit venöser Abflußstörung. Synonyma sind chronische venöse Insuffizienz und chronische venöse Stauungsinsuffizienz.

Einteilung. Die systematische Einteilung der Venenerkrankungen umfaßt die primären degenerativen, dilatierenden Erkrankungen des oberflächlichen Systems (primäre oder genuine Stammvarikose), der transfascialen Venen, der Perforansinsuffizienz und der subfascialen Venen (Leitveneninsuffizienz). Weiterhin sind die entzündlich thrombosierenden Venenerkrankungen des oberflächlichen Systems (oberflächliche Thrombophlebitis) und des tiefen Systems (tiefe Venenthrombose) sowie seltenere Ursachen einer venösen Insuffizienz durch Klappenagenesie oder Angiodysplasien zu nennen. Komplikationen und Folgezustände der Venenerkrankungen sind akute Lungenembolie, subakut die Stauungs- und Kollateralvarizen (sekundäre Varikosis) und die chronische Veneninsuffizienz infolge einer degenerativ dilatierenden Phlebopathie oder das postthrombotische Syndrom. Eine chronische Veneninsuffizienz (CVI) findet sich immer beim postthrombotischen Syndrom; zahlenmäßig am häufigsten ist sie bei ausgeprägter Varikosis, speziell bei insuffizienten Perforansvenen (Cockett-Gruppe) oder bei proximaler Leitveneninsuffizienz. Die CVI tritt in verschiedenen Stadien auf (Tabelle 5.1) und schreitet ohne adäquate Therapie üblicherweise vom Stadium I zu II und in schwerwiegenden Fällen zu III fort.

Symptome. Die subjektiven Beschwerden bestehen vorrangig in Müdigkeits-, Schwere-, Spannungsgefühl sowie

Tabelle 5.1. Stadieneinteilung der chronischen Veneninsuffizienz nach Marshall und Widmer

---

Stadium I
a) Corona phlebectatica paraplantaris, „Stauungsflecken"
b) wie a) mit klinisch imponierendem Ödem

⇩

Stadium II
Siderosklerose + Ödem (unterschiedlicher Ausprägung)
Sonderform: mit Atrophie blanche

⇩

Stadium III
a) abgeheiltes Ulcus cruris (Ulkusnarbe)
b) florides Ulcus cruris

Schmerzen in den Beinen, Beinschwellung, Wadenkrämpfen und Juckreiz. Der klinische Befund ist abhängig von der Dauer und dem Ausmaß der chronischen Rückstauung mit ihren Folgeerscheinungen wie Stauungsödem, akrale Zyanose, Ekzeme, Siderosklerose, Dermatosklerose, atrophische Hautveränderungen bis hin zum offenen bzw. abgeheilten Ulcus cruris.

Therapieziele

Die chronische Veneninsuffizienz ist zwar keine lebensbedrohliche Erkrankung, dennoch muß sie wegen der Gefahr der Chronifizierung, des Fortschreitens zum Ulcus cruris mit psychischer Belastung des Patienten und hohen Folgekosten für die Versicherungsgemeinschaft als behandlungsbedürftig eingestuft werden. Ursachen sind Venenerweiterung mit Klappeninsuffizienz oder Stenose und Verschlüsse, meist durch eine tiefe Phlebothrombose. Therapieziele sind Ausschaltung der venösen Hypertonie, Verbesserung der Zirkulation durch Aktivierung der Muskelpumpe, Beseitigung der Stauung, Schwellung und trophischen Hautschäden, Aufhalten der Progredienz in ein höheres Stadium, Verhinderung von Komplikationen wie Thrombophlebitis, Thrombosen durch eine beschwerde- und symptomenorientierte Behandlung.

Therapiemaßnahmen

Neben allgemeinen Verhaltensmaßnahmen, wie Hydrotherapie, Hochlagerung der Beine, Aktivierung der Venenpumpe durch Bewegung kommen Kompression, invasive Verfahren, Sklerotherapie, Operation, medikamentöse Maßnahmen wie Diuretika, Ödemprotektiva und unter Umständen topische Präparate in Frage. Hierbei handelt es sich nicht um konkurrierende, sondern um ergänzende Behandlungsprinzipien. Für den Nachweis der Wirksamkeit sind Endpunkte wie venentonisierende Wirkung mit Wiederherstellung des venösen Rückflusses oder der Venenklappenfunktion, Verbesserung von trophischen Störungen wie Pigmentverschiebungen, phlebarthrotisches Stauungssyndrom, Dermatosklerose, Gewebsnekrosen, Ulcus cruris sowie Aufhalten der Progredienz der Erkrankung erforderlich.

Erstattungsfähigkeit

Nach den Richtlinien des Bundesausschusses der Ärzte und Krankenkassen über die Verordnung von Arzneimitteln in der vertragsärztlichen Versorgung (Arzneimittelrichtlinien/ AMR) vom 31. August 1993 dürfen nach AMR 17.2 Venentherapeutika zur topischen und systemischen Anwendung bei varikösem Syndrom und chronisch venöser Insuffizienz nur unter der Voraussetzung verordnet werden, daß zuvor allgemeine nichtmedikamentöse Maßnahmen genutzt wurden (z.B. physikalischer Art, Lebensführung, körperliches Training).

Phytopharmaka bei chronischer Veneninsuffizienz, die eine vertragsärztliche Verordnung rechtfertigen

Unter Ödemprotektiva versteht man Substanzen, welche die Durchlässigkeit der Gefäßwand für Flüssigkeit und Eiweiß in der Endstrombahn erschweren, die Mikrozirkulationsstörung verhindern, das durch Extravasation bedrohte Gewebe schützen, die Entstehung eines Ödems aufhalten und somit die subjektiven Beschwerden wie Spannungs- und Schweregefühl in den Beinen, Schmerzen und Wadenkrämpfe mildern.

Ödemprotektiva stammen größtenteils aus Pflanzen, deren therapeutischer Einsatz sich seit dem Mittelalter traditionell bewährt hat. Phytochemisch konnten bisher 4 Gruppen von pflanzlichen Inhaltsstoffen isoliert und pharmakologisch untersucht werden:

- Triterpensaponine (z. B. Aescin im Roßkastaniensamen),
- Steroidglykoside (z. B. Ruscusglykoside im Mäusedornwurzelstock),
- Cumarine (z. B. im Steinkleekraut),
- Flavonoide (z. B. Hesperidin, Diosmin, Rutin).

Von den aufgeführten Drogen bzw. Extrakten ist nur ein Roßkastaniensamen-Trockenextrakt mit einem Aescingehalt von 16–20 % im Hinblick auf das pharmakologische Wirkprofil, die humanpharmakologische Wirkung, die Pharmakokinetik und die klinische Wirksamkeit ausreichend untersucht.

✳ Hippocastani semen (Roßkastaniensamen)

Inhaltsstoffe und Pharmakodynamik
Hauptinhaltsstoff im Roßkastaniensamen-Extrakt ist das Triterpenglykosid Aescin, ein komplexes Gemisch, vorrangig aus diacetylierten Tetra- und Pentahydroxy-β-amyrinverbindungen. Protoaescin ist das Hauptaglykon des Aescins. Nach Hydrolyse wird aus Aescin Barringtogenol C gewonnen. Durch Lösungsfraktionierung entstehen α-, β- und Kryptoaescin. Das wasserlösliche Gemisch von β-Aescin und Kryptoaescin wird als α-Aescin bezeichnet. Weitere Inhaltsstoffe sind Flavonoide, Procyanoide und Gerbstoffe.

Am anaphylaktoiden ovalbumininduzierten Rattenpfotenödem und im Petechientest der Ratte ist der untersuchte Roßkastanien-Extrakt 100mal wirksamer als der von Aescin befreite Extrakt, was für den antiexsudativen Effekt von Aescin spricht. In verschiedenen experimentellen Modellen, ausgelöst durch Dextran, Carrageen, Kaolin, Bradykinin, Histamin und Traumen ist die antiexsudative Wirkung von Aescin nachweisbar. Am Modell der Formalin-Peritonitis zeigte sich, daß Aescin dosisabhängig die Permeation von kleineren Molekülen stärker als die von Makromolekülen verhindert. Die gefäßabdichtende Wirkung von Aescin zeigte sich u. a. an der Verhinderung der Tusche- und Evans-blue-Extravasation und an der erhöhten Kapillarresistenz im Petechientest der Ratte. Aescin wirkt in situ sowie an isolierten Arterien und Venen biphasisch. Auf eine vorübergehende initiale Dilatation folgt eine Tonisierung, die an den kapazitativen und großen Venen stärker ist als an den Arterien.

Klinische Wirksamkeit
Von einem aus Roßkastaniensamen gewonnenen und eingestellten Trockenextrakt (DAB 10) mit einem Gehalt an Triterpenglykosiden von 16–20 % (berechnet als Aescin) konnte in humanpharmakologischen Untersuchungen und randomisierten placebokontrollierten Doppelblindstudien (Tabelle 5.2) und in referenzkontrollierten Studien (Tabelle 5.3) eine Besserung subjektiver Beschwerden, eine Verringerung der transkapillären Filtration, eine Verringerung der erhöhten Aktivität von β-N-Acetyl-Glucosaminidase und Arylsulphatase, eine Beinvolumenabnahme und Umfangsreduktion durch Volumenmessung mittels Wasserplethysmographie nachgewiesen werden. Wenn auch die älteren Studien methodische Mängel aufweisen, so stehen sie doch in guter Übereinstimmung mit neueren Ergebnissen. In der Monographie zu Hippocastani semen von 1994 wurde ein standardisierter Trockenextrakt nach DAB 10 positiv beurteilt. In einem „Criteria-based systematic review" kommen Pittler et al. nach Auswertung von 13 publizierten klinischen Studien in Medline, Embase, Bios, Ciscom und in der Cochrane library (einschließlich Dezember 1996) zu dem Schluß, daß für den untersuchten Roßkastaniensamen-Extrakt die klinische Wirksamkeit und Unbedenklichkeit zur Kurzzeitbehandlung belegt ist, jedoch für die längere Anwendung weitere kontrollierte Studien, insbesondere im Vergleich zur Kompression, erforderlich sind.

☞ **Anwendungsgebiete, die eine vertragsärztliche Verordnung rechtfertigen:** Behandlung von Beschwerden bei Erkrankungen der Beinvenen (chronische Veneninsuffizienz), zum Beispiel Schmerzen und Schweregefühl in den Beinen, nächtliche Wadenkrämpfe, Juckreiz und Beinschwellung.

Tabelle 5.2. Randomisierte placebokontrollierte klinische Studien mit Roßkastaniensamen-Extrakt (RKSE) bei Patienten mit chronischer Veneninsuffizienz (CVI), (k. A. = keine Angaben)

Autor	Design	Fälle/Drop-outs	Dosis	Dauer	Prüfstadium	Endpunkt/Ergebnisse
Neiss et al. 1976	Cross-over	233/7	2 × 1 Kaps.	20 Tage	CVI k. A.	sign. Rückgang von Ödem, Schmerzen, Juckreiz, Müdigkeit, Schweregefühl
Friedrich et al. 1978	Cross-over	118/23	2 × 1 Kaps.	20 Tage	CVI I–III	sign. Rückgang von Ödem, Schmerzen, Juckreiz, Müdigkeit, Schweregefühl
Bisler et al. 1986	Cross-over	24/2	1 × 2 Kaps.	k. A.	CVI I–III	Abnahme des Filtrationskoeffizienten um 22 % unter Verum, nicht nach Placebo
Rudofsky et al. 1986	Parallel-gruppen	40/1	2 × 1 Kaps.	4 Wo.	CVI I-II	sign. Umfangsreduktion (Wasserplethysmographie), Besserung subjektiver Beschwerden
Lohr et al. 1986	Parallel-gruppen	80/6	2 × 1 Kaps.	8 Wo.	CVI k. A.	sign. Umfangsreduktion nach Ödemprovokation, Besserung subjektiver Beschwerden
Steiner 1990	Cross-over	20	2 × 1 Kaps.	2 Wo.	CVI I	sign. Umfangsreduktion (Wasserplethysmographie).
Pilz 1990	Parallel-gruppen	30/2	2 × 1 Kaps.	20 Tage	CVI I-II	sign. Umfangsreduktion, 0,8 cm Verum gegenüber 0,1 cm Placebo
Diehm et al. 1992	Parallel-gruppen	40/1	2 × 1 Kaps.	6 Wo.	CVI k. A.	sign. Umfangsreduktion (Wasserplethysmographie), 84 ml Verum, 4 ml Placebo

Tabelle 5.3. Randomisierte referenzkontrollierte klinische Studien mit Roßkastesamensamen-Extrakt (RKSE) versus Hydroxyethylrutosid (HR) bei Patienten mit chronischer Veneninsuffizienz (k. A = keine Angaben).

Autor	Design	Fälle/Drop-outs	Dosis	Dauer	Prüfstadium	Endpunkt/Ergebnisse
Erdlen 1989	Parallel-gruppen	30	2 × 1 Kaps. 2 × 1 Kaps. HR	4 Wo.	CVI I–II	sign. Rückgang von Fesselumfang jeweils um 0,4 cm in beiden Gruppen
Kalbfleisch et al. 1989	Parallel-gruppen	33/3	1 × 1 Kaps. 1 × 1 Kaps. HR	8 Wo.	CVI I–II	sign. Rückgang von Waden-, Fessel-umfang vor und nach Ödemprovo-kation, Besserung subjektiver Beschwerden
Erler 1991	Parallel-gruppen	40	2 × 1 Kaps. 2 × 1 Kaps. HR	8 Wo.	CVI I–II	sign. Rückgang von Waden- und Fesselumfang vor und nach Ödem-provokation
Diehm et al. 1996	3armige Parallel-gruppen	240	2 × 1 Kaps. Kompression Placebo	12 Wo.	CVI k. A.	sign. Umfangsreduktion (Wasser-plethysmographie), 43,8 ml nach Verum und 46,7 ml nach Kompres-sion
Rehn et al. 1996	3armige Parallel-gruppen	155/18	2 × 1 Kaps. 2 × 1 Kaps. HR bzw.1 × 1 Kaps.	12 Wo.	CVI II	sign. Umfangsreduktion (Wasser-plethysmographie) 28,2 ml nach Verum, 57,9 ml nach Hydroxyethyl-rutosid

Hinweis: Das Arzneimittel dient der unterstützenden Behandlung von Erkrankungen der Beinvenen. Es ersetzt nicht vom Arzt verordnete Maßnahmen wie zum Beispiel die Kompressionstherapie.

Tagesdosis: 2 × täglich 250–312,5 mg Extrakt entsprechend täglich 100 mg Aescin in retardierter Darreichungsform.

Anwendungsdauer: Empfehlenswert erscheint eine symptomenorientierte orale Therapie im allgemeinen über zwei bis vier Wochen. Als Intervalltherapie zur Überbrückung bis zur möglichen Durchführung invasiv-kausaler Maßnahmen wie Varizenchirurgie und/oder Sklerotherapie.

Nebenwirkungen: In Einzelfällen Juckreiz, Übelkeit, Magenbeschwerden.

Gegenanzeigen: Keine bekannt.

Wechselwirkungen: Keine bekannt.

Symptome der Intoxikation: Keine bekannt.

Auswahl von zugelassenen bzw. monographiekonformen Fertigarzneimitteln mit Roßkastaniensamen-Extrakt, ohne Anspruch auf Vollständigkeit:

Aescorin forte Kapseln ED 180–260 mg RSE, 50 mg Aescin
Aescusan retard Retardtbl. ED 263,2 mg RSE, 50 mg Aescin
Noricaven Dragees ED 200–237 mg, RSE 50 mg Aescin
Perivar Rosskaven Retardtbl. ED 263,2 mg RSE, 50 mg Aescin
Plissamur forte Dragees ED 250 mg, RSE 50 mg Aescin
SX Aesculus Retardtbl. ED 263,2 mg RES, 50 mg Aescin
Venalot Novo Depot Retardkapseln ED 240–290 mg RSE, 50 mg Aescin
Venentabletten Stada retard Retardtbl. ED 263,2 mg RSE, 50 mg Aescin
Venentabs retard ratiopharm Retardtbl. ED 263,2 mg RSE 50, mg Aescin
Venoplant retard S Retardtbl. ED 263,2 mg RSE, 50 mg Aescin
Venopyronum retard Retardtbl. ED 263,2 mg RSE, 50 mg Aescin
Venostasin retard Retardtbl. ED 240–290 mg RSE, 50 mg Aescin
Venostasin S Retard Kapseln ED 352,0–400 mg RSE 75 mg Aescin

ED = Einzeldosis pro Zubereitungsform

Literatur

Arnold M, Przerwa M (1976) Die therapeutische Beeinflußbarkeit experimentell erzeugter Ödeme. Arzneim-Forsch/Drug Res 29, 402–409

Bisler H, Pfeifer R, Klücken N, Pauschinger P (1986) Wirkung von Roßkastaniensamenextrakt auf die transkapilläre Filtration bei chronischer venöser Insuffizienz. Dtsch med Wschr 111:1321–1329

Diehm C, Trampisch HJ, Lange S, Schmidt C (1996) Comparison of leg compression stocking and oral horse-chestnut seed extract therapy in patients with chronic venous insufficiency. The Lancet 347:292–294

Diehm C, Vollbrecht D, Amendt K, Comberg .U (1992) Medical edeme protection – clinical benefit in patients with chronic deep vein insufficiency. VASA 21:188–192

Enghoffer E, Seibel K, Hammersen F (1984) Die antiexsudative Wirkung von Roßkastaniensamenextrakt. Therapiewoche 34:4130–4143

Erdlen F (1989) Klinische Wirksamkeit von Venostasin retard im Doppelblindversuch. Med Welt 40:994–996

Erler M (1991) Roßkastaniensamenextrakt bei der Therapie peripherer venöser Ödeme. Ein klinischer Therapievergleich. Med Welt 42:593–596

Friedrich HC, Vogelsberg H, Neiss A (1978) Ein Beitrag zur Bewertung von intern wirksamen Venenpharmaka. Z Hautkr 53:369–374

Kalbfleisch W, Pfalzgraf H (1989) Ödemprotektiva: äquipotente Dosierung. Roßkastaniensamenextrakt und 0-β-Hydroxyethylrutosid im Vergleich. Therapiewoche 39:3703–3707

Kreysel NW, Nissen HP, Enghofer E (1983) A possible role of lysosomal enzymes in the pathogenesis of varicosis and the reduction in their serum activity by Venostasin. VASA 112:377–382

Lohr E, Garaninin G, Jesau P, Fischer H (1986) Ödempräventive Therapie bei chronischer Veneninsuffizienz mit Ödemneigung. Münch Med Wochenschr 128:579–581

Loew D, Schroedter A, Schwankl W, Schneider W (1999) Problems in studying the bioavailability of escin-containing extracts. In Vorbereitung

Lorenz D, Marek ML (1960) Das therapeutische Prinzip der Roßkastanie. Arzneim-Forsch/Drug Res 10:263–272

Marshall M, Loew (1994) Diagnostische Maßnahmen zum Nachweis der Wirksamkeit von Venenpharmaka. Phlebologie 23:85–91

Monographie Hippocastani semen. BAnz 71 vom 15.4.1994

Neiss A, Böhm C (1976) Zum Wirkungsmechanismus von Roßkastaniensamenextrakt beim varikösen Symptomenkomplex. Münch Med Wochenschr 118:213–216

Pilz E (1990) Ödeme bei Venenerkrankungen. Med Welt 40:1321–1329

Pittler MH, Ernst EE (1998) Horse-Chestnut seed extract for chronic venous insufficiency. Arch Dermatol 134:1356–13601

Rehn D, Unkauf M, Klein P, Jost V, Lücker PW (1996) Comparative clinical efficacy and tolerability of oxerutins and horse chestnut extract in patients with chronic venous insufficiency. Arzneim-Forsch/Drug Res 46:483–487

Richtlinien des Bundesausschusses der Ärzte und Krankenkassen über die Verordnung von Arzneimitteln in der vertragsärztlichen Versorgung (Arzneimittel-Richtlinien/AMR vom 31.8.1993) (1994) Deutsches Ärzteblatt 91, A 139

Rudofsky G, Neiß A, Otte K, Seibel K (1986) Ödemprotektive Wirkung und klinische Wirksamkeit von Roßkastaniensamenextrakt im Doppelblindversuch. Phlebol Proktol 15:47–54

Schrödter A, Loew D, Schwankl W, Rietbrock N (1998) Zur Validität radioimmunologisch bestimmter Bioverfügbarkeitsdaten von β-Aescin in Roßkastaniensamenextrakten. Arzneim-Forsch/Drug Res 48 (II) 9: 905–909

Steiner M, Hillemanns HG (1986) Untersuchung zur ödemprotektiven Wirkung eines Venentherapeutikums. MMW 128:551–552

Steiner M (1990) Untersuchungen zur ödemvermindernden und ödemprotektiven Wirkung von Roßkastaniensamenextrakt. Phlebol Proktol 19:239–242

Vogel G, Marek ML, Oertner R (1979) Untersuchungen zum Mechanismus der therapeutischen Wirkung des Roßkastaniensaponins Aescin. Arzneim-Forsch/Drug Res 20:699–703

6 Erkrankungen der oberen und unteren Atemwege (grippeartiger Infekt)

Den unkomplizierten Infekten der oberen und unteren Atemwege, landläufig und wissenschaftlich nicht korrekt „Erkältungskrankheiten" genannt, kommt aus sozialmedizinischer und sozioökonomischer Sicht eine große Bedeutung zu. Wenngleich die Erkrankung keine schwerwiegende Krankheit darstellt und auch ohne medikamentöse Therapie abheilt, beeinträchtigt sie das Befinden und die Arbeitsfähigkeit der Betroffenen und kann, insbesondere bei Risikogruppen, zu schweren Komplikationen führen. Durch Komplikationen und Arbeitsausfall von durchschnittlich 8 Tagen gewinnt die Erkrankung erhebliche Relevanz für die Volkswirtschaft und für die Solidargemeinschaft der Versicherten. Auch die Möglichkeit der Chronifizierung im Falle der Nicht- oder unzureichenden Behandlung ist nicht auszuschließen. Weiterhin ist zu beachten, daß einzelne Symptome dieser aus medizinischer Sicht „banalen Infektionen" auch im Zusammenhang mit schwerwiegenden Erkrankungen auftreten (z. B. Husten) und im Zweifelsfall differentialdiagnostische Maßnahmen erfordern.

Ursachen, Symptomatik, Verlauf und **Komplikationen.** Verursacht werden unkomplizierte Infekte durch eine Vielzahl unterschiedlicher Viren. Respirationstrakttypische Viren sind Adenoviren, Rhinovirus, Coronavirus, Parainfluenzavirus, Pneumovirus und Influenzavirus (Tabelle 6.1). Auch Viren, deren Hauptmanifestationsort außerhalb des Respirationstraktes liegt, können die Atemwegsschleimhaut infizieren (Herpesvirus, Enterovirus, Morbilivirus, REO-Virus). Infektionsorte sind die Schleimhaut der Nase (Rhinitis), des Rachens (Pharyngitis), des Kehlkopfes (Laryngitis), der Trachea (Tracheitis) und der Bronchien (Bronchitis). In unseren Breitengraden treten Atemwegsinfekte gehäuft im Herbst, Winter und Frühling auf. Verschiedene Faktoren wie Kälte und Im-

Tabelle 6.1. Häufigste virale Erreger bei Erkältungen und der akuten Pharyngitis (nach Gwaltney 1979)

Erreger	typische Erkrankungen	geschätzte Häufigkeit
Rhinoviren	virale Rhinitis	20 %
Coronaviren	virale Rhinitis	> 5 %
Adenoviren	pharyngokonjunktivales Fieber	5 %
Herpes-simplex-Viren	Stomatitis aphthosa	4 %
Parainfluenzavirus	Pseudokrupp	2 %
Coxsackie-A-Virus	Herpangina	< 1 %
Epstein-Barr-Virus	infektiöse Mononukleose	< 1 %
β-hämolysierende Streptokokken	Pharyngitis, Tonsillitis	15–30 %
Hämophilus influenzae	Epiglottis	5–10 %
anaerobe Mischinfektionen	Angina Plaut Vincenti, Peritonsillarabszeß	< 1 %
unbekannt		30 %

munstatus können die Infektion begünstigen, ursächlich ist jedoch das infektiöse Agens. Eine abgelaufene Virusinfektion hinterläßt eine kurzfristige spezifische Immunität, doch kann es aufgrund der Vielzahl von Viren jederzeit zu Neuinfektionen durch andere Viren mit ähnlicher, aber auch unterschiedlicher Symptomatik kommen (vermeintliches Rezidiv). Nicht selten tritt als Komplikation einer respiratorischen Virusinfektion eine bakterielle Infektion hinzu. Über die Häufigkeit derartiger Sekundär- oder Superinfektionen liegen wenige Daten vor; nach einer Studie im allgemeinärztlichen Bereich ist von einer Rate von 30 % auszugehen.

„Grippeartiger (grippaler) Infekt"

Der grippeartige Infekt beginnt im allgemeinen mit unspezifischen Symptomen wie Kratzen im Hals, Niesen, Triefnase, Schnupfen, Heiserkeit, Halsschmerzen, Kopfschmerzen, Glieder- und Muskelschmerzen, Abgeschlagenheit, Unwohlsein,

Husten, Frösteln und Fieber. Die Symptome treten zu ca.
70 % innerhalb der ersten Stunden auf mit einem Maximum
am zweiten Tag und einer Gesamtdauer einzelner Symptome
von 7 bis 14 Tagen. Am ersten Tag stehen nach den Untersuchungen von Canestrani und Cohn Kratzen im Hals, Kopfschmerzen, Niesen und Triefnasen an erster Stelle. Sie werden
ab dem dritten Tag vom Schnupfen und später vom Husten
abgelöst. Differentialdiagnostisch ist der grippeartige Infekt
von der Virusgrippe, der Influenza, zu unterscheiden, deren
Ursache ebenfalls Viren sind. Nur eine rechtzeitige Impfung
mit inaktivierten Grippeviren, die den jeweiligen Erregern
angepaßt sind, bietet einen Schutz. Nach überstandener Influenza besteht eine Immunität nur gegen den krankheitsaus-
lösenden Virusstamm. Anhand des unterschiedlichen Schweregrades der Symptome und des Verlaufs lassen sich grippeartiger Infekt und Virusgrippe klinisch unterscheiden (Tabelle 6.2).

Tabelle 6.2. Symptome bei Erkältung (grippeartiger Infekt) und Virusgrippe (Influenza)

wichtige Symptome	Erkältung (z. B. Rhinoviren)		Grippe (Influenzaviren)	
	% der Pa-tienten	Schwere-grad	% der Pa-tienten	Schwere-grad
Schnupfen	80–100	schwer	20–30	mild
Kopfschmerzen	25	mild	85	schwer
Halsschmerzen	50	mild/mäßig	50–60	mäßig/schwer
Abgeschlagenheit, Unwohlsein	20–25	mild/mäßig	80	schwer
Husten	40	mild/mäßig	90	schwer
Frösteln	10	mild	90	schwer
Fieber >37,5 °C	0–1	–	95	
Muskelschmerzen	10	mild	60–75	mäßig/schwer

Rhinitis

Zu den ersten und am häufigsten betroffenen Regionen zählt die Nase. Auf die ersten Symptome, wie Niesreiz, Brennen, Juckreiz und Trockengefühl in der Nase, folgt die katarrhalische Symptomatik mit Anschwellen der Nasenschleimhaut, starker seröser Sekretion und Beeinträchtigung der Riechfunktion. Die starke Anschwellung der Nasenschleimhaut beeinträchtigt die Nasenatmung mehr oder weniger; manchmal so stark, daß der Patient auf alleinige Mundatmung übergeht. Aufgrund a priori kleinerer Lumina sind Kinder und insbesondere Säuglinge besonders betroffen. Im Verlauf der Infektion steigt die Viskosität des sezernierten Sekretes. Je nach Ausmaß der Schleimhautschädigung manifestiert sich die Epitheldesquamation durch Zelldetritus. Es kommt zu einer morphologischen Schädigung und funktionellen Störung des Flimmerepithels und damit zur Beeinträchtigung der mukoziliären Clearance mit der Gefahr der bakteriellen Superinfektion.

Sinusitis als Komplikation der Rhinitis

Komplikationen durch Beteiligung von Nasennebenhöhlen und Mittelohr sind Sinusitiden und Otitis media. Sind die Drainage und Ventilation der Nasennebenhöhlen und/oder der eustachischen Röhre betroffen, können Sinusitiden im Bereich der Kieferhöhle, der Stirnhöhle, der Siebbeinzellen und der Keilbeinhöhle sowie Mittelohrentzündungen auftreten. Zu den charakteristischen Symptomen gehören Druck im Kopf, Kopfschmerz und eventuell ein- bzw. beidseitige Mittelohrschwerhörigkeit. Eine genaue Abklärung ist angezeigt, da die unsachgemäße Behandlung erhebliche Komplikationen nach sich ziehen kann.

Sinusitiden haben in 80 % der Fälle eine Rhinitis als Vorläufer und stellen die einzige ernsthafte Komplikation dar.

Ursache ist der ödematöse Verschluß der Ausführungsgänge der Nasennebenhöhle, der Startpunkt für den sog. Circulus vitiosus ist. Durch den Verschluß ändern sich die Verhältnisse im betroffenen Sinus so, daß vorhandene saprophytäre Keime pathogen werden können und nun in der Nebenhöhle eine Entzündung auslösen. Daraus folgt, daß gegebenenfalls auch eine antibiotische Therapie erforderlich sein kann. Eine inadäquate Therapie der Sinusitis kann durch die Ausbreitung der Entzündung endokranielle Komplikationen zur Folge haben.

Für die rationale Anwendung von Phytopharmaka sind die Abschwellung der Schleimhäute zur Verbesserung der Ventilation sowie die Sekretolyse zur Drainage zu fordern. Der Nachweis hat in randomisierten klinischen Studien im Vergleich zur Standardtherapie bzw. zu Placebo zu erfolgen. Zu den klinisch relevanten Zielparametern gehören: Röntgen- und Sonographiebefund, klinische Befunde der Nasenschleimhaut und der Nasenhaupthöhle sowie die subjektiven Beschwerden. Für bestimmte pflanzliche Wirkstoffe und Kombinationen wurde in einer Reihe von klinischen Studien gezeigt, daß sie insbesondere bei Entzündungen der Nasennebenhöhlen therapeutisch zweckmäßig sind; die pharmakologische Begründung ergibt sich aus den sekretolytischen, entzündungshemmenden und auch antiviralen Effekten der untersuchten pflanzlichen Kombinationen. Ventilation und Drainage der Nasennebenhöhlen sind die elementaren Therapieziele; lokal abschwellend wirkende Medikamente werden zur Ventilationsverbesserung eingesetzt, sekretolytisch wirksame zur Verbesserung der Drainage. Bei akuten bakteriellen Infektionen sind zusätzlich Antibiotika erforderlich. In randomisierten Studien konnte bei akuten und chronischen Sinusitiden von verschiedenen sekretolytisch wirkenden pflanzlichen Arzneimittelzubereitungen bei Entzündungen der Nasennebenhöhlen gegenüber chemisch definierten Sekretolytika eine Äquieffektivität und gegenüber Placebo eine signifikante Überlegenheit nachgewiesen werden. Dies galt auch für die bei akuter bakterieller Sinusitis erforderliche abschwellende und antibiotische Therapie, deren Erfolgsrate durch die zusätzliche Gabe eines pflanzlichen Arzneimittels gesteigert werden konnte. Aufgrund des positiven Nutzen-Risiko-Verhältnisses und der Tatsache, daß alternativ nur operative Maßnahmen zur Verfügung stehen, ist der therapeutische Einsatz von pflanzlichen Wirkstoffen bei Entzündungen der Nasennebenhöhlen sinvoll. Die fixe Kombination aus Gentianae radix, Primulae flos, Rumicis herba, Sambuci flos und Verbenae herba ist nach AMG 2 für die Indikation der akuten und chronischen Entzündungen der Nasennebenhöhlen und der Atemwege, auch als Zusatzmaßnahme bei antibakterieller Therapie, zugelassen. Die Einschränkungen der Verordnungsfähigkeit zu Lasten der GKV bei Patienten älter als 18 Jahre ist in den Arzneimittelrichtlinien festgelegt.

Pharyngitis

Unter den akuten Entzündungen der Pharynxregion ist die virale Pharyngitis sicher die häufigste Erkrankung. Zu beachten ist, daß das Prodromalstadium von Masern, Röteln und Scharlach auch als Pharyngitis imponiert. Die Beteiligung der Nase ist häufig. Die pharyngealen Symptome sind: Kratzen im Hals, Halsschmerzen, Trockenheitsgefühl, Schluckbeschwerden und Reizhusten. Eine akute Pharyngitis kann bakteriell bedingt sein, weshalb in Einzelfällen eine Antibiotikatherapie erforderlich sein kann. Komplikationen wie bei Tonsillitiden sind bei der normalen Pharyngitis nicht zu beobachten. Chronische Formen sind bekannt und nach Ausschluß eines Malignoms nur symptomatisch therapierbar.

Laryngitis

Eine Beteiligung der Kehlkopfschleimhaut bei einer viralen respiratorischen Infektion ist häufig zu beobachten. Auch die Laryngitis kann bakteriell bedingt sein oder eine allergische Genese sowie Inhalation chemischer und thermischer Noxen zur Ursache haben. Bei mehr als dreiwöchiger Therapieresistenz ist an andere Kehlkopfprozesse, insbesondere Maligno-me, zu denken. Krupp und Pseudokrupp müssen differential-diagnostisch von der unkomplizierten Laryngitis unterschieden werden. Die entzündliche Schwellung der Stimmbänder äußert sich in Heiserkeit bis zur Aphonie. Die chronische Form der Laryngitis ist selten durch Infektionen bedingt und muß – meist mit unbefriedigendem Ausgang – symptomatisch behandelt werden. Chronische Kehlkopfintoxikationen müssen ausgeschlossen werden.

Tracheobronchitis

Wichtigstes Symptom der Tracheobronchitis ist der anfänglich trockene und später produktive Husten mit Auswurf. Ursache der Tracheobronchitis sind meist Viren, doch kommen auch bakterielle Primärinfektionen (Bordatella pertussis, Streptococcus pneumoniae, Hämophilus influenzae sowie die atypischen Bakterien Mycoplasma pneumoniae und Chlamydia pneumoniae) vor. Die Viren schädigen das Flimmerepithel und hemmen den mukoziliären Selbstreinigungsprozeß, weshalb sich Bakterien (vorwiegend Hämophilus und Pneumokokken) auf der Schleimhaut festsetzen und eine bakterielle Superinfektion auslösen können. Schreitet die Infektion bis zu den Alveolen fort, dann kommt es zu entzündlichen Schwellungen der Alveolarwände mit Extravasation von Flüssigkeit. Hieraus resultiert ein erschwerter Gasaustausch, der sich subjektiv in Luftnot und objektiv in einer Zyanose und Rechtsherzbelastung äußert.

Husten

Im Rahmen der viralen Infektion der Atemwege besteht häufig erst ein trockener, schmerzhafter Reizhusten. Mit steigender Schleimproduktion wird der Husten zunehmend produktiv, wobei zunächst ein wäßriges und später ein schleimig eitriges Sekret abgehustet wird.

Rationale Maßnahmen bei Erkältungskrankheiten

Aufgrund der unterschiedlichen Virenarten mit stets variierender Struktur, dem unterschiedlichen Befall der Atemwege und den verschiedenen Symptomen gibt es kein Arzneimittel, das die Behandlung aller Beschwerden gleichzeitig und kausal abdeckt, sondern nur die Möglichkeit einer symptomatischen Behandlung. Die Arzneimittelwahl orientiert sich damit an der vorherrschenden Symptomatik, was auch zu einer Kombination mehrerer Medikamente führen kann.

Behandlung von Schnupfen

Der Einsatz von Rhinologika hat die Aufgabe, die Funktion der Nase zu unterstützen bzw. bei Störungen zu normalisieren. Hierzu gehören unter anderem:
- Regulierung der Sekretproduktion in submukösen Drüsen und Becherzellen sowie der Viskoelastizität für ein normovisköses und normoelastisches Sekret,
- Regulierung des transepithelialen Ionen- und Wassertransportes,
- Regulierung des mukoziliären Transports durch die zilientragenden Epithelien aus der Nase und den Nasennebenhöhlen in den Rachen,
- Einfluß auf das normale Schwellgewebe zur Regulierung des Schwellungszustandes,
- Schutzmechanismen des Riech- und Niesreflexes,
- Unterstützung unspezifischer Abwehrmechanismen durch ein hochspezialisiertes zelluläres und immunglobulinproduzierendes System.

Bisher gibt es kein Arzneimittel, das alle diese Bedingungen erfüllt. Medikamentös läßt sich beim Schnupfen in erster

Linie die Nasenatmung verbessern. Dies kann einerseits mit chemisch definierten Dekongestiva wie Xylometazolin bzw. Oxymetazolin, andererseits mit pflanzlichen Arzneimitteln erfolgen.

Therapie mit Phytopharmaka bei Schnupfen

✳ Pflanzliche Rhinologika

Neben den chemisch definierten Substanzen finden unter den pflanzlichen Arzneimitteln ätherische Öldrogen und daraus isolierte Substanzen wie Menthol, Hauptkomponente im Pfefferminzöl, Cineol, Hauptbestandteil im Eukalyptusöl, trans-Anethol im Anisöl, Thymol im Thymianöl, Fenchon im Fenchelöl breite Anwendung als „Dekongestivum". Unter den ätherischen Ölen ist vor allem Menthol, insbesondere das natürliche Menthol, pharmakologisch und klinisch-pharmakologisch gut untersucht. Menthol verbessert bei topischer Anwendung als Nasenspray subjektiv die Nasenluftpassage ohne eine klinisch nachweisbare Abschwellung der Nasenschleimhaut und ohne Abnahme des Atmungswiderstandes. Nach den Forschungsergebnissen der Arbeitsgruppe um Eccles vom Common Cold and Nasal Research Center in Cardiff ist der subjektiv als kühlend und erweiternd empfundene Effekt von Menthol, Campher und Eukalyptusöl in der Nase mit der Erregung von Thermorezeptoren in der Nasenschleimhaut und Weiterleitung über den Nervus trigeminus bzw. im Larynx nach Inhalation über afferente Nerven zu erklären. Nach Isenberg et al. und Schäfer et al. beruht der Mechanismus auf einer Depolarisation der Kälterezeptoren durch Hemmung des Kalziumeinstroms in die Zelle.

Im Gegensatz zu den Reinsubstanzen sind ätherische Öle heterogen zusammengesetzt und besitzen aufgrund der Vielzahl von chemischen Verbindungen ein breiteres Wirkprofil. Bei der Anwendung als Rhinologikum dürfte weniger der antibakteriellen und fungiziden Wirkung als der Erregung der Kälterezeptoren in der Nasenschleimhaut die entscheidende Rolle zukommen. Zusätzlich sind eine Steigerung der Flimmerepithelschlagfrequenz und der Sekretproduktion beschrieben worden. Hierdurch wird in der Regel der Verlauf des Schnupfens nicht abgekürzt, sondern der Eindruck einer verbesserten Nasenatmung hervorgerufen.

Campher, Menthol, Pfefferminzöl, Minzöl bzw. andere stark riechende ätherische Öle dürfen wegen der Gefahr eines reflektorischen Glottiskrampfes, eines Bronchospasmus, asthmaähnlicher Zustände bis hin zum Atemstillstand bei Säuglingen und Kleinkindern nicht im Bereich des Gesichts und speziell der Nase aufgetragen werden.

Behandlung von Husten

Antitussiva

Sensorische Nerven, die den Hustenreflex auslösen, befinden sich im Oropharynx, in den großen Bronchien, vorrangig jedoch in der Trachea (Tabelle 6.3). Je nach Irritation werden afferente Nerven bzw. Rezeptoren stimuliert, welche die Hustenschwelle in der Medulla oblongata herabsetzen. Mechanorezeptoren finden sich vorrangig im Bereich der oberen Atemwege, Chemorezeptoren jedoch mehr in den unteren Atemwegen und in den Bronchien. Antitussiva unterdrücken den Hustenreiz, sie wirken entweder zentral auf das Hustenzentrum in der Medulla oblongata oder peripher auf die Hustenrezeptoren im Bereich der Atemwege.

Therapie mit Phytopharmaka bei Husten

✳ **Pflanzliche Antitussiva**

Legt man den bereits diskutierten Mechanismus der ätherischen Öle auf Mechano- und Kälterezeptoren in Nase, Pharynx und Larynx zugrunde, dann bieten sich ätherische Öldrogen bzw. Reinsubstanzen wie Menthol als Hustendragees bzw. zur Inhalation an. Für Menthol wird als Wirkungsmechanismus eine Hemmung der respiratorischen Aktivität über die Stimulation von Kälterezeptoren bzw. ein Einfluß auf Rezeptoren, welche den Husten triggern, diskutiert. Darüber hinaus sollen ätherische Öle über eine vermehrte Spei-

Tabelle 6.3. Verteilung und Bedeutung der Hustenrezeptoren (nach Eller und Lode 1996)

Organ	Art des Rezeptors	Lokalisation	Stimulus	Wirkung
Larynx	1. Mechano-rezeptoren	Taschenfalten im Larynx	mechanische Stimuli, Zigaretten, kalte Luft	Husten
	2. C-Fasern	Taschenfalten im Larynx	mechanische und chemische Stimuli	Husten
Trachea und Bronchien	1. Mechano-rezeptoren	Schleimhaut von Trachea, Bronchien	mechanische Stimuli, Zigarettenrauch	Husten
	2. Dehnungs-rezeptoren	glatte Musku-latur d. Pars membranacea, Trachea, Bronchien	Inspiration	Modulation des Husten-reflexes, Hering-Breuer-Reflex
	3. C-Fasern	Epithel d. Trachea und Bronchien	Entzündung, chemische Stimuli	

chelsekretion den Schluckreflex anregen und dadurch den Husten unterdrücken. Experimentell und klinisch am besten untersucht ist Menthol. An weiteren ätherischen Ölen kommen als Antitussiva Anisöl, Eukalyptusöl, Fenchelöl, Kiefernnadelöle, Minzöl, Pfefferminzöl und Thymianöl in Frage.

✳ Pflanzliche Muzilaginosa

Als weiterer therapeutischer Ansatz zur Hustenminderung bieten sich Muzilaginosa an. Entsprechende Drogen enthalten neben Schleimstoffen zusätzlich antimikrobielle Substanzen. Der Wirkungsmechanismus wird mit der Ausbildung einer schützenden Schleimschicht auf den empfindlichen Mechanorezeptoren erklärt, wodurch die Reizwirkung von der Schleimhaut ferngehalten werden soll. Topographisch anatomisch reicht der reizmildernde Effekt lediglich nur bis zum Pharynx. Zu bekannten Schleimdrogen zählen (Tabelle 6.4)

Tabelle 6.4. Phytopharmaka bei Erkrankungen der Atemwege: Schleimdrogen (Loew et al. 1997)

Droge	Hauptwirkstoffe	pharmakologische Wirkungen
Lichen islandicus (Isländisches Moos)	ca. 50 % Schleim (Lichenin, Isolichenin), Usninsäure	reizmildernd, schwach antibakteriell
Altheae radix (Eibischwurzel)	bis 15 % Schleim (Galaktorhamnane, Clucane, Arabinogalaktane)	reizmildernd, die mukoziliäre Aktivität hemmend, phagozytosesteigernd
Altheae folium (Eibischblätter), Altheae flos (Eibischblüten)	bis 6 % Schleim	reizmildernd
Malvae folium (Malvenblätter), Malvae flos (Malvenblüten)	bis 10 % Schleim (Hydrolyseprodukte: Glucose, Arabinose, Rhamnose, Galaktose)	reizmildernd
Verbasci flos (Wollblumen)	bis 3 % Schleim, Flavonoidglykoside, Saponine	reizmildernd
Plantaginis lanceolatae herba (Spitzwegerichkraut)	ca. 6 % Schleim, Iridoidglykoside (darunter Aucubin), Phenolcarbonsäuren	reizmildernd, adstringierend, antibakteriell
Foenugraeci semen (Bockshornkleesamen)	20–30 % Schleim (Mannogalaktane), Saponine, ätherisches Öl	reizmildernd
Farfarae folium (Huflattichblätter), Farfarae flos (Huflattichblüten)	bis 8 % Schleim (Hydrolyseprodukte: Glucose, Galaktose, Arabinose, Xylose, Uronsäure), [potentiell kanzerogene Pyrrolizidinalkaloide in Spuren]	antiphlogistisch

Althaeae folium/radix (Eibischblätter/-wurzel), Fafarae folium (pyrrolizidinabgereicherte Huflattichblätter), Lichen islandicus (Isländisch Moos), Malvae folium/flos (Malvenblätter/-blüten), Tiliae flos (Lindenblüten) und Verbasci flos (Wollblumenblüten).

✳ Pflanzliche Expektoranzien bzw. Atemwegstherapeutika

Expektoranzien fördern den Schleimauswurf durch Stimulation der Sekretion von dünnflüssigem Schleim, Verflüssigung des festen Schleims und/oder Beschleunigung des Abtransports durch das Flimmerepithel. Bronchialschleim zu hoher (und zu niedriger!) Viskosität behindert die bronchiale Clearance. Expektoranzien unterstützen die physiologischen Selbstreinigungsmechanismen der Atemwege, unterdrücken sekundär den Hustenreflex, vermindern den Rückstau von zähflüssigem Sekret und verbessern den Abtransport. Aus diesem Wirkprofil leitet sich die Indikation der Expektoranzien beim festsitzenden und schlecht abzuhustenden Schleim ab. Voraussetzung ist ein intakter Hustenreflex. Zur Pharmakotherapie stehen verschiedene Substanzklassen zur Verfügung, die aufgrund des Wirkprofils eingeteilt werden in:

- Sekretolytika, welche reflektorisch über die Stimulation afferenter, parasympathischer Fasern oder direkt die Bronchialsekretproduktion steigern und den Schleim verflüssigen,
- Mukolytika, welche die Viskosität des Schleims herabsetzen,
- Sekretomotorika, welche durch Anregung der Zilientätigkeit die bronchiale Clearance verbessern, d. h. das Abhusten fördern.

Eine erste Gruppe pflanzlicher Arzneimittel zur Behandlung respiratorischer Erkrankungen sind die ätherischen Öle bzw. ihre entsprechenden Arzneipflanzen. Eine zweite Gruppe ist durch saponinhaltige Drogen charakterisiert, für die antiinflammatorische, bronchospasmolytische und/oder sekretolytische Effekte gezeigt wurden. Für einzelne Drogen sind zusätzlich antibakterielle und antivirale Effekte bekannt.

Ätherische Öle gehören zu den Wirkstoffen mit direkter Wirkung auf die sekretorischen Drüsen der Bronchialschleimhaut. Relevante klinische und pharmakologische Daten liegen vor zu Anisöl, Eukalyptusöl, Pfefferminzöl, Kiefernnadelöl, Myrtol, Thymianöl und Fenchelöl (Tabelle 6.5). Antimikrobielle Effekte unterschiedlicher Stärke sind nachgewiesen. Von einigen ätherischen Ölen ist bekannt, daß sie in

Tabelle 6.5. Phytopharmaka bei Erkrankungen der Atemwege: Ätherischöldrogen (Loew et al. 1997)

Droge/ätherisches Öl	Hauptwirkstoffe	pharmakologische Wirkungen
Eucalypti aetheroleum (Eukalyptusöl)	70 % Cineol	expektorierend, sekretomotorisch, schwach spasmolytisch, lokal hyperämisierend
Thymi herba (Thymiankraut), Thymi aetheroleum (Thymianöl)	30–70 % Thymol	sekretomotorisch, spasmolytisch, antibakteriell
Foeniculi fructus (Fenchelfrüchte), Foeniculi aetheroleum (Fenchelöl)	50–70 % trans-Anethol, 10–23 % Fenchon	sekretolytisch, expektorierend, antibakteriell
Anisi fructus (Anisfrüchte), Anisi aetheroleum (Anisöl)	90 % trans-Anethol	expektorierend, spasmolytisch, antibakteriell
Picae aetheroleum (Fichtennadelöl)	20–45 % Bornylacetat, α- und β-Pinen, α- und β-Phellandren	sekretolytisch, antibakteriell, lokal hyperämisierend
Pini aetheroleum (Kiefernnadelöl)	α-Pinen 10–50 %, Camphen 12 %, β-Pinen 10–25 %, Limonen bis zu 10 %	sekretolytisch, antibakteriell, expektorierend, lokal hyperämisierend
Pini pumilionis aetheroleum (Latschenkiefernöl)	α- und β-Phellandren	sekretolytisch, antibakteriell, expektorierend
Menthae piperitae folium (Pfefferminz-blätter), Menthae piperitae aetheroleum (Pfefferminzöl)	40–55 % Menthol, 10 % Ester des Menthols, 10–35 % Menthon	sekretolytisch, spasmolytisch, antibakteriell, kühlend
Terebinthinae aethero-leum (Terpentinöl)	α- und β-Pinen	sekretolytisch, antibakteriell, lokal hyperämisierend
Salviae folium (Salbeiblätter), Salviae aetheroleum (Salbeiöl)	1,8-Cineol, α- und β-Thujon	sekretolytisch, expektorierend, antibakteriell
Cajeputi aetheroleum (Kajeputöl)	bis zu 65 % Cineol	expektorierend
Niauliöl	Cineol	expektorierend
„Myrtol"	Cineol, α-Pinen, Limonen	expektorierend

der Lage sind, die bronchiale Clearance zu verbessern. Zusätzlich wurden Einflüsse auf Entzündungsmediatoren nachgewiesen.

Aufgrund ihrer Lipophilie werden sie leicht und schnell von Haut und Schleimhäuten resorbiert, weshalb sie auch zur äußerlichen Anwendung als Salbe, Creme, Badezusatz oder zur Inhalation geeignet sind. Nach perkutaner Anwendung gelangen sie über das vaskuläre System in die Bronchien, und nach Inhalation erreichen sie direkt die Bronchien, wo sie je nach Zusammensetzung expektorierend, sekretomotorisch und bronchospasmolytisch wirken.

Die orale Anwendung in Form von Bronchialtees und festen Zubereitungen ist ebenfalls sehr verbreitet. Da ätherische Öle leicht flüchtig sind, kann für Bronchialtees, abhängig von Lagerungsbedinungen und Zubereitung, eine medizinisch ausreichende Dosierung des Wirkstoffes nicht garantiert werden. Bei Fertigtees ist zu beachten, daß der Anteil an Süß- und Füllmitteln oft den Gehalt an Drogen oder ätherischen Ölen bei weitem übersteigt.

Saponinhaltige Drogen werden nach ihrer Hauptwirkung zu den Arzneipflanzen mit sekretolytischer Wirkung gezählt. Die expektorierende und sekretolytische Wirkung der Saponine wird reflektorisch über den gastropulmonalen Reflex erklärt. Durch Reizung der Schleimhäute des Magens werden über sensorische Fasern des Parasympathikus die seromukösen Drüsen der Bronchien stimuliert und der transepitheliale Ionen- und Wassertransport gesteigert. Saponine haben oberflächenaktive und permeabilitätsverändernde Eigenschaften an Biomembranen, was auch ihre Toxizität ausmacht. In hoher Konzentration wirken sie hämolytisch und auf Schleimhäute reizend. Zu den vorrangig verwendeten saponinhaltigen Drogen (Tabelle 6.6) mit expektorierender Wirkung gehören unter anderem Efeublätter, Primelwurzeln, Spitzwegerich, Rote Seifenwurzeln, Senegawurzeln und Sanikelkraut. Bei kurzfristiger Anwendung sind Zubereitungen aus den genannten Saponindrogen toxikologisch unbedenklich. In höherer Dosierung und bei längerer Anwendung können jedoch gelegentlich Magen-Darm-Schleimhautreizungen auftreten. Für flüssige Zubereitungen saponinhaltiger Drogen existieren, z. B. für Primelwurzel-Extrakte in höherer Konzen-

Tabelle 6.6. Phytopharmaka bei Erkrankungen der Atemwege: Saponindrogen (Loew et al. 1997)

Droge	Hauptwirkstoffe	pharmakologische Wirkungen
Hederae folium (Efeublätter)	ca. 5 % eines Saponingemisches: Hederacosid C, α-Hederin, Hederacosid B, Flavonglykoside, Phenolcarbonsäuren	expektorierend, spasmolytisch
Primulae radix (Schlüsselblumenwurzel)	4–10 % eines Saponingemisches mit Hauptsaponin Primulasäure A, Phenolglykoside: Primulaverin, Primverin	expektorierend, schwach antiphlogistisch, sekretolytisch
Senegae radix (Senegawurzel)	8–10 % eines Saponingemisches: mind. 8 verschiedene Senegasaponine, Salicylsäureverbindung: Primverosid	expektorierend
Saponariae rubrae radix (Gemeines Seifenkraut)	2–5 % eines Saponingemisches mit Gypsogenin als Aglykon	expektorierend
Saponariae albae radix (Weiße Seifenwurzel)	bis zu 20 % Saponingemisch mit Hauptsaponin Gypsosid A	expektorierend
Liquiritiae radix (Süßholzwurzel)	2–15 % Glyzyrrhizin als Hauptsaponin, Flavonoide, darunter Liquiritin	expektorierend, sekretolytisch, antiödematös, antiphlogistisch, spasmolytisch
Violae tricoloris herba (Stiefmütterchenkraut)	Saponingemisch, Salicylsäureverbindung: Violutosid	expektorierend, schwach antiphlogistisch
Quillajae cortex (Seifenrinde)	ca. 10 % Saponine mit Quillajasäure als Aglykon	expektorierend

tration, Hinweise auf eine Beeinträchtigung der Compliance durch die erwähnten schleimhautreizenden Eigenschaften. Es sollte erwähnt werden, daß für saponinhaltige Drogen auch antiinflammatorische bzw. antiödematöse Wirkungen nachgewiesen wurden; auch spasmolytische Effekte sind bekannt.

☞ **Vertragsärztliche Verordnungsfähigkeit** von Phytopharmaka bei Erkältungskrankheiten: Die Arzneimittelrichtlinien legen fest, daß Versicherten, die das 18. Lebensjahr vollendet ha ben, in der vertragsärztlichen Versorgung Arzneimittel bei Erkältungskrankheiten und grippeartigen Infekten nicht verordnet werden dürfen, sofern es sich um geringfügige Gesundheitsstörungen handelt. Daher muß sorgfältig auf indikationsgerechten Einsatz geachtet und dieser dokumentiert werden.

Auswahl von Mono- und Kombinationspräparaten, ohne Anspruch auf Vollständigkeit:

Ätherische Öl-Drogen (Extrakte und Bestandteile ätherischer Öle)

Aspecton Hustensaft, Thymian-Fluidextrakt
Bronchicum Husten-Pastillen, Thymian-Fluidextrakt
Bronchodurat, Eucalyptusöl-Lösung
Expectoral N Sirup, Tropfen, Thymian-Fluidextrakt
Fenchelsaft N mit Bienenhonig, Fenchelöl TD 0,08 g
Gelomyrtol, -forte; dünndarmlösliche Gelatinekapseln; Gelomyrtol
    ED 120 mg Myrtol; Gelomyrtol forte ED 300 mg Myrtol
Melrosum Hustensirup Forte, Thymian-Fluidextrakt, 100 ml Lsg.
    enth. 15 g Fluidextrakt
Soledum Kapseln, Hustensaft, -tropfen, Balsam + Inhalator
Thymipin N Hustensaft, Tropfen

Schleimdrogen

Broncho Sern Sirup
Eibisch Sirup
Eres N Lösung
Isla Mint Pastillen
Kneipp Hustensaft Spitzwegerich
Spreewälder Pflanzenextrakt Spitzwegerich

Saponindrogen

Bronchoforton Saft, Tropfen
Hedelix Tropfen, Hustensaft
Prospan Brausetbl., Tropfen, Saft, Tabletten, Zäpfchen
Sedotussin Efeu Tropfen

Kombinationen

Bronchicum Pflanzlicher Husten-Stiller Lösung, Husten-Pastillen,
    Sekret-Löser Kapseln
Bronchicum Elixir Plus Lösung
Bronchipret Filmtbl., Tropfen, Saft
Bronchodurat-Bad, -N-Salbe
Bronchoforton Kapseln, Salbe, Kinderbalsam
Kneipp Kräuter Hustensaft N
Phytobronchin Tinktur, Saft, Lutschtbl., Filmtbl.

Pinimenthol Liquidum N
Pinimenthol N Salbe
Pinimenthol-Oral N Kapseln
Primotussan Saft, Tropfen
Sinupret Dragees, Tropfen
Sinupret forte Dragees
Transpulmin Balsam E Creme, Kinderbalsam S Creme
Tussiflorin forte Tropfen
Tussiflorin Hustensaft, Hustenstiller

Literatur

Canestrani DA, Cohen SD (1992) Results of the Cold surveillance study. Presented at the European Rhinology Society meeting, International Symposion on infection and allergy of the nose, Rome 6.–10. October, 1992. Abstract

Chibanguza G, März R, Sterner W (1984) Zur Wirksamkeit und Toxizität eines pflanzlichen Sekretolytikums und seiner Einzeldrogen. Arzneim-Forsch/Drug Res 34 (1): 32–36

Eccles R (1993) Menthol for cough and nasal congestion – a clinical update. In: Eccles R (ed) Europharmacy 93. Common cold study forum. Royal Society of Medicines Services, London New York

Eccles R, Jones AJ (1983) The effect of Menthol on nasal resistance to air-flow. J Laryngol Otol 705–709

Eccles R, Lancashire B, Tolley NS (1987) The effect of aromatics on inspiratory and expiratory nasal resistance to airflow. Clin Otolaryngol 11–14

Eller J, Lode H (1996) Pathophysiologie des Hustens. In: Tyrell DAJ (Hrsg) Erkältungskrankheit. Gustav Fischer, Stuttgart Jena New York, S 163–173

Fox N (1927) Effect of camphor, eucalyptol and menthol on the vascular state of the mucous membrane. Arch Otolaryngol 12–122

Gwaltney JM (1979) The common cold. In: Mandell G, Douglas RG, Bennet JR (eds) Principles and practice of infectious diseases. Wiley & Sons, New York, pp 429–462

King HC, Mabry R (1993) A practical guide to the management of nasal and sinus disorders. Thieme, Stuttgart New-York

Laszig R, Hess G, Lütgebrune T (1989) Die Behandlung der akuten Sinusitis mit Sekretolytika. Z Allgemeinmed 65: 19–21

Loew D (1994) Die Erkältungskrankheit in der Selbstmedikation. Apoth-J 16: 22–30

Loew D, Schrödter A., Schilcher H (1997) Phytopharmaka bei katarrhalischen Erkrankungen der oberen und unteren Atemwege. In: Loew D, Rietbrock N (Hrsg) Phytopharmaka III. Forschung und klinische Anwendung. Steinkopff, Darmstadt

März RW (1998) Evaluation of a Phytomedicine. Clinical, pharmacological and toxicological Data of Sinupret. Hesperlein, Erlangen

Neubauer N, März RW (1994) Placebo-controlled double-blind clinical trial with Sinupret sugar coated tablets on the basis of a therapy with antibiotics and decongestant nasal drops in acute sinusitis. Phytomedicine 1: 177–181

Plinkert PK (1993) Nasennebenhöhlenentzündungen. In: Zenner HP (Hrsg) Praktische Therapie von Hals-Nasen-Ohren-Krankheiten. Schattauer, Stuttgart New York

Richstein A, Mann W (1980) Zur Behandlung der chronischen Sinusitis mit Sinupret. Ther Gegenw 119:1055–1060

Rott R (1996) Allgemeines über Viren. In: Tyrell DAJ (Hrsg) Erkältungskrankheit. Gustav Fischer, Stuttgart Jena New York, S 45–70

Schulz V, Hänsel R (1996) Rationale Phytotherapie. Springer, Heidelberg

Statistisches Bundesamt (1996) Statistisches Jahrbuch. Metzler-Poeschel, Stuttgart

Tyrell DAJ (1992) Die banale Erkältungskrankheit. In: Tyrell DAJ: Erkältungskrankheit. Ein Lehrbuch für die Praxis. Gustav Fischer, Stuttgart Jena New York

Unterstützende Behandlung rezidivierender grippeartiger Infekte mit Immunstimulanzien

Als Reaktion auf Atemwegsinfektionen werden beim Menschen verschiedene unspezifische und spezifische Abwehrmechanismen aktiviert. Diese können durch pflanzliche Immunstimulanzien unterstützt werden, um eine eventuell vorhandene Abwehrschwäche zu kompensieren und einen immunologischen Infektionsschutz zu induzieren. Patienten mit angeborener oder erworbener Immunschwäche, z. B. verhaltensbedingt durch Ernährungsfehler, erhöhten Alkoholkonsum und Rauchen, sind prädisponiert und erkranken häufiger als der Durchschnitt der Bevölkerung an grippeartigen Infekten. Akute virale Infektionen, Stoffwechselstörungen, größere operative Eingriffe, Zytostatika, Strahlentherapie, Antibiotika bzw. Antimykotika schwächen ebenfalls die Immunabwehr und fördern die Inzidenz an grippeartigen Infekten.

Rezidivierende Infektionen der oberen Atemwege liegen vor, wenn nach der Definition der WHO Atemwegsinfekte mit einer Häufigkeit von mehr als 3 Infekten pro Jahr auftreten; sie werden als chronisch bezeichnet, wenn die Symptome länger als 3 Monate innerhalb eines Jahres bestehen (American Thoracic Society, 1980). Bei Kindern ist altersabhängig eine höhere Infektzahl zugrunde zu legen. Läßt sich die Inzidenz häufig auftretender Erkältungen durch Allgemeinmaßnahmen, z. B. körperliches Training, vitaminreiche Ernährung sowie gesunde Lebensführung nicht reduzieren, dann sind pflanzliche Immunstimulanzien zur Stärkung der Immunabwehrlage und zur unterstützenden Behandlung rezidivierender Infekte im Bereich der oberen Atemwege geeignet. Echinacea-purpurea-Preßsaft-Präparate unterstützen und stimulieren die unspezifische humorale und zelluläre Immunabwehr. Hydrophile Polysaccharide, die als Inhaltsstoffe aus dem Preßsaft isoliert wurden, besitzen immunstimulierende Eigenschaften, insbesondere auf die Phagozytoseaktivität und den „oxidative burst" von polymorphkernigen Leukozyten (PMN). Bei Probanden konnte nach fünftägiger oraler Gabe von Echinacea-Preßsaft die Phagozytoseaktivität von Granulozyten im peripheren Blut signifikant gesteigert werden. Pflanzliche Immunstimulanzien sollten bei den ersten Anzeichen einer Erkältung und nicht länger als 14 Tage eingenommen werden. Bei Kindern sind entsprechend dem Lebensalter abgestufte Dosierungsschemata für zugelassene Präparate anzuwenden. Kinder unter 2 Jahren sollten keine Immunstimulanzien erhalten, da die Immusabwehr und ihre Regulation noch nicht ausreichend entwickelt ist. In der Mehrzahl der Fälle ist zu erwarten, daß durch die Gabe von Echinaceae purpureae herba bzw. Echinaceae pallidae radix enthaltenden Preßsäften die Erkältungssymptome nach 4–6 Tagen abgeklungen sind.

☞ **Anwendungsgebiete, die eine vertragsärztliche Verordnung rechtfertigen:** *Echinaceae pallidae radix und Echinacea purpurea herba:* Zur unterstützenden Therapie grippeartiger Infekte.

Hinweis: Bei Fieber, Atemnot sowie länger anhaltenden oder unklaren Beschwerden ist ein Arzt aufzusuchen.

Gegenanzeigen: Bekannte Überempfindlichkeit gegen Korbblütler, fortschreitende Systemerkrankungen wie Tuberkulose, Leukämie bzw. leukämieähnliche Erkrankungen (Leukosen), entzündlich-rheumatische Erkrankungen, multiple Sklerose, AIDS-Erkrankung, chronische Viruserkrankung, Autoimmunerkrankung.

Wegen nicht ausreichender Untersuchungen nicht in der Schwangerschaft, Stillzeit und bei Kindern unter 12 Jahren anwenden.

Nebenwirkungen: In Einzelfällen Überempfindlichkeitsreaktionen wie z. B. Hautausschlag, Juckreiz, selten Gesichtsschwellung, Atemnot, Schwindel, Blutdruckabfall.

Auswahl von zugelassenen bzw. monographiekonformen Fertigarzneimitteln, ohne Anspruch auf Vollständigkeit.

Doxe Immun TropfenEchinacea-ratiopharm Tabl., Tropfen
Echinacea Stada Lösung, Tabletten
Echinacin Madaus Capsetten
Echinacin Madaus Instant Tee
Echinacin Madaus Liquidum
Echinacin Madaus Saft
Esberitox mono Tabletten, mono Tropfen
Fudimun Tropfen
Immudynal Tropfen
Immunopret Preßsaft
Pascotox mono Tabl.
Resplant Saft

Literatur

Bauer R (1994) Echinacea – Eine Arzneidroge auf dem Weg zum rationalen Phytotherapeutikum. Dtsch Apoth-Ztg 134:18–27

Bauer R, Wagner H (1990) Echinacea. Handbuch für Ärzte, Apotheker und andere Wissenschaftler. Wiss Verlagsgesellschaft, Stuttgart

Blaschek W, Döll M, Franz G (1998) Echinacea-Polysaccharide. Analytische Untersuchungen an Preßsaft und am Fertigarzneimittel Echinacin". Z Phytother 19:255–262

Hoheisel O, Sandberg M, Bertram S, Bulitta M, Schäfer M (1997) Echinagard treatment shortens the course of the common cold: a double-blind, placebo-controlled clinical trial. Eur J Clin Res 9:261–268

Lohmann-Matthes M-L, Wagner H (1989) Aktivierung von Makrophagen durch Polysaccharide aus Gewebekulturen von Echinacea Purpurea. Z Phytother 10(2):52–59

Luettig B, Steinmüller C, Gifford GE, Wagner H, Lohmann-Matthes M-L (1989) Macrophage activation by the polysaccharide arabinogalactan isolated from plant cell cultures of Echinacea purpurea. J Natl Cancer Inst 81:669–675

Stimpel M, Proksch A, Wagner H, Lohmann-Matthes M-L (1984) Macrophage activation and induction of macrophage cytotoxicity by purified polysaccharide fractions from the plant Echinacea purpurea. Infect Immunity 46:845–849

Wagner H (1998) Pflanzliche Immunstimulanzien, Teil 1. Schweiz Zschr Ganzheitsmedizin 10:373–379

7 Magen-Darm-Erkrankungen

7.1 Dyspeptischer Beschwerdenkomplex (Reizmagen)

Definition. Für Erkrankungen mit Symptomen, die auf den oberen Verdauungstrakt bezogen werden, gibt es eine Vielzahl von teils synonym, teils differenzierend benutzten Begriffen, wie funktionelle Oberbauchbeschwerden, Reizmagen, -darm, Colon irritabile, Gastropathia nervosa, Magenfunktionsstörungen, Magen(Darm)-affektionen(-irritationen), Gastritis, Magendysmotilität, Roemheld-Syndrom usw. Die Wahl des Krankheitsbegriffes in der täglichen Praxis ist häufig durch die Beschwerdenschilderung des Patienten mitbestimmt. In der Alltagsroutine ist eine korrekte Diagnosesicherung nicht gegeben und oft auch nicht erforderlich. Dyspepsie ist der Oberbegriff für Oberbauch- und Retrosternalschmerz, Unwohlsein, Sodbrennen, Übelkeit, Erbrechen und andere Symptome, die man auf den Magen-Darm-Trakt beziehen kann. Dyspepsie im engeren Sinn ist das funktionelle Erkrankungsbild ohne nachweisbare organische Erkrankung (Non-Ulcer-Dyspepsie).

Pathogenese. Eine einheitliche Pathogenese für die Dyspepsie gibt es nicht. Die Hypothesen folgen den Überlegungen und Studien, die für das Ulkus und die Refluxkrankheit entwickelt wurden. Als ein pathogentisch wichtiger Faktor gilt die Infektion mit Helicobacter pylori. Daneben behalten weitere Befunde ihre Bedeutung und finden ihren Niederschlag in den entsprechenden Behandlungsstrategien. Zuviel Säure zu falscher Zeit am falschen Ort, Imbalance zwischen aggressiven und defensiven Faktoren an der Mukosa, Motilitätsstörungen, um die wichtigsten zu nennen.

Symptome der (Non-Ulcer)-Dyspepsie. Gruppiert man Patienten mit dyspeptischen Beschwerden anhand ihrer Symptomatik, so kann man Subpopulationen erfassen, die aufgrund gemeinsamer Ätiopathogenese auf dieselbe Therapie ansprechen sollten (Tabelle 7.1).

Therapieziel und Therapiemaßnahmen

Es empfiehlt sich ein abgestuftes diagnostisches und therapeutisches Vorgehen (Abb. 7.1). Dies erlaubt sowohl eine probatorische Therapie (über 14 Tage) als auch eine symptomatische Therapie mit Phytopharmaka über einen längeren Zeitraum bei entsprechend ausgewählten Patienten (Abb. 7.2).

Tabelle 7.1. Symptomenorientierte Einteilung der Dyspepsiepatienten

1. *Refluxtyp*
   Symptome wie bei gastroösophagaler Refluxkrankheit:
   – retrosternale Schmerzen (beim Bücken, postprandial, Besserung der Symptome durch Hochlagern, Antacida),
   – Sodbrennen,
   – epigastrische Beschwerden,
   – saures Aufstoßen.

2. *Ulkustyp*
   – nächtliche Schmerzattacken,
   – präzise lokalisierbarer Nüchternschmerz im Epigastrium.

3. *Dysmotilitätstyp*
   – geblähter Leib,
   – Völlegefühl,
   – frühzeitiges Sättigungsgefühl,
   – diffuse Schmerzen (nicht in der Nacht),
   – Übelkeit,
   – Nahrungsmittelunverträglichkeiten,
   – Erbrechen („Ich kann kein Essen mehr sehen"),
   – eher kontinuierliche Beschwerden.

4. *Aerophagietyp*
   – Völlegefühl und Rülpsen,
   – trockenes Schlucken und Würgen,
   – postprandiales Aufstoßen (ohne Erleichterung für den Patienten).

5. *Idiopathischer Dyspepsietyp*
   – keine Zuteilung zu 1–4,
   – keine spezifischen Kriterien.

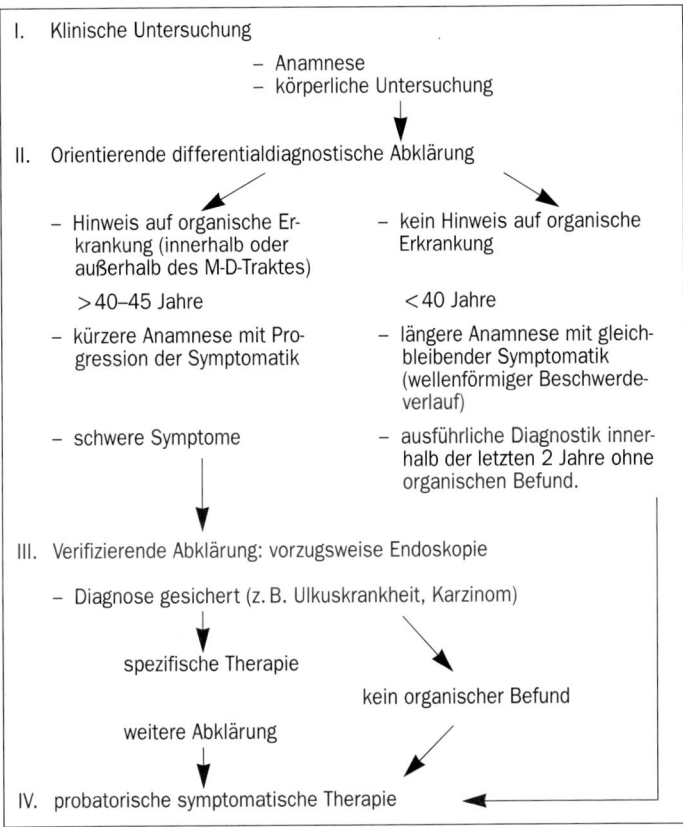

Abb. 7.1. Diagnostisches und therapeutisches Vorgehen beim dyspeptischen Beschwerdenkomplex

Das ungenügende Ansprechen auf eine probatorische Therapie, ebenso wie der Nachweis einer organischen Erkankung (z.B. Ulkuskrankheit, Refluxösophagitis) verbieten den weiteren Einsatz von Phytopharmaka, da dann andere wirksamere Therapieverfahren zur Verfügung stehen.

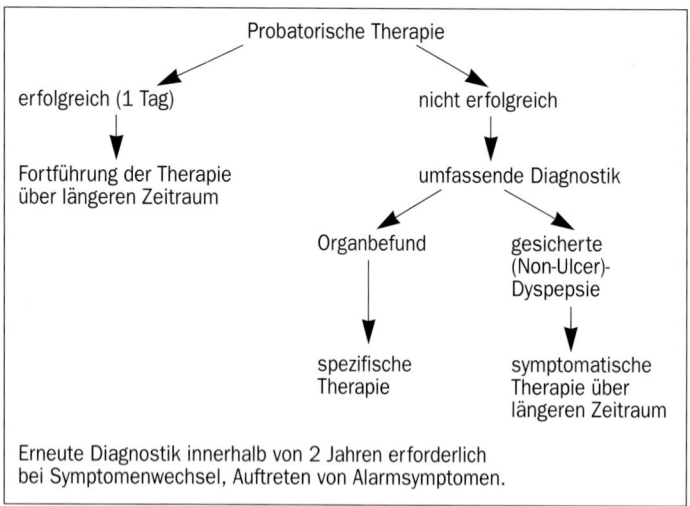

Abb. 7.2. Probatorische und symptomatische Therapie beim dyspeptischen Beschwerdenkomplex

Phytopharmaka beim dyspeptischen Beschwerdekomplex

Die Kommission E beim früheren Bundesgesundheitsamt hat über 30 Arzneipflanzen für die Indikation „dyspeptische Beschwerden" positiv bewertet. Tabelle 7.2 enthält eine Auswahl von pflanzlichen Drogen zur Anwendung bei dyspeptischen Beschwerden als Folge einer verminderten Magensaftsekretion bzw. verminderten Gallebildung bzw. bei Gallenwegsdyskinesien. Selten kommen Monopräparate in Frage, vielfach handelt es sich um fixe Kombinationen aus Bitterstoffen, Cholagoga, Carminativa und Spasmolytika. Unter

Tabelle 7.2. Auswahl von pflanzlichen Bestandteilen als Kombinationspartner bei dyspeptischen Beschwerden

● Benediktenkraut	● Tausendgüldenkraut
● Chinarinde	● Wermutkraut
● Enzianwurzel	● Löwenzahnwurzel mit -kraut
● Korianderfrüchte	

Praxisgesichtspunkten sind Arzneimittel vorzuziehen, deren Wirkmechanismen den Vorstellungen zur Pathogenese der Symptome genügen, die klinisch dokumentiert sind und die keine ernsten Gegenanzeigen aufweisen.

✳ Curcumae longae rhizoma (Curcuma-Wurzelstock) und Curcumae xanthorrhizae rhizoma (Javanische Gelbwurz)

Als Droge dient der getrocknete Curcuma-Wurzelstock.

Wirkungs- und wirksamkeitsbestimmende Inhaltsstoffe

Hauptinhaltsstoffe sind 6–11 % ätherische Öle (1-Cyloisoprenmyrcen, Xanthorrhizol) und 1–2 % stark gelb färbendes Curcumin (Diferuloylmethan). Choleretische und cholekinetische Wirkungen von Curcuma sind beschrieben, und zwar sowohl für Curcumin als auch für das ätherische Öl. Es kann postuliert werden, daß das ätherische Öl im Sinn einer Bitterstoffdroge die Magen-Darm-Motorik anregt, zudem bewirken Cholagoga indirekt eine Stimulierung der Dünndarmmotorik. Die Resorption von Curcumin erfolgt hauptsächlich quantitativ, wobei während der Darmpassage bereits die Biotransformation zu mehrfach hydrierten farblosen Derivaten wie Tetrahydro- und Hexahydrocurcumin erfolgt und deshalb im Plasma kein Farbstoff mehr nachweisbar ist. Die Curcumin-Metaboliten unterliegen einem ausgeprägten enterohepatischen Kreislauf, wobei ca. 90 % biliär und nur ca. 10 % renal ausgeschieden werden.

Klinische Studien

In neueren klinischen Studien soll sich der Gesamtextrakt aus Curcuma xanthorrhiza als wirksam bei Patienten mit Dyspepsie erwiesen haben.

Unerwünschte Wirkungen

Ernsthafte unerwünschte Wirkungen sind nicht bekannt. Bei längerem Gebrauch Magenbeschwerden. Kontraindiziert ist die Droge bei Verschluß der Gallenwege und Cholelithiasis.

☞ **Anwendungsgebiete, die eine vertragsärztliche Verordnung rechtfertigen:** Die Positiv-Monographie für das Gebiet „dyspeptische Beschwerden" rechtfertigt den vertragsärztlichen Einsatz im Einzelfall. Bevor der routinemäßige Einsatz empfohlen werden kann, sind weitere klinische Studien, insbesondere auch bei längerfristiger Anwendung, zu empfehlen. Die Pharmakodynamik von Curcuma spricht für den Einsatz insbesondere bei Patienten mit Dyspepsie vom Dysmotilitätstyp.

Auswahl von Fertigarzneimitteln, ohne Anspruch auf Vollständigkeit:

mit Curcumae longae rhizoma(Curcuma-Wurzelstock)-Monoextrakt bzw. mit Curcuma xanthorrizae rhizoma(Javanische Gelbwurz)-Monoextrakt

Bilagit Mono Kapseln ED 23,3 mg
Choldestal Krugmann Kapseln ED 35 mg
Curcumen Kapseln, ED 23,3 mg
Ex Herba Curcuma M 100 g Fluidextrakt
Multichol N Filmtbl. ED 16,2 mg
Sergast Kapseln ED 83 mg

Kombinationspräparat

Hepaticum-Pascoe novo Tabl.

ED = Einzeldosis pro Zubereitungsform

✳ Matricariae flos aus Chamomilla recutita (Kamillenblüten)

Arzneilich verwendet werden die getrockneten Blütenköpfchen der echten Kamille.

Wirkungs- und wirksamkeitsbestimmende Inhaltsstoffe

Die Kamille enthält ein Vielstoffgemisch pharmakologisch aktiver Substanzen. Lipophile Inhaltsstoffe sind die ätherischen Öle, Cumarine, Flavonaglyka und Phytosterole. Chamazulen und Bisabolol sind wichtige Einzelkomponenten des lipophilen Kamillenöls. Wichtige Stoffe der hydrophilen Fraktion sind Flavonoide (darunter Apigenin, Luteolin, Quercitin), Schleimstoffe, Phenylcarbon- und Aminosäuren. Pharmakologisch interessierende Einzelkomponenten des hydrophilen ätherischen Öls sind Luteolin, Apigenin und Quercitin. Je nach Herstellungsverfahren und Standardisierung kann nicht davon ausgegangen werden, daß Wirkungen und Wirksamkeit eines Kamillen-Extraktes auf andere Zubereitungen übertragbar sind. Experimentell pharmakologisch nachgewiesene Wirkungen für Kamillenauszüge sind antiphlogistische, spasmolytische und ulkusprotektive Effekte. Die antiphlogistische Wirkung beruht u. a. auf einem antioxidativen Effekt sowie einer Hemmung der Prostaglandin- und Leukotriensynthese. Die In-vitro-Daten zu bakteriostatischen, bakteriziden und antiviralen Wirkungen sind nur bedingt auf die humantherapeutische Situation übertragbar.

Pharmakokinetik
Studien zur Pharmakokinetik liegen nicht vor. Aus den Untersuchungen zur Pharmakodynamik kann indirekt geschlossen werden, daß Dosen des Arzneimittels zur Resorption gelangen, die pharmakologisch wirksam sind.

Klinische Studien
Kontrollierte klinische Studien zum Einsatz von Kamillenzubereitungen bei Magen-Darm-Erkrankungen liegen nicht vor. Die Anwendung begründet sich überwiegend auf klinisches Erfahrungswissen.

Unerwünschte Wirkungen
Selten leichter Schwindel, Benommenheit möglich. Extrem selten allergische Reaktionen, Wechselwirkungen sind nicht bekannt.

☞ **Anwendungsgebiete, die eine vertragsärztliche Verordnung rechtfertigen:** Die Gabe bei gastrointestinalen Spasmen und entzündlichen Erkrankungen des Gastrointestinaltraktes ist durch die Positiv-Monographie und die Standardzulassung des früheren Bundesgesundheitsamtes abgesichert. Zahlreiche Kamillenzubereitungen unterschiedlicher Zusammensetzung und mit unterschiedlichen Dosierungsempfehlungen sind als Fertigarzneimittel erhältlich.

Auswahl von Fertigarzneimitteln, ohne Anspruch auf Vollständigkeit

Eukamillat Lösung
Kamillan supra Lösung
Kamillenextrakt Steierl Lösung
Kamille Spitzner N Lösung
Kamillosan Konzentrat Lösung
Perkamillon Liquidum Lösung

✳ Menthae piperitae aetheroleum (Pfefferminzöl)

Pfefferminzöl wird aus den frischgeernteten blühenden Zweigspitzen der Pfefferminze durch Wasserdampfdestillation hergestellt. Pfefferminzöl ist ein komplexes Gemisch, dessen Hauptbestandteil (ca. 45 %) Menthol ist.

Wirkungen
Pfefferminzöl wirkt spasmolytisch, es antagonisiert in Ex-vivo-Studien die spasmogene Wirkung von z.B. Pilocarpin oder Physostigmin. Die Spasmolyse am Darm ist Ca^{++}-vermittelt, man kann Pfefferminzöl als intestinalen Kalziumantagonisten beschreiben.

Pharmakokinetik
Nur für den Inhaltsstoff Menthol liegen humanpharmakologische Untersuchungen vor. Es wird nach oraler Gabe rasch aus dem Öl resorbiert und nach Glukuronidierung überwiegend renal ausgeschieden.

Klinische Studien
Klinische Studien lassen den Schluß zu, daß Pfefferminzöl bei Patienten mit Colon irritabile und bei der Non-Ulkus-Dyspepsie eingesetzt werden kann, insbesondere bei der Dyspepsie, wenn eine Symptomatik mitbestimmend ist, die an ein Colon irritabile denken läßt; das gemeinsame Vorkommen beider Erkrankungen wird mit bis zu 30 % angegeben.

Unerwünschte Wirkungen

Weil Pfefferminzöl lokal durch Erschlaffung des unteren Ösophagussphinkters zu unangenehmem Aufstoßen mit Pfefferminzgeschmack führt, sind magensaftresistente Darreichungsformen zu bevorzugen. Gelegentlich Übelkeit, Brennen bei der Defäkation durch nicht resorbiertes Öl. Die Gabe von Arzneimitteln, die den pH-Wert des Magens absenken (Antacida), kann zu vorzeitiger Freisetzung des Arzneimittels im Magen führen, aus diesem Grund sollten magensaftresistente Pfefferminzpräparate und Antacida zeitversetzt im Abstand von mindestens 1 Stunde angewendet werden.

☞ **Anwendungsgebiete, die eine vertragsärztliche Verordnung rechtfertigen:** Probatorisch zur symptomatischen Therapie des dyspeptischen Beschwerdenkomplexes, insbesondere, wenn eine Spasmolyse erwünscht ist, ebenso bei Colon irritabile bzw. Mischsymptomatik. Bisher liegen keine Daten zur Langzeitanwendung vor.

Gegenanzeigen: Verschluß der Gallenwege, Gallenblasenentzündungen, schwere Leberschäden.

Auswahl von zugelassenen bzw. monographiekonformen Fertigarzneimitteln, ohne Anspruch auf Vollständigkeit:

Euminz Lösung (100g Lösung enthalten 10 g Pfeffeerminzöl)
Mentacur (magensaftresistent) ED 182 mg
SX Mentha Pfefferminzöl Kapseln ED 182 mg

ED = Einzeldosis pro Zubereitungsform

✳ **Kombination von Pfefferminzöl und Kümmelöl**

Humanpharmakologie

Für ein orales Kombinationsarzneimittel aus Pfefferminzöl und Kümmelöl liegen orientierende pharmakodynamische Daten aus Probandenversuchen vor. Sie zeigen modifizierende Effekte auf die Wandspannung und die Passagezeiten im Magen-Darm-Trakt.

Klinische Studie

In einer placebokontrollierten Doppelblindstudie sowie in einer Äquivalenzstudie (magensaftresistente versus nicht magensaftresistente Darreichungsform) wurde die Wirksamkeit dieser Kombination bei Patienten mit dyspeptischem Beschwerdenkomplex gezeigt. Eine randomisierte kontrollierte Doppelblindstudie bestätigte konfirmatorisch eine Äquivalenz der magensaftresisten Kombination (180 mg Pfefferminzöl plus 100 mg Kümmelöl) zu dem Prokinetikum Cisaprid im Hinblick auf eine mittlere Reduktion der Schmerzintensität und Schmerzhäufigkeit bei ambulanten Patienten mit funktioneller Dyspepsie.

☞ **Anwendungsgebiete, die eine vertragsärztliche Verordnung rechtfertigen:** Symptomatische Therapie des dyspeptischen Beschwerdenkomplexes.

Tagesdosis: 3mal täglich 1 Kapsel (entsprechend einer Tagesmenge von 270 mg Pfefferminzöl und 150 mg Kümmelöl) einnehmen.

Anwendungsdauer: Probatorisch bis 14 Tage, symptomatisch bis 4 Wochen.

Nebenwirkungen: Bei empfindlichen Personen können Magenbeschwerden auftreten.

Gegenanzeigen: Verschluß der Gallenwege, Gallenblasenentzündung, schwere Leberschäden; relativ kontraindiziert bei Gallensteinleiden. Wegen der nicht ausreichend vorliegenden Untersuchungen bei Kindern soll dieses Arzneimittel bei Kindern unter 12 Jahren nicht angewendet werden.

Wechselwirkungen: Da bei gleichzeitiger Einnahme einer Kümmel-Pfefferminzöl-Kombination und Arzneimitteln, die Magensäure binden (Antacida), der magensaftresistente Kapselüberzug vorzeitig gelöst werden kann, sollte die Einnahme von entsprechenden Präparaten und Antacida zeitversetzt im Abstand von mindestens einer Stunde erfolgen.

Symptome bei Intoxikation: bisher nicht bekannt.

Auswahl von Fertigarzneimitteln, die eine vertragsärztliche Verordnung rechtfertigen, ohne Anspruch auf Vollständigkeit:

Enteroplant Kapseln ED Pfefferminzöl 90 mg, Kümmelöl 50 mg

ED = Einzeldosis pro Zubereitungsform

Weitere fixe Kombinationen mit Ätherischöl- und Bitterstoff-Drogen sind:

Carminat N Tropfen
Carminativum Hetterich N Tropfen
Carminativum-Pascoe Tropfen
Carvomin forte Tropfen
Iberogast Tinktur

✳ Zingiberis rhizoma (Ingwerwurzelstock)

Die Droge besteht aus dem geschälten oder ungeschälten Rhizom (Wurzelstock) von Zingiber officinale.

Wirkungs- und wirksamkeitsbestimmende Inhaltsstoffe

Ingwerwurzel enthält bis zu 3 % ätherisches Öl. Zu den „Harzen" des Ingwers gehören verschiedene Scharfstoffe wie Gingerole und Shogaole. Außerdem sind organische Säuren, Fett, bis zu 50 % Zucker und Schleimstoffe enthalten. Aus Untersuchungen zu Einzelinhaltsstoffen kann nicht zwangsläufig auf Wirkungen der Droge oder ihrer Extraktzubereitungen geschlossen werden. Für Einzelinhaltsstoffe wurden intestinale Aktivitätsveränderungen beschrieben. In neueren Untersuchungen zeigten Ingwer und Ingwerfraktionen experimentell eine dem Prokinetikum Metoclopramid vergleichbare Beschleunigung der gastrointestinalen Transitzeit, möglicherweise über antiserotoninerge Eigenschaften am intestinalen $5 HT_3$-Rezeptor.

Pharmakokinetik

Studien zur Pharmakokinetik des Ingwers bzw. seiner Inhaltsstoffe liegen nicht vor. Die Untersuchungen zur Pharmakodynamik können als indirekter Nachweis für die Resorbierbarkeit wirksamer Inhaltsstoffe angesehen werden.

Klinische Studien
Die antiemetische Wirksamkeit für Ingwer wurde in mehreren klinischen Studien belegt.

Toxizität
Es sind keine Untersuchungen bekannt, die ein toxikologisches Risiko von Ingwer aufweisen.

Unerwünschte Wirkungen: Keine bekannt.

Gegenanzeigen: Keine Anwendung bei Schwangerschaftserbrechen.

☞ **Anwendungsgebiete, die eine vertragsärztliche Verordnung rechtfertigen:** Die Gabe als Antiemetikum bei Reisekrankheiten fällt unter die sogenannte Negativliste § 34 Abs. 1 SGB V. Der probatorische Einsatz bei der Dyspepsie vom Dysmotilitätstyp, insbesondere wenn Brechneigung besteht, ist rational begründet.

> Auswahl von Fertigarzneimitteln, die eine vertragsärztliche Verordnung rechtfertigen, ohne Anspruch auf Vollständigkeit:
>
> Zintona Kapseln ED 250 mg
>
> ED = Einzeldosis pro Zubereitungsform

7.2 Gastritis (Magen-Darm-Geschwüre)

Definition. Der Terminus „Gastritis" als allgemeiner diagnostischer Begriff ist umstritten, da eine Entzündung der Magenschleimhaut als nosologische Einheit bisher keinen Bestand hatte. Erst endoskopische, bioptische und zytologische Befunde zusammen mit einer heterogenen Symptomatik von dyspeptischen Beschwerden bis zu postprandialen Schmerzen können Auskunft über pathologische Veränderungen geben. Somit ist eine differentialdiagnostische Klassifikation der verschiedenen Gastritisformen ableitbar.

Durch die Entdeckung des Bakteriums Helicobacter pylori, das für die Entstehung zunächst einer chronischen Gastritis vom Typ B und anschließender Ulzeration der Magen- und Duodenalschleimhaut verantwortlich ist, gehört diese helicobakterbedingte B-Gastritis als nosologische Einheit in die Klassifikation der verschiedenen Gastritisformen. Klassifikation der Gastritisformen: Akute Gastritis (Alkohol, NSAR, Bakterien, Viren), chronische Gastritis: Typ-A-Gastritis (autoimmun bedingt mit Verlust der säureproduzierenden Zellen, histaminrefraktärer Anazidität, Verlust des Intrinsic factors), Typ-B-Gastritis (bakteriell bedingt, Helicobacter pylori), Typ-C-Gastritis (chemisch bzw. refluxbedingt, nichtsteroidale Antiphlogistika).

Therapie und Therapiemaßnahmen

Mit Ausnahme der akuten Oberflächengastritis gibt es für eine rationale Therapie mit Phytopharmaka keine Indikationen.

☞ **Phytopharmaka bei der akuten Oberflächengastritis, die eine vertragsärztliche Verordnung rechtfertigen:** Die Kommission E beim ehemaligen BGA hat für entzündliche Erkrankungen des Magen-Darm-Trakts mit spastischen Beschwerden nur die Kamillenblüten positiv bewertet.

Auswahl von Fertigarzneimitteln, die eine vertragsärztliche Verordnung rechtfertigen, ohne Anspruch auf Vollständigkeit:

Eukamillat Lösung
Kamillan supra Lösung
Kamillenextrakt Steierl Lösung
Kamille Spitzner N Lösung
Kamillosan Konzentrat Lösung
Perkamillon Liquidum Lösung

7.3 Ulcus ventriculi et duodeni (Ulcus pepticum)

Definition. Peptische Ulzera sind dadurch charakterisiert, daß die penetrierende Ulzeration bis in die Lamina muscularis mucosae erfolgt. Dabei handelt es sich um solche Bezirke der Magen-Zwölffingerdarm-Schleimhaut, auf die das salzsäurepepsinhaltige Sekret besonders einwirkt. Das Schlagwort „Kein Ulkus ohne Säure" kann insofern nicht mehr aufrechterhalten werden, als durch internationale epidemiologische Studien belegt ist, daß zwischen einer Infektion mit dem humanpathogenen Helicobacter pylori und den peptischen Ulzera ein enger Zusammenhang besteht. Diese Keime rufen bei der Inokulation zunächst ein dyspeptisches Beschwerdebild hervor. Erst die vom Helicobakter durch Störung der Somatostatin-Gastrin-Homöostase geschädigte Schleimhaut ist dann der zusätzlichen Säure-Pepsin-Einwirkung ausgesetzt, die schließlich zu den peptischen Läsionen führt.

Therapieziel und Therapiemaßnahmen

Da mehr als 90 Prozent aller peptischen Ulzera auf einer Helicobacter-pylori-Infektion beruhen, ist die medikamentöse Eradikation des Keimes (Tripeltherapie mit zwei Antibiotika und einem säurehemmenden H_2-Rezeptorantagonisten oder Protonenpumpenhemmer) die Therapie der ersten Wahl. Da nach einer solchen Therapie die Patienten beschwerdefrei werden und in der Mehrzahl rezidivfrei bleiben, stellt sich die Frage einer medikamentösen Nachsorge, beispielsweise mit Phytopharmaka, nicht mehr.

7.4 Chronische Lebererkrankungen

Während akute Lebererkrankungen plötzlich auftreten und in der Regel innerhalb von 6 Monaten ausheilen, spricht man von chronischen Lebererkrankungen ab einer Krankheitsdauer von >6 Monaten.

Einteilung. Sonographischer und histologischer Befund sichern die Diagnose. Bei der Steatose steht die grobtropfige, läppchenzentrale Leberverfettung im Vordergrund. Bei der Fibrose wird das Bild histologisch durch Vermehrung von Bindegewebsfasern gekennzeichnet; je weiter die Fibrose fortschreitet, um so mehr kommt es zur Einschränkung der Leberfunktion. Bei der Zirrhose sind die Hepatozyten reduziert und durch narbiges Bindegewebe ersetzt. Die Folgen sind eine reduzierte Stoffwechselleistung der Leber, Ascites, Hypertension, Ösophagusvarizen, Splenomegalie mit Thrombopenie. Dekompensiert die erkrankte Leber, so kommt es zum Leberversagen, je nach Schweregrad und Verlauf fulminant (z. B. nach Intoxikation), akut (z. B. Hepatitis B), subakut (z. B. Leberzirrhose) oder chronisch.

Aufgrund der Ätiopathogenese lassen sich spezifische Krankheitsbilder unterscheiden: Virushepatitiden (A, B, C, D), toxische Lebererkrankung (Alkohol, Arzneimittel, Gewerbegifte), Autoimmunhepatitiden, biliäre Lebererkrankung. Chronische Lebererkrankungen bei Stoffwechselerkrankungen (Morbus Wilson), kongenitale Zirrhose, Granuloma der Leber, reaktive Hepatitiden bei Virusinfekten, Lebertumoren, Echinokokkenzysten, Schistosomiasis seien genannt.

Symptome. Je nach Ausprägung der chronischen Lebererkrankung kann es sich um einen Zufallsbefund bis hin zu praefinalen Zuständen handeln. Die Leitsymptome sind Leistungsschwäche (chronische Müdigkeit, Appetitlosigkeit), Oberbauchbeschwerden, unregelmäßiger Stuhlgang, vegetative Störungen, Pruritus, endokrine Störungen, hämorrhagische Diathese, Arthralgien, Ikterus, acholischer Stuhl und gelbbrauner Urin. Die Basisdiagnostik umfaßt eine gezielte Anamnese, körperliche und labordiagnostische Untersuchung und Sonographie.

Therapieziele

Lebererkrankungen zeigen häufig sehr individuelle Verlaufsformen. Daher hat die Therapie differenziert und am Einzelfall orientiert zu erfolgen. Die medikamentöse Therapie ist meist nur im Rahmen eines therapeutischen Gesamtkonzeptes erfolgreich, das Verhaltensänderungen des Patienten – sofern möglich – einschließt (Alkoholkarenz, Umstellung der Ernährung, Gewichtsreduktion, Änderung der Lebensweise).

Rationale Therapie mit Phytopharmaka

✳ Extrakte aus Cardui mariae fructus (Mariendistelfrüchten)

Als Wirkstoffkomplex gilt Silymarin, eine Kombination aus den isomeren Verbindungen Silybinin, Isosilybinin, Silydianin und Silycristin. Hauptwirkkomponente ist Silybinin, das für die pharmakologischen Wirkungen verantwortlich ist.

Pharmakologie

Tierexperimentell wurde in Studien die antitoxische Wirkung (Radikalfängereigenschaft), eine regenerationsfördernde und antifibrotische Wirkung von Silymarin nachgewiesen. Darüber hinaus konnte gezeigt werden, daß Silybinin durch direkte Membraneffekte (z. B. Hemmung sinusoidaler Transportsysteme für Knollenblätterpilzgifte) die Aufnahme von Giften in die Leberzellen verhindert.

Während die antioxidative Wirkung des Silybinins bevorzugt akute Noxen antagonisiert, soll durch eine Steigerung der Proteinbiosyntheserate (Silybinin stimuliert spezifisch die DNA-abhängige RNA-Polymerase) über die Bereitstellung der notwendigen Struktur- und Funktionsproteine die Regenerationsfähigkeit einer bereits geschädigten Leber erhöht werden können.

Die antifibrotische Wirkung von Silymarin/Silybinin im Sinne einer signifikanten Verminderung der Kollagenneubildung und -einlagerung in die Leber zeigt sich unabhängig davon, ob die Fibrose in dem untersuchten Tiermodell mit Entzündungsreaktionen verknüpft ist oder nicht.

Pharmakokinetik

Inzwischen lassen sich mit einer validierten HPLC-Methode in Mariendistel-Extrakten Silybinin, Isosilybinin, Silycristin und Silydianin quantitativ bestimmen, so daß Bioäquivalenzuntersuchungen möglich sind. Das Hauptisomer Silybinin erreicht nach 1,5 h maximale Plasmaspiegel. Silybinin, das ausschließlich zu Glukuroniden und Sulfaten metabolisiert wird, unterliegt einem ausgeprägten enterohepatischen Kreislauf und erreicht daher hohe und lang anhaltende Konzentrationen im Zielorgan Leber. In der Galle liegen diese um den Faktor 100 höher als im Plasma.

Es liegen placebokontrollierte Doppelblindstudien vor, die die Wirksamkeit bei verschiedenen Lebererkrankungen belegen.

☞ **Anwendungsgebiete, die eine vertragsärztliche Verordnung** für auf Silymarin normierte hochdosierte Mariendistel-Extrakte **rechtfertigen:** zur unterstützenden Behandlung bei chronisch-entzündlichen Lebererkrankungen, Leberzirrhose und toxischen Leberschäden.

Da Silymarin dialysierbar ist, sollten Mariendistel-Extrakte bei dialysierten Patienten nur im dialysefreien Intervall gegeben werden.

Tagesdosis: 200 bis 400 mg Silymarin in 2–3 Einzeldosen/Tag; berechnet als Silybinin.

Anwendungsdauer: Abhängig vom Krankheitsverlauf.

Nebenwirkungen: Vereinzelt kann eine leicht laxierende Wirkung auftreten.

Gegenanzeigen: Zur Anwendung von Mariendistel-Extrakten während der Schwangerschaft und Stillzeit sowie bei Kindern liegen keine ausreichenden Untersuchungen vor. Silymarinpräparate sollten deshalb bei Schwangeren, bei stillenden Müttern sowie bei Kindern unter 12 Jahren nicht angewendet werden.

Wechselwirkungen: Keine bekannt.

Symptome bei Intoxikation: Symptome der Intoxikation sind bisher nicht bekannt.

Auswahl von zugelassenen bzw. monographiekonformen Fertigarzneimitteln, ohne Anspruch auf Vollständigkeit:

Ardeyhepan N Kapseln ED 250 mg/100 mg Sil
Cefasilymarin 140 Filmtbl. ED 200 mg/140 mg Sil
Hegrimarin, -uno Kapseln; Hegrimarin ED 250 mg/100 mg Sil;
    Hegrimarin uno ED 333 mg/200 mg Sil
Hepa-Merz Sil Kapseln ED 239 mg/167 mg Sil
Heparano N Dragees ED 134–204 mg/84 mg Sil
Heliplant Kapseln ED 220,6–296,2/200 mg Sil
Heplant Filmtbl. ED 125–155 mg/84 mg Sil
Legalon 70 Kapseln ED 86,5–93,3 mg/70 mg Sil
Legalon 140 Kapseln ED 173,0–186,7 mg/140 mg Sil
Phytohepar Kapseln ED 275–296,2 mg/200 mg Sil
Silibene 140–200 Filmtbl.; Silibene 140 ED 233–280 mg/140 mg Sil;
    Silibene 200 ED 242,8–285,7 mg/200 mg Sil
Silicur 140–200 Kapseln, Silicur 140 ED 170–200 mg/140 mg Sil;
    Silicur 200 ED 243–286 mg/200 mg Sil
Silimarit Kapseln ED 170–239 mg/140 mg Sil
SX Carduus Filmtbl. ED 125–155 mg/84 mg/Sil

ED = Einzeldosis pro Zubereitungsform; Sil = Silymarin

7.5 Chronische Obstipation

Definition. Nach allgemeiner Definition handelt es sich bei der Obstipation um eine meist chronische Stuhlverstopfung infolge verlängerten Verweilens der Faeces im Dickdarm (Kolonostase) mit seltener, unregelmäßiger, verminderter, meist schwieriger und schmerzhafter Entleerung eines verhärteten Stuhls. Ein weiteres Merkmal für die Defäkationsstörung ist das regelmäßige Pressen zur Stuhlentleerung. Die normale Stuhlfrequenz variiert individuell von 3× pro Woche bis zu 3× pro Tag. Dies erklärt die Schwierigkeit der Definition einer Obstipation im Einzelfall. Nach einer Befragung von 2017 repräsentativ ausgewählten Bundesbürgern berichteten 30 % Frauen und 16 % der Männer über Obstipationsbeschwerden. Diese Beschwerden waren altersabhängig und betrugen bei unter 30jährigen 14 %, jedoch 37 % bei über 60jährigen.

Einteilung und Ursachen. Klinisch können folgende Formen der Obstipation unterschieden werden:

- situative Obstipation infolge Bewegungsarmut, Streß, ballaststoffarmer Ernährung,
- arzneimittelinduzierte Obstipation,
- als Begleitsymptom von organischen Erkrankungen, z.B. Stoffwechselerkrankungen, Endokrinopathien, neurogene, psychische Erkrankungen,
- habituelle Obstipation aufgrund einer verlangsamten Kolonpassage (Slow-transit-Störung),
- Obstipation infolge schmerzhafter Defäkation, z.B. infolge perianaler Läsionen.

Allgemeine Ursachen sind Ernährungsfehler und Unregelmäßigkeit (z.B. faserarme Kost, unregelmäßige Mahlzeiten), Bewegungsmangel, psychische Faktoren, Mißachtung der Defäkationsreize infolge von Streßsituationen, überzogenes Hygieneverhalten sowie Furcht vor Krankheiten und Selbstvergiftung („Horror autotoxicus"), die zur fremdinduzierten Pseudoobstipation durch Erziehung, Medien u.a. führt und einen Laxanzienmißbrauch auslösen kann. Schmerzhafte Defäkationen beispielsweise beim anorektalen Symptomenkomplex (Analrhagaden, Analfissuren und Hämorrhoidalleiden) können eine Obstipation hervorrufen. Spezielle Ursachen sind Arzneimittel, die eine Obstipation auslösen können, wie z.B. Antacida, Anticholinergika, Dopaminergika, Antikonvulsiva, Eisenpräparate, trizyklische Antidepressiva, Antihypertonika, Diuretika, Gestagene und Opiate. Für eine funktionelle Obstruktion kommen Strikturen, Karzinome, Sklerodermie und Morbus Hirschsprung in Frage. Von Motilitäts- und sensorischen Störungen sind das Colon irritabile, das sog. schlaffe Kolon und gewisse Formen des Megakolons zu nennen. Endogene/metabolische Dysfunktionen wie beispielsweise das Myxödem infolge Hypothyreose, Diabetes mellitus (via autonome Neuropathie), Hypokaliämie und Schwangerschaft können mit einer chronischen Kolonträgheit verbunden sein. Neurologische Erkrankungen, z.B. Plexusanomalie, multiple Sklerose und Paraplegie kommen als Ursache der chronischen Obstipation ebenso in Frage wie psychische Erkrankungen, z.B. Depressionen.

Die spastischen (hypertonischen) Formen der Obstipation zeichnen sich u. a. durch einen kleinkalibrigen „Ziegenkot" aus. Ursachen sind psychisch-vegetative Faktoren und durch mechanische Reize (z. B. Kotsteine) hervorgerufene schmerzhafte Spasmen, viscero-viszerale Reflexe infolge eines Ulcus ventriculi et duodeni, Cholelithiasis, Nephrolithiasis und nach Bauchoperationen, bei Amöbenruhr, bei akuter Appendizitis, Wirbelsäulenprozessen, Karzinomen, Strikturen u. a.

Symptome bei chronischer, atonischer Obstipation. Bei niedriger Stuhlfrequenz (verlängerter Kolontransit): Druck, Völlegefühl und Blähungen, Unruhe durch Furcht vor schädlichen Folgen durch zu lange Verweildauer des Stuhls „im Körper". Ein Hauptsymptom ist auch die Notwendigkeit zum Pressen bei der Stuhlentleerung. Sonst seltene, kleine und harte Stühle, schwierige Expulsion normaler Stühle, Gefühl der inkompletten Entleerung.

Therapieziel

Eingehende Anamnese und diffentialdiagnostische Erwägung zum Ausschluß organischer Ursachen, insbesondere auch stenosierender Darmerkrankungen und Kompression durch angrenzende Organe.
Allgemeine Maßnahmen:
- Aufklärung, Korrektur falscher Vorstellungen des Patienten,
- Ursachen beheben, z. B. perianale Läsionen, Absetzen obstipierender Arzneimittel

Änderung der Lebensweise:
- Umstellung der Kost auf ballaststoffreiche Nahrungsmittel, Verzehr von Trockenpflaumen, Datteln, Feigen, Rhabarber, ausreichende Flüssigkeitszufuhr (4–6 Glas Wasser am Vormittag, insgesamt ca. 1,5 l/Tag),
- morgendlicher Gang zur Toilette (Toilettentraining),
- regelmäßige körperliche Bewegung,
- Atemgymnastik, Bauchdeckengymnastik.

Medikamentöse Therapie mit Phytopharmaka

Hier bieten sich bei hartnäckiger Obstipation verschiedene Substanzgruppen pflanzlicher Herkunft an:
- Füll- und Quellstoffe,
- osmotisch wirksame Laxanzien,
- antiabsortiv und sekretagog wirkende Laxanzien.

☞ **Anwendungsgebiete:** chronische Obstipation, Colon irritabile, Divertikulitis, erleichterte Stuhlentleerung z.B. bei Analfissuren, Hämorrhoiden, postoperativ, Schwangerschaft.
Gegenanzeigen: Ileus, stenosierende oder akut-entzündliche Erkrankungen des Magen-Darm-Traktes.

Füll- und Quellstoffe

Füllstoffe sind meist Nahrungsbestandteile. Sie enthalten Kohlenhydrate, die ganz (Pektine) oder teilweise (Kleie) durch die Darmflora abgebaut werden können. Quellstoffe sind Bausteine pflanzlicher Arzeimittel. Sie enthalten Kohlenhydrate, die durch die Darmflora nicht oder allenfalls partiell abgebaut werden können. Diese quellen unter Wasseraufnahme (Schleim-, Gelbildung). Die Folge ist eine Zunahme des Stuhlvolumens mit Anregung der Darmmotilität. Wichtig ist eine ausreichende Flüssigkeitszufuhr.

Quellstoffe:
- Agar-Agar (Produkt aus Rotalgen) enthält im wesentlichen die Polysaccharide Agarose und Agaropektin,
- Flohsamen, indischer Flohsamen (reife Samen oder Samenschalen von Plantago-Arten).

Quell- und Füllstoffe:
- Weizenkleie (Nebenprodukt der Weizenmehlgewinnung). Wirkfaktoren sind Quellstoffe und Pentosane-Füllstoffe: unverdauliche Lignine und Fasern.
- Leinsamen (getrockneter Samen des Leins oder Flachses). Wirkfaktoren sind Quellstoffe und Hemizellulose-Füllstoffe: unverdauliche Lignine.

Auswahl von Fertigarzneimitteln mit Zubereitungen von Psyllii semen (Flohsamen), Kennz. F, von Plantaginis ovatae testa (indische Flohsamenschalen) Kennz. FS, oder fixen Kombinationen von Flohsamen/Flohsamenschalen mit Tinnevelley-Sennesfrüchten, Kennz. F, FS u. TSF, sowie mit Lini semen (Leinsamen), Kennz. L, ohne Anspruch auf Vollständigkeit:

Agiocur Granulat mit F und FS
Agiolax Ballast Pur Granulat mit F
Agiolax Granulat mit F, FS und TSF
Flosa Granulat mit FS
Kneipp Abführ Herbagran Psyllium-Kneipp-Portionsbeutel mit FS
Laxiplant soft Pulver mit FS
Linusit Creola Packung mit 500 g L
Linusit Darmaktiv Sachets
Metamucil kalorienarm Orange/Citrus Pulver mit FS
Mucofalk Apfel/Orange Granulat mit FS
Pascomucil Pulver mit FS
Plantocur Granulat mit FS

Osmotisch wirksame Laxanzien (keine Phytopharmaka)

- Glaubersalz (Natriumsulfat), Bittersalz (Magnesiumsulfat),
- Zucker (z. B. Laktulose),
- Zuckeralkohole (z. B. Sorbitol, Mannitol),
- organische Säuren (z. B. Hibiscussäure, Zitronensäure).

Wirkungen: Osmotischer Effekt – Zurückhaltung von Flüssigkeit im Darmlumen – Zunahme des Stuhlvolumens. Nicht resorbierbare Zucker gelangen unverändert in das Kolon – Abbau durch Darmbakterien in kurzkettige Fettsäuren – Stimulation der Darmperistaltik.

Antiabsorptiv, sekretagog wirkende pflanzliche Laxanzien

Anthranoiddrogen:
- Aloe bardensis (Aloe)
- Aloe capensis (Kap-Aloe)
- Rhamni purshianae cortex (amerikanische Faulbaumrinde = Cascararinde)
- Sennae folium (Sennesblätter)
- Sennae fructus (Sennesfrüchte)
- Rhei radix (Rhabarberwurzel)

Inhaltsstoffe: Prodrug-Prinzip: Abbau von Glykosiden im Kolon durch bakterielle Enzyme zu Anthronen, d. h. aktiven Metaboliten.

Wirkungen: Es kommt zu einer Beeinflussung der Kolonmotilität (Hemmung stationärer, Stimulation propulsiver Kontraktionen) im Sinne einer beschleunigten Darmpassage mit verminderter Flüssigkeitsresorption, Stimulierung der aktiven Chloridsekretion und zu einer Zunahme der Wasser- und Elektrolytausscheidung.

Pharmakokinetik: Die Resorption von Aloe-Emodin und Rhein wurde aus einem wäßrigen Sennesfrüchte-Trockenextrakt mit einem definierten Gehalt an Hydroxyanthracenderivaten, berechnet als Sennosid B, und bekanntem Gehalt an Aloe-Emodin bei 12 Probanden nach viermaliger Applikation untersucht. Die Plasmakonzentration an freiem Rhein stieg unmittelbar nach der Prüfmedikation und nach ca. 7 Stunden wieder an. Der letzte Anstieg ist auf eine reduktive bakterielle Spaltung von Sennosiden und Sennidinen im Kolon und die danach folgende Oxidation zurückzuführen. Eine potentiell genotoxische Verbindung aus Aloe-Emodin, die in der Prüfmedikation in einer Konzentration von 0,023 mg pro Einzeldosis vorhanden war, ließ sich zu keinem Zeitpunkt nachweisen. Aus der Analyse von vier klinischen Studien geht hervor, daß zwischen Anthranoidlaxanzien-Exposition und dem Auftreten von kolorektalen Karzinomen kein Zusammenhang besteht.

☞ **Anwendungsgebiet der Anthranoidlaxanzien:** Obstipation. Die Arzneimittelrichtlinien (Fassung vom 1.1.1994) stellen fest: In der vertragsärztlichen Versorgung sind für Versicherte, die das 18. Lebensjahr vollendet haben, Abführmitttel nicht verordnungsfähig, außer zur Behandlung von Erkrankungen z. B. im Zusammenhang mit Tumorleiden (Schmerzbehandlung mit Opiaten), Megakolon, Divertikulitis, neurogener Darmlähmung, vor diagnostischen Eingriffen und bei phosphatbindender Medikation bei chronischer Niereninsuffizienz.

Gegenanzeigen: Darmverschluß, akut-entzündliche Darmerkrankungen (M. Crohn, Colitis ulcerosa, Appendizitis), abdominale Schmerzen unbekannter Ursache, Kinder unter 12 Jahre, Schwangerschaft, Stillzeit.

Nebenwirkungen: In Einzelfällen krampfartige Magen-Darm-Beschwerden. Bei chronischem Gebrauch/Mißbrauch: Elektrolytverluste (Kalium!), Albuminurie, Hämaturie, Pigmentierung in der Darmwand (Pseudomelanosis coli).

Hinweis: Stimulierende Abführmittel dürfen ohne ärztlichen Rat nicht über längere Zeiträume (>1–2 Wochen) eingenommen werden.

Auswahl von zugelassenen bzw. monographiekonformen Fertigarzneimitteln, ohne Anspruch auf Vollständigkeit:

Aristo L (KA) Kapseln ED 95–135 mg/25 mg HAD
Depuran N (SFA) Kapseln ED 50–66,68 mg/10 mg HAD
Dragees 19 Senna (SB) ED 155,6–200 mg/14 mg HAD
Kneipp Wörisetten S (SFT) Dragees ED 100–167 mg/10 mg HAD
Kräuterlax A Kräuterdragees (A) Dragees 90–105 mg/30 mg HAD
Legapas mono Lösung(F) 1 g = 500 mg/20 mg
Liquidepur N (SFA) Lösung 100 ml = 1,000–1,334/200 mg HAD
Neda Früchtewürfel (SFT/SFB) Würfel ED 0,5g/0,5 g
x-Prep (SFA) Lösung 75 ml 1,6–23 g/!50 mg HAD

ED = Einzeldosis pro Zubereitungsform,
A = Aloe-Monoextrakte, F = HAD = Hydroxyanthracenderivate,
KA = Kap-Aloe-Monoextrakte, SB = Sennesblätter-Monoextrakte,
SFA = Alexandriner-Sennesfrüchte-Monoextrakte, SFT = Tinnevelly-Sennesfrüchte-Monoextrakte

7.6 Diarrhoe

Definition. Die akute Diarrhoe ist definiert durch die gehäufte Entleerung von wäßrigen oder breiigen Stühlen. Sie beginnt abrupt und sistiert oft nach 3–4 Tagen spontan. Ursachen sind bakterielle Infektionen und Lebensmittelvergiftungen (Staphylokokken, Salmonellen, Enterotoxine) sowie bei der sog. Reisediarrhoe vor allem enterotoxinbildende E. coli, Shigellen- und Amoebenruhr, Cholera. Bei Immunschwäche (z. B. AIDS) ist an opportunistische Erreger zu denken. Nahrungsmittelunverträglichkeiten und Allergien gewinnen an praktischer Bedeutung. Arzneimittel (Laxanzien, Antibiotika) sollten anamnestisch als Ursache ausgeschlossen werden. Wenn keine andere Ätiologie gegeben ist, muß an Diarrhoen im Rahmen von psychischen Störungen wie Angsterkrankungen gedacht werden.

Diagnostik. Ausführliche Anamnese, körperliche Untersuchung, Stuhluntersuchungen (Guajar-Test), sonographische und endoskopische Diagnostik helfen die Ursache zu eruieren. Wenn eine kausale Therapie (Antibiotika bei entsprechendem Erregernachweis) sowie eine Nahrungsmittelkarenz nicht durchgeführt werden kann, stehen diätetische Maßnahmen sowie Flüssigkeits- und Elektrolytersatz im Vordergrund.

Rationale Therapie mit Phytopharmaka

Pflanzliche Antidiarrhoika und Antidiarrhoika auf der Basis von Mikroorganismen sind für eine symptomatische Therapie verfügbar. Positive Monographien existieren z. B. für Trockenhefe aus Saccharomyces boulardii, Flohsamen (Psylli semen), Indische Flohsamenschalen (Plantaginis ovatae semen/testa), Uzarawurzel (Uzarae radix), Eichenrinde (Quercus cortex), Tormentillwurzelstock (Tormentillae rhizoma), Heidelbeeren, Hamamelisrinde, -blätter. Unter praktischen Gesichtspunkten kommt den Antidiarrhoika auf Basis von Trockenhefe aus Saccharomyces boulardii eine Bedeutung zu (Tabelle 7.3). S. boulardii zeigt in vitro antimikrobielle Eigenschaften gegenüber enteropathogenen Keimen (E. coli, Salmonella) und bindet fibrintragende Keime an seine Oberfläche (ca. 100 Bakterien je Hefezelle). Darüber hinaus stimuliert S. boulardii das darmständige Immunsystem (IgA). Aufgrund dieser Wirkungsmechanismen wirkt die Hefe sowohl prophylaktisch als auch therapeutisch. S. boulardii ist auch zur Anwendung bei Kleinkindern geeignet.

Gerbstoffdrogen werden unter der Vorstellung gegeben, daß ihre eiweißfällenden Eigenschaften durch Bildung eines Präzipitats eine Schutzschicht auf der Darmschleimhaut bil-

Tabelle 7.3. Pflanzliche Antidiarrhoika

Die Therapie ist symptomatisch, Positiv-Monographien existieren
z. B. für:
- Trockenhefe aus Saccharomyces boulardii
- Flohsamen, Psyllii semen
- Indische Flohsamenschalen, Plantaginis ovatae semen/testa
- Uzarawurzel, Uzarae radix
- Eichenrinde, Quercus cortex
- Tormentillwurzelstock, Tormentillae rhizoma
- Heidelbeere, Myrtilli fructus
- Hamamelisrinde, -blätter, Hamamelis folium et cortex

den. Hierzu gehören Tormentillwurzel, Eichenrinde, Uzara, Gerbsäure aus Galläpfeln und Tannalbumin, schwarzer und grüner Tee. Unter der Vorstellung, die Stuhlkonsistenz zu erhöhen und damit die Transitzeit zu steigern, wird zur unterstützenden Therapie bei Durchfällen Flohsamen und Indischer Flohsamen empfohlen sowie Pektine (Apfelpektin) als Quellstoffe.

Da Durchfallerkrankungen nicht zu den geringfügigen Gesundheitsstörungen gehören, ist der indikationsgerechte Einsatz von Antidiarrhoika zu Lasten der gesetzlichen Krankenkassen zulässig.

Auswahl von Fertigarzneimitteln, ohne Anspruch auf Vollständigkeit:

Diaro Kapseln (TR) ED 200 mg
Hamadin Kapseln (SB) ED 250 mg
Herbatorment Kapseln (TR) ED 200 mg
Infectodyspept Saft, -instant (KR) Saft: 100 ml – 3,5 Karottenpulver,
    -instant Beutel: ED 1,75 g/0,1 Karottenpektin
Perenterol forte Kapseln (SB) ED 250 mg
Perocur forte Kapseln (SB) ED 250 mg
Santax S Kapseln (SB) ED 250 mg
Traxaton Tabletten (ER) ED 140 mg Eichenrinden-Trockenextrakt
Uzara Dragees, -Lösung (UW) Dragees ED 45 – 55 mg; Lösung 45 – 55
    mg/ml

ED = Einzeldosis pro Zubereitungsform, ER = Eichenrinde, SB = Saccharomyces boulardii (lebende Trockenhefe), TR = Tormentillae rhizoma (Tormentillwurzelstock), KR = Karottenpulver, UW = Uzarae radix (Uzarawurzel)

Literatur

Benneth JR (1986) Gastroenterologie. Deutscher Ärzteverlag, Köln

Berufsverband der Allgemeinärzte Deutschlands (BDA) (1995) Leber Manual. Emsdetten

Colin-Jones B, Bloom B, Bodemar G et al. (1988) Management of dyspepsia. Lancet I:576–579

Ewe K (1983) Obstipation – Pathophysiologie, Klinik, Therapie. Int Welt 6:286–292

Ewe K (1988) Schwer therapierbare Formen der Obstipation. Verh Dtsch Ges Inn Med 94:473–480

Ewe K (1996) Welchen Platz hat Plantago ovata unter den Ballaststoffen? Intern Prax 36:551–552

Freise J, Köhler S (1999) Pfefferminzöl/Kümmelöl – Fixkombination bei nicht-säurebedingter Dyspepsie. Vergleich der Wirksamkeit und Verträglichkeit zweier galenischer Zubereitungen. Randomisierte, multizentrische, referenzkontrollierte Doppelblindprüfung. Pharmazie (im Druck)

Goerg KJ, Wanitschke R, Loew D (1997) Obstipation und Laxanzien – eine Standortbestimmung. Allgemeinarzt 19:3–15

Habs M, Gugler R (1992) Diagnose- und Behandlungsstrategien für Patienten mit Dyspepsie. Z Klin Med 47:36–45

Hahn EG, Riemann JF (Hrsg) (1995) Klinische Gastroenterologie. Thieme, Stuttgart – New York

Held C (1994) Mariendistelhaltige Arzneimittel. Intern Praxis 1:213–216

Holder GM, Plummer JL, Rayn AJ (1978) The metabolism and excretion of curcumin (1,7- bis(4-hydroxy-3-methoxyphenyl)-1,6-hepatadine-3,5-dione) in rat. Xenobiotica 761–768

Hotz J (1999) Pfefferminzöl und Kümmelöl versus Cisaprid in der Behandlung der funktionellen Dyspepsie. Publikation in Vorbereitung

Huth K, Potter C, Cremer HD (1980) Füll- und Quellstoffe als Zusatz industriell hergestellter Lebensmittel. In: Rottka H (Hrsg) Pflanzenfasern – Ballaststoffe in der menschlichen Ernährung. Thieme, Stuttgart New York, S 39–53

Hutz J, Rösch W (Hrsg) (1987) Funktionelle Störungen des Verdauungstraktes. Springer, Berlin Heidelberg New York, S 200, 222

Kasper H (1980) Der Einfluß von Ballaststoffen auf die Ausnutzung von Nährstoffen und Pharmaka. In: Rottka H (Hrsg) Pflanzenfasern-Ballaststoffe in der menschlichen Ernährung. Thieme, Stuttgart New York, S 93–112

Kune GA (1993) Laxative use a risk factor for colorectal cancer. Data from the Melbourne colorectal cancer study. Z Gastroenterol 31:140–143

Lembcke B, Caspary W, Malchow H (1996) Erkrankungen des Dünn- und Dickdarms (G1, G6, G15, G16, G17). In: Domschke W, Hohenberger W, Maiwertz T, Reinhardt D, Tölle R, Wilmanns W (Hrsg) Therapie-Handbuch. Urban & Schwarzenberg, München-Wien-Baltimore

Leng-Peschlow E, Mengs U (1990) No renal pigmentation by plantago ovata seeds or husks. Med Sci Res 18:37-38

Leng-Peschlow E, Strenge-Hesse A (1991) Die Mariendistel (Silybum marianum) und Silymarin als Lebertherapeutikum. Z Phytother 12:162–174

Loew D, Bergmann U, Dirschedl P, Schmidt M, Überla K (1997) Anthra-noidlaxanzien. Dtsch Apoth-Ztg 137, Nr. 24 : 2088–2092

May B, Kuntz HD, Kieser M, Köhler S (1996) Efficacy of a fixed pepper-mint oil/caraway oil combination in non-ulcer Dyspepsia. Arzneim-Forsch/Drug Res 46 (III) 12 : 1149–1153

Müller-Lissner S (1987) Chronische Obstipation. Dtsch Med Wschr 112 : 1223–1229

Nusko G, Schneider B, Schneider I, Wittekind C, Hahn EH (1996) Pro-spektive klinische Studie zur Sicherheit von Anthranoidlaxanzien. In: Loew D, Rietbrock N (Hrsg) Phytopharmaka II – Forschung und kli-nische Anwendung. Steinkopff, Darmstadt, S 167–174

Rabindranath V, Chandrasekhara N (1982) Metabolism of curcumin – Studies with (H3) curcumin. Toxicology 22 : 337–344

Sewing KFR (1986) Obstipation. In: Fülgraff G, Palm D (Hrsg) Pharma-kotherapie, Klinische Pharmakologie, 6. Aufl. Fischer, Stuttgart, S 162–168

Schulz HU, Schlüter M, Krumbiegel G, Wächter W, Weyhenmeyer R, Sei-del G (1995) Untersuchungen zum Freisetzungsverhalten und zur Bioäquivalenz von Silymarin-Präparaten. Arzneim-Forsch/Drug Res 45 : 61–64

Schulz HU, Schürer M, Silber W (1998) Pharmakokinetische Untersu-chungen eines Sennesfrüchte-Extraktes. Z Phytother 19 : 190–194

Sonnenbichler J, Sonnenbichler I, Scalera F (1996) Biochemie und Phar-makologie von Silibinin. In: Loew D, Rietbrock N (Hrsg) Phytophar-maka II – Forschung und klinische Anwendung. Steinkopff, Darm-stadt, S 127–138

Vonnahme FJ (1996) Der antifibrotische Effekt des Silymarins in der Therapie chronischer Lebererkrankungen. In: Loew D, Rietbrock N (Hrsg) Phytopharmaka II – Forschung und klinische Anwendung. Steinkopff, Darmstadt, S 139–143

Weinreich J (1980) Therapy of colon disease with a dietary fibre rich cost. In: Rottka H (Hrsg) Pflanzenfasern-Ballaststoffe in der menschlichen Ernährung. Thieme, Stuttgart New York, S 154–157

Zeitz M, Caspary WF, Bockemühl J, Lux G (Hrsg) (1993) Ökosystem Darm. Springer, Heidelberg New York

8 Erkrankungen der ableitenden Harnwege

8.1 Nieren- und Blasenerkrankungen

Definition und Einteilung. Die Erkrankungen der ableitenden Harnwege betreffen Nierenbecken, Harnleiter, Harnblase und Harnröhre. Zu unterscheiden sind entzündliche, funktionelle und miktionsbeeinflussende Erkrankungen sowie Harnsteinleiden.

Symptome. Subjektive Beschwerden und objektiver Befund sind krankheitsspezifisch. Bei der akuten Pyelonephritis stehen hohes Fieber, Flankenschmerz, Klopfschmerz des Nierenlagers, Erbrechen, abdominelle Beschwerden bis hin zum paralytischen Ileus, Leukozyturie und Makrohämaturie im Vordergrund, während bei der chronischen Pyelitis die Symptome uncharakteristisch und vom Stadium der Niereninsuffizienz abhängig sind. Klinisch äußert sich die akute Pyelitis in klopfschmerzhaftem Nierenlager, Leukozyturie und ist oft schwierig von der Pyelonephritis abzugrenzen. Obligate Zeichen einer akuten Zystitis sind Bakteriurie ($>10^5$/ml), Leukozyturie, schmerzhafte, brennende Miktion, Pollakisurie, imperativer Harndrang, Dysurie, Schmerzen im Unterbauch, suprapubischer Druckschmerz und Allgemeinbeschwerden. Oftmals sind es unkomplizierte leichte Blasenentzündungen und zum Teil asymptomatische Bakteriurien. Häufigste Erreger der akuten unkomplizierten Harnwegsinfektion sind E. coli, Staphylokokken, Proteus, Klebsiella-Spezies, bei der komplizierten Infektion sind es zusätzlich Enterobakterien, Pseudomonas und Enterokokken. Etwa jeder 30. Patient beim Allgemeinarzt und jeder 3. beim Urologen hat eine Infektion der unteren Harnwege. Als mögliche Ursachen kommen Operationen in Frage, bei denen ein Katheter gelegt werden muß, Geschlechtsverkehr, Diaphragmen, eine verkürzte Vagina z. B. nach Hysterektomie, „Honeymoon-Zystitis". Gefährdet sind vorrangig Schwangere, aber auch Frauen in der Postmenopause aufgrund von östrogenmangelbedingten Veränderungen in der Scheidenflora mit Atrophie der Vaginalschleimhaut.

Therapieziel

Das Ziel ist die Eradikation der Keime sowie die Verhinderung der Ausbreitung der akuten bakteriellen Infektion von einem befallenen Abschnitt in einen anderen Bereich der ableitenden Harnwege, der Chronifizierung der Erkrankung mit den Folgen der chronischen Niereninsuffizienz und renalen Hypertonie. Die Durchspülungstherapie ist als Therapieprinzip in der Urologie akzeptiert. In Frage kommen ausgewählte Monodrogen oder Mischungen. Bevorzugt sind Aufgüsse, Abkochungen oder Tees. Mit der Durchspülungstherapie wird die Konzentrierung des Urins reduziert und darüber hinaus der Auskristallisation von Steinen im Bereich der ableitenden Harnwege und damit Nierenkoliken entgegengewirkt.

Therapiemaßnahmen

Die Diagnose beruht auf den charakteristischen Symptomen und den Ergebnissen der Untersuchung von frischem Urin mit Teststäbchen auf Nitrit und Leukozyten. Die Gewinnung von Mittelstrahlurin sowie Reinigung von Perineum und Vulva bzw. Glans ist nicht erforderlich. Zu empfehlen ist das Spreizen der Labien bzw. Zurückziehen der Vorhaut. Sind Nitrit und Leukozyten auf dem Teststreifen positiv, erübrigen sich weitere Untersuchungen. Untersuchungen des Harnsediments sind aufwendig, von der Qualität des Untersuchers abhängig und bringen keine zusätzliche diagnostische Information. Bei unkomplizierten Harnwegsinfekten (HWI) ist eine Kultur in der Regel unnötig. Urinkulturen und Antibiogramme sollten nur bei kompliziertem HWI, Männern, Kindern unter 12 Jahren, unklarer Diagnose, Therapieversagen und klinischem Verdacht auf Pyelonephritis durchgeführt werden. Liegt ein unkomplizierter HWI vor, erfolgt zunächst eine Beratung über Risikofaktoren und nichtmedikamentöse Maßnahmen zur Rezidivprophylaxe, wie z. B.

- ausreichende Trinkmenge mindestens 2 l/Tag (Kontraindikation Herzinsuffizienz),
- vollständige und regelmäßige Entleerung der Harnblase,
- Miktion nach dem Geschlechtsverkehr,
- keine übertriebene Genital „Hygiene",
- gegebenenfalls Wechsel der kontrazeptiven Methoden,
- Wärmeapplikation bei Schmerzen,
- bei Neigung zu rezivierenden HWI Vermeidung von Unterkühlung, regelmäßiger Genuß von Preiselbeeren oder Preiselbeer-Saft bzw. -Extrakten.

In der Regel ist eine Kurzzeit-Antibiose als Single shot oder als Dreitagetherapie mit Trimethoprim als Monopräparat oder kombiniert mit Sulfonamid, Fluorchinolonen oder alternativ mit Cephalosporinen und Aminopenicillinen ausreichend. Eine Selbstreinigung im Sinne einer mechanischen Durchspülung ist bei leichten Harnwegsinfektionen, zur Einsparung von Antibiotika, im Rahmen der Nachbehandlung, zur Rezidivprophylaxe und auch zur Kosteneinsparung sinnvoll. Hier bieten sich medizinische Tees in Form von Nieren-Blasen-Tees an. Zu geeigneten Indikationen zählen entzündliche Erkrankungen der ableitenden Harnwege, dysurische Beschwerden, Zystitis, Urethritis, Ureteritis, Blasenkatarrh, Reizblase, Steinleiden wie Harngrieß, Urolithiasis und Nephrolithiasis.

Rationale Therapie mit Phytopharmaka

Pflanzliche Arzneimittel zur Behandlung von Erkrankungen und Beschwerden im Bereich der ableitenden Harnwege können eingeteilt werden in pflanzliche Aquaretika und pflanzliche Harnwegsdesinfizienzien.

✳ Pflanzliche Aquaretika

Inhaltsstoffe und Pharmakodynamik

Das Muster der Elektrolyt- und Wasserausscheidung erlaubt eine Klassizifizierung der Diuretika in Saluretika, welche die Natrium-, Kalium- und Magnesiumausscheidung steigern, in Antikaliuretika, die schwach diuretisch, aber kalium- und magnesiumsparend sind, und in Aquaretika, die kompetitiv die Wirkung des antidiuretischen Hormons ADH am Sammelrohr hemmen und keine Elektrolyte, sondern nur Wasser ausscheiden. Pharmakologische Versuche mit einer Reihe von Arzneipflanzen im Hinblick auf ihre diuretische Wirkung legen nahe, daß weniger die Elektrolytausscheidung als die Wasserdiurese im Vordergrund steht, insbesondere, wenn die Empfehlung einer gleichzeitig vermehrten Flüssigkeitszufuhr berücksichtigt wird. Dies berechtigt die Eingruppierung entsprechender pflanzlicher Drogen zu den Aquaretika. Pflanzliche Aquaretika wirken über eine erhöhte Nierendurchblutung, Steigerung der glomerulären Filtrationsrate und Hemmung der Wasserrückresorption im Sammelrohr. Tabelle 8.1 faßt einige im Hinblick auf pharmakologisch relevante Inhaltsstoffe und pharmakologische Wirkung gut untersuchte Arzneipflanzen zusammen. Als wirksame Inhaltsstoffe werden Flavon-/Flavanverbindungen, Isoflavonoide, Triterpensaponine, Phenolcarbonsäure, Sesquiterpenlactone, ätherische Öle und Mineralsalze, insbesondere Kalium, diskutiert.

Schilcher und Rau konnten von definierten wäßrigen Auszügen aus Goldrute (Solidago virgaurea) und Birkenblättern (Betulae folium, 148 mg% Gesamtflavonoide) neben einer dosisabhängigen Harnausscheidung auch saluretische Effekte nachweisen. Nach Bilanzrechnungen wird die vermehrte Na^+- und K^+-Ausscheidung mit der zugeführten Elektrolytmenge in Zusammenhang gebracht.

Ein 60%iger ethanolischer Extrakt aus Goldrutenkraut (Solidaginis herba) hatte zusätzlich am isolierten Meerschweinchen-Ileum eine ca. 15%ige spasmolytische Wirkung bezogen auf 100% Reinsubstanz Papaverin. Da der ethanolische Extrakt im Gegensatz zu dem methanolischen unwirksamen Extrakt zusätzlich Saponine enthält, liegt ein kausaler Zusammenhang zwischen dem Saponin und der spasmolyti-

Tabelle 8.1. Pflanzliche Aquaretika, Inhaltsstoffe und pharmakologische Wirkung

Droge	pharmakologisch relevante Inhaltsstoffe	Wirkungen	Indikation (Kommission E)	Dosierung
Betulae folium *Birkenblätter*	Flavonoide, Saponine, äth. Öl, Gerbstoffe	harnflußsteigernd	Zur Durchspülung bei bakteriellen und entzündlichen Erkrankungen der ableitenden Harnwege und bei Nierengrieß	1,5 g Trockenextrakt reichlich Flüssigkeit
Ononidis radix *Hauhechelwurzel*	Isoflavonoide (Ononin), äth. Öl, Flavonoide	harnflußsteigernd	Zur Durchspülung bei entzündlichen Erkrankungen der ableitenden Harnwege, Durchspülung zur Vorbeugung und Behandlung von Nierengrieß	6,0–12,0 g Droge reichlich Flüssigkeit
Orthosiphonis folium *Orthosiphonblätter*	lipophile Flavone (Sinensetin, Eupatorin), äth. Öl, Kaliumsalze, Triterpen-Saponine	harnflußsteigernd, schwach spasmolytisch	Zur Durchspülung bei bakteriellen und entzündlichen Erkrankungen der ableitenden Harnwege und Nierengrieß	6,0–12,0 g Droge reichlich Flüssigkeit
Petroselini herba/radix *Petersilienkraut/-wurzel*	äth. Öl, Apiol, Myristicin	harnflußsteigernd	Zur Durchspülung bei Erkrankungen der ableitenden Harnwege, Durchspülungstherapie zur Vorbeugung und Behandlung von Nierengrieß	6,0 g Droge reichlich Flüssigkeit
Solidaginis virgaurea herba *Goldrutenkraut*	Flavonoide, Saponine, Phenolglykoside	harnflußsteigernd, schwach spasmolytisch, antiexsudativ	Zur Durchspülung bei Erkrankungen der ableitenden Harnwege, Harnsteinen und Nierengrieß. Zur vorbeugenden Behandlung bei Harnsteinen und Nierengrieß	6,0 g Droge reichlich Flüssigkeit
Taraxici radix cum herba *Löwenzahnwurzel mit -kraut*	Bitterstoffe, Taraxacosid, Flavonoide (Apigenin), Mineralsalze, Sesquiterpenlactone, Triterpene, Triterpenoide	harnflußsteigernd	Zur Anregung der Diurese	3,0–4,0 g Droge reichlich Flüssigkeit
Urticae herba/folium *Brennesselkraut/-blätter*	Mineralsalze (Kalzium-, Kalium-) Kieselsäure, biogene Amine (Histamin, Serotonin)	harnflußsteigernd	Zur Durchspülung bei entzündlichen Erkrankungen der ableitenden Harnwege. Zur Durchspülung und vorbeugenden Behandlung bei Nierengrieß	8,0–12,0 g Droge reichlich Flüssigkeit

schen Wirkung nahe. In einem weiteren Versuch an der isolierten Rattenharnblase konnte bestätigt werden, daß die spasmolytische Wirkung hauptsächlich von der Droge Solidaginis virgaurea herba ausgeht. Nach einer Implantation von humanen Blasensteinen in Ratten bewirkten 25 mg/kg KG pro Tag Leiocarposid nach 6 Wochen eine signifikante Hemmung des Steinwachstums (125 %) im Vergleich zur Kontrolle (225 %) im Hinblick auf den Ausgangsbefund.

Ein wäßriger Extrakt aus Orthosiphonblättern steigerte bei Ratten in einer Dosis von 750 mg/kg KG nur gering die Harnausscheidung, jedoch die Natrium-, Kalium- und Chloridausscheidung um das 2fache gegenüber der Kontrolle. In diesem Versuch wirkte Furosemid (100 mg/kg KG) 6fach stärker diuretisch.

Nach einmaliger Gabe an Ratten wurde mit einem aus Wurzeln und Kraut von Taraxacum officinale hergestellten 4 %igen Fluidextrakt ein diuretischer Index von 1,9 und ein saluretischer Index von 6,29 für Natrium bzw. 4,04 für Kalium gefunden. Nach wiederholter Anwendung betrug am 30. Tag der diuretische Index 2,07 und der saluretische Index für Natrium 4,04 und für Kalium 3,42. Die nach 80 mg Furosemid erzielten Effekte betrugen für die Diurese 1,87, für Natrium 7,9 und für Kalium 3,6.

Wirkung und Wirksamkeit

Saluretika verstärken die renale Ausscheidung, vor allem von Natrium, begleitet von den Anionen, meist Chlorid und Bicarbonat, und finden deshalb Anwendung bei Erkrankungen, die durch eine gesteigerte Retention von Natriumchlorid und Wasser (Ödeme) oder durch eine Abhängigkeit vom Kochsalzstoffwechsel (Hypertonie) gekennzeichnet sind. Demgegenüber wirken pflanzliche Aquaretika nur schwach saluretisch, steigern jedoch die Harnausscheidung im Sinne einer Verdünnungsdiurese. Hierauf beruht ihre Anwendung im Sinne des Selbstreinigungsmechanismus bei entzündlichen Prozessen der ableitenden Harnwege, zur Förderung abgangsfähiger Harnsteine und zur Steinmetaphylaxe. Bei einer Harn-Flow-Rate von 1 ml/min und restharnfreier Blasenentleerung kommt es nicht zu einer Vermehrung experimentell eingebrachter vitaler Keime. Durch den Dilutionseffekt werden diese ausgespült. Eine Restharnvermehrung stört den Selbstreinigungsmechanismus und fördert die Harnwegsinfektion.

Einfache Harnwegsinfekte gehören zu den häufigen Erkrankungen und machen etwa 80 % aller Harnwegsinfekte in der Praxis des niedergelassenen Arztes aus. Bei asymptomatischer Bakteriurie und einer Keimzahl im Mittelstrahlurin $< 10^5$ sind Antibiotika nicht erforderlich; in diesem Fall ist zunächst eine Hohlraumbehandlung durch Harndilution sinnvoll. Das spezifische Harngewicht sollte 1015 nicht überschreiten. Es sollten 1,5 l Harn ausgeschieden werden, was einer Mindestzufuhr von 2 l Flüssigkeit entspricht. Hier bieten sich „aquaretisch" wirkende Drogen zur Durchspülungstherapie an. Da verschiedene Drogen gleichzeitig noch antibakteriell, antiphlogistsch und spasmolytisch wirken, kommen für sie als Indikationen u. a. dysurische Beschwerden, Reizblase, Blasenirritation ohne Infekt, leichte Harnwegsinfekte, „Honeymoon-Zystitis", Rezidivprophylaxe bzw. Nachbehandlung nach Gabe von Antibiotika in Frage. Bei einer Keimzahl von $> 10^5$/ml Harn reicht eine einfache Diuresesteigerung zur Selbstreinigung nicht aus, weshalb eine gezielte Antibiotikatherapie erforderlich ist.

Ursachen eines Harnsteinleidens sind u. a. Übersättigung und Instabilität des Harns sowie Harnabflußstörungen. Neben diätetischen Empfehlungen gehören Steigerung des Harnflusses und Harndilution zu den wichtigsten Maßnahmen zur Prophylaxe einer Auskristallisation von Harnsalzen und zur Steinmetaphylaxe. Bei einem spezifischen Gewicht des Harns < 1012 erfolgt keine Auskristallisation von Harnsalzen. Hierzu ist eine Mindesttrinkmenge von 1,5 – 2 l erforderlich. Die Verordnung von pflanzlichen Harntees ist bei Harnsteinleiden sinnvoll, insbesondere wenn sie spasmolytisch wirkende Drogen enthalten.

Moderne randomisierte kontrollierte klinische Studien liegen nicht vor. Preiselbeer-Extrakte bzw. -Saft senkten in kontrollierten Studien die Infektionsrate bei Frauen mit rezidivierenden Harnwegsinfekten. In Deutschland sind zur Zeit keine Fertigpräparate aus Preiselbeeren im Handel.

☞ **Anwendungsgebiete:** Zur Durchspülung bei bakteriellen und entzündlichen Erkrankungen der ableitenden Harnwege sowie Nierengrieß. Zur Vorbeugung bei Harnsteinen und Nierengrieß.

Tagesdosis: Sie ist abhängig von der jeweils eingesetzten Droge (s. Tabelle 8.1) bzw. Zubereitung. Auf reichlich Flüssigkeitszufuhr ist bei festen Darreichungsformen zu achten. Zu bevorzugen sind Teezubereitungen. Die entsprechende Drogenmenge wird mit ca. 150 ml heißem Wasser übergossen und nach etwa 15 min durch ein Teesieb gegeben. Der frisch zubereitete Tee wird mehrmals am Tag zwischen den Mahlzeiten getrunken. Als moderne Darreichungsform setzen sich zunehmend Brausetabletten durch, wie Teezubereitungen erleichtern sie eine hinreichende Flüssigkeitszufuhr.

Anwendungsdauer: Bei entzündlichen Erkrankungen sollte die Behandlung bis zum völligen Abklingen der Beschwerden erfolgen und nach einem Rezidiv wieder einsetzen. Bei Nierengrieß und Harnsteinen ist eine längerfristige bis Dauertherapie zu empfehlen.

Nebenwirkungen: Nach Einnahme von bitterstoffhaltigen Phytopharmaka wie Taraxacum können Magenbeschwerden auftreten.

Gegenanzeigen: Keine Durchspülungstherapie bei kardialem Ödem und bei Patienten mit Herz- und Niereninsuffizienz.

Wechselwirkungen: Keine bekannt.

Symptome der Intoxikation: Keine bekannt.

Auswahl von Fertigarzneimitteln, ohne Anspruch auf Vollständigkeit:

Calcufel Aqua Dragees ED 350 mg Trockenextrakt GRK
Carito mono Kapseln ED 278 mg Trockenextrakt ORS
Cystinol long Kapseln ED 424,8 mg Trockenextrakt GRK
Cystium Solidago Kapseln ED 360 mg GRK
Florabio naturreiner Heilpflanzensaft Brennessel Preßsaft ED
    10–20 ml UH
Nephronorm Dragees ED xx ORS
Nephrolyt mono Dragees ED 265 mg GRK

Nieral 100 Dragees ED 116,4 mg Trockenextrakt GRK,
  Tropfen 1 g Fluidextrakt GRK
Solidago Steiner Tbl. ED 300 mg Trockenextrakt GRK
Stromic Kapslen ED 342 mg GRK
Urodyn Filmtbl. ED 280 mg Trockenextrakt GRK
Uroflan Brausetbl. ED 180 mg BF
Urol mono Kapseln ED 265 mg Trockenextrakt GRK
Uroplant forte Filmtbl. ED 500 mg GRK
Urorenal Brausetbl. ED 500 mg BF
Urorenal 500 mg BF

Kombinationspräparate

Blasen-Nieren-Tee Uroflux S
Blasen-Nieren-Tee Stada N, 100 g = 20 g Birkenblätter, 20 g Quek-
  kenwurzelstock, 20 g Riesengoldrutenkraut, 20 g Hauhechelwurzel,
  20 g Süßholzwurzel
Canephron novo Filmtbl., Tropfen
Cysto Fink Kapseln
Nephro Pasc Pulver Goldrutenkraut, Birkenblätter, Orthosiphonblät-
  ter
Nephropur tri Birkenblätter, Orthosiphonblätter, Goldrutenkraut
Nieron S, Liquidum, Kapseln, Löwenzahnwurzel/-kraut, Goldruten-
  kraut
UroFink Nieren- und Blasentee
Uro Pasc Goldrutenkraut, Löwenzahnkraut/-wurzel

ED = Einzeldosis pro Zubereitungsform
GRK = Goldrutenkraut-Extrakt, ORS = Orthosiphonblätter, BF =
Betula-folium-Extrakt., BF = Birkenblätter, UH = Brennesselkraut

✳ Pflanzliche Harnwegsdesinfizienzien

Hierbei handelt es sich um Drogen bzw. Drogenteile mit einer vorrangig antibakteriellen und kaum aquaretischen Wirkung. Sie werden selten als Monodroge, sondern fast immer
in Kombination mit einem pflanzlichen Aquaretikum eingesetzt. Derartige Kombinationen lassen sich rational begründen. Mit der ausreichenden Durchspülung wird der Selbstreinigungsprozeß unterstützt und durch die antibakterielle Wirkung eine wirksame Keimreduktion erreicht. Voraussetzung
sind jedoch Kenntnisse zum Erregerspektrum und des antibakteriellen Wirkprofils der eingesetzten Drogenkombina-
tion.
  Zu den bekanntesten Drogen gehören Bärentraubenblätter (Uvae ursi folium) mit verschiedenen Inhaltsstoffen wie

den Phenolglykosiden, Arbutin und Methylarbutin, Iridoglucosid, Flavonolglycoside, Triterpenen, speziell Uvasoil und Ursolsäure, hydrolysierbaren und kondensierbaren Gerbstoffen sowie Catechin und Procyanidine. Als wirksamkeitsbestimmender Inhaltsstoff wird Arbutin (Prodrug) bzw. das Aglykon Hydrochinon angesehen. Bereits während der Magen-Darmpassage wird Arbutin durch β-Glukosidasen der Darmflora zu Hydrochinon und Glucose hydrolysiert. Nach Resorption wird Hydrochinon rasch an Glukuronsäure und Schwefelsäure gebunden und als Glukuronid oder Schwefelsäureester renal ausgeschieden. Alkalisch reagierender Harn (pH > 8) führt zur partiellen Verseifung der Konjugate, so daß eine zusätzliche Freisetzung der antibakteriellen Substanz am Wirkort erfolgt. Darüber hinaus soll das Hydrochinonglukuronid im Harntrakt durch β-Glukuronidasen von Mikroorganismen gespalten werden, wodurch die antibakterielle Wirkung erhöht wird. Nach Untersuchungen von Frohne wird im Blättchen- und Lochtest eine antibakterielle Wirkung gegen Staphylococcus aureus und E. coli nur nach Hydrochinon (60 µg/ml) mit und ohne Alkalisierung (pH = 8) erreicht. Bei Probanden, die einen arbutinhaltigen Tee bzw. reines Arbutin eingenommen hatten, zeigt sich eine Wachstumshemmung erst nach Alkalisierung des Harns. Aus diesen Versuchen wird geschlossen, daß erst im alkalischen Milieu freies und antibakteriell wirkendes Hydrochinon aus den Konjugaten gebildet wird. Diese Vorstellung widerspricht der allgemeinen Praxis, denn erstens fördert ein alkalischer Urin das Bakterienwachstum und zweitens sind zur Alkalisierung hohe Dosen von Natriumbicarbonat erforderlich. Zubereitungen von Bärentraubenblättern wirken in vitro antibakteriell u. a. gegen E. coli, Proteus vulgaris, Ureaplasma urealyticum, Mycoplasma hominis, Staphylococcus aureus, Pseudomonas aeruginosa, Enterococcus faecalis und gegen Candida albicans.

☞ **Anwendungsgebiete:** Entzündliche Erkrankungen bzw. zur unterstützenden Therapie bei Infekten der ableitenden Harnwege.

Tagesdosis: Sie ist abhängig von der jeweils eingesetzten Droge bzw. Zubereitung. Auf reichlich Flüssigkeitszufuhr ist bei festen Darreichungsformen zu achten. Zu bevorzugen sind Teezubereitungen. Die entsprechende Drogenmenge wird mit ca. 150 ml heißem Wasser übergossen und nach etwa 15 min durch ein Teesieb gegeben. Der frisch zubereitete Tee wird mehrmals am Tag zwischen den Mahlzeiten getrunken.

Anwendungsdauer: Bei entzündlichen Erkrankungen sollte die Behandlung bis zum völligen Abklingen der Beschwerden erfolgen und nach einem Rezidiv wieder einsetzen.

Nebenwirkungen: Nach gerbstoffhaltigen Drogen wie Bärentraubenblättern können Magenschmerzen, Übelkeit und Erbrechen auftreten. Nach langdauernder Anwendung von Bärentraubenblättern sind Leberschäden möglich.

Gegenanzeigen: Schwangerschaft, Stillzeit, Kinder unter 12 Jahre.

Wechselwirkungen: Keine bekannt.

Symptome der Intoxikation: Keine bekannt.

Auswahl von Fertigarzneimitteln mit einem Uvae-ursi-folium-Monoextrakt, ohne Anspruch auf Vollständigkeit:

Arctuvan N Dragees ED ohne Extraktmenge, dafür entspr. 40 mg Arbutin
Cystinol akut Dragees ED ohne Extraktmenge, dafür entspr. 70 mg Hydrochinonderivate, berechnet als Arbutin
Uvalysat Bürger Lösung 100 ml ohne Extraktmengenangabe, dafür eingestellt auf 2 g Hydrochinonglykosid, berechnet als Arbutin

Literatur

Avorn J, Monane M, Gurwitz JH, Glynn RJ, Choodnovskiy I, Lipsitz LA (1994) Reduction of bacteriuria and pyuria after ingestion of cranberry juice. J Am Med Assoc (JAMA) 271:751–754
Brühl P (1984) Pflanzliche Arzneimittel in der Urologie. Therapiewoche 34:787–802
Chodera A, Dabrowska K, Bobkiewicz-Kozlowska T, Tkaczyk J, Skrzypczak L, Budzianowski J (1988) Acta Pol Pharma 46:181–186
DEGAM (1999) Brennen beim Wasserlassen. Leitlinie. Deutsche Gesellschaft für Allgemeinmedizin, Köln
Englert J, Harnischfeger G (1992) Diuretic action of aqueous orthosiphon extract in rats. Planta Med 58:237–238

Frohne D (1986) Arctostaphylos uva-ursi: Die Bärentraube. Z Phytother 7:45–47

Hänsel R, Keller K, Rimpler H, Schneider G (1992) Hagers Handbuch der Pharmazeutischen Praxis. Springer, Heidelberg

Jellheden B, Norrby R, Sandberg T (1996) Symptomatic urinary infection in women in primary health care. Scand J Prim Health Care 14:122–128

Leiner S (1995) Recurrent urinary infections in otherwise healthy adult women. Rational strategies for work-up and management. Nurse Pract 20:48

Loew D, Heimsoth V, Horstmann H, Kuntz E, Schilcher H, Marshall M (1991) Diuretika, Chemie, Pharmakologie und Therapie einschließlich Phytotherapie, 3. Aufl. Thieme, Stuttgart New York

Mackintosh IP, Watson BW, O'Grady F (1975) Investve Urol 12:473–478

Rasz-Kotilla E, Racz G, Solomon A (1974) The action of Taraxacum officinale extracts on the body weight and diuresis of laboratory animals. Planta Med 26:212–217

Scheler F, Weber MH, Braun N (1992) Harnwegsinfektion. In: Siegenthaler W, Kaufmann W, Hornbostel H, Waller HD (Hrsg) Lehrbuch der inneren Medizin, 3. Aufl. Thieme, Stuttgart New York

Schilcher H, Rau H (1988) Nachweis der aquaretischen Wirkung von Birkenblätter- und Goldrutenkrautauszügen im Tierversuch. Urologe 28:271–280

Walker EB, Barney DP, Mickelson JN, Walton RJ, Mickelsen RA (1997) Cranberry concentrate: UTI prophylaxis. J Fam Pract 45:167–168

Westendorf J, Vahlensieck W (1981) Spasmolytische und kontraktile Einflüsse eines pflanzlichen Kombinationspräparates auf die glatte Muskulatur des isolierten Meerschweinchendarms. Arzneim-Forsch/Drug Res 31:40–43

Westendorf J, Vahlensieck W (1983) Spasmolytische Einflüsse des pflanzlichen Kombinationspräparates Urol auf die isolierte Rattenharnblase. Therapiewoche 33:936–944

8.2 Benigne fibroadenomatöse Prostatahyperplasie

Definition. Unter benigner Hyperplasie der Prostata (BPH) wird eine noduläre, teils diffuse stromal-glanduläre Vergrößerung des periurethralen Gewebes der Prostata mit Einengung der Harnröhre und irritativen Symptomen sowie obstruktiven Miktionsbeschwerden verstanden.

Ätiopathogenese. Für die maßgebliche Rolle der Sexualhormone spricht unter anderem, daß nach einer Kastration vor der Pubertät die Entwicklung einer BPH ausbleibt, Patienten

mit einem genetischen Mangel an 5α-Reduktase nur eine
sehr kleine Prostata bilden und sich unter einer antiandrogenen Therapie eine BPH zurückbildet. Bei manifester BPH be-
trägt das Verhältnis prostatisches Stroma zum Drüsenanteil
4:1. Damit sind die im Stroma lokalisierten Enzyme des
endokrinen Steroidstoffwechsels entscheidend für das hyperplastische Prostatagewebe. Eine Schlüsselrolle kommt den
Testosteronmetaboliten Dihydrotestosteron (DHT), Andro-
stendiol (ADIOL) und Estradiol zu. In der Prostata wird
Testosteron durch die 5α-Reduktase zu DHT, durch die 3α-
Reduktase zu ADIOL und durch die Aromatase zu 17-β-
Estradiol metabolisiert (Abb. 8.1). Auf Grund der im Vergleich zu DHT 3–10fach schwächeren Bindung an den Androgenrezeptor ist Testosteron in der Prostata das Prohormon
für das eigentlich wirksame DHT. In den Stromazellen des
Zytoplasmas wird DHT an spezifische Rezeptorproteine gebunden und nach deren Aktivierung in den Zellkern translo-
ziert, wo es zur mRNA-Bildung im Kern und anschließend
zur Proteinsynthese im Zytoplasma kommt. Folgen sind Zell-
wachstum und Zellteilung. Während Prostataepithel und
-stroma androgenabhängig sind, scheint das Stroma auch auf
Östrogene zu reagieren. Auch dem sexualhormonbindenden
Globulin (SHBG) wird eine pathogenetische Bedeutung bei
der BPH zugeschrieben. Mit zunehmendem Alter fällt das
freie Testosteron im Plasma ab, wobei sich der Östrogen-
Androgen-Quotient zugunsten der Östrogene ändert. Parallel zum Testosteronabfall steigt die Plasma-SHBG-Konzen-
tration an mit den Folgen eines weiteren Abfalls freier Testo-
steronspiegel. Der gleichzeitige Anstieg von SHBG in der
Prostata und die Bindung an Oberflächenrezeptoren von
Prostatazellen führt zur Aktivierung der innerprostatischen
DNA-Synthese. In neuester Zeit wurde ein basischer Fibro-
blastenwachstumsfaktor (bFGF) identifiziert, der an die
Oberfläche glatter Muskelzellen bindet und wachstumssti-
mulierend auf das Stromagewebe wirkt. Bei der BPH ist häufig eine Kongestion und nichtinfektiöse Begleitprostatitis infolge eines temporären oder dauernden Sekretstaues anzutreffen. Verantwortlich hierfür sind die unter dem Einfluß der
Zyklooxygenase und der Lipoxygenase aus der Arachi-

donsäure entstehenden Prostaglandine und Leukotriene.

Einteilung. Die Einteilung der Prostatahyperplasie kann nach Alken in 3 und nach Vahlensieck in 4 Stadien erfolgen (Tabelle 8.2). Die letzte Stadieneinteilung berücksichtigt Miktionsstörungen, Uroflow, Restharnbildung, Dilatationsblase und asymptomatische Befunde.

Symptome. Die subvesikale Obstruktion verursacht typische irritative und obstruktive Beschwerden. Zu den ersten gehören Pollakisurie, Dysurie, Nykturie, imperativer Harndrang, Urininkontinenz und Algurie und zu den obstruktiven

Tabelle 8.2. Stadieneinteilung nach Symptomen (n. Vahlensieck) und Therapie der benignen Prostatahyperplasie

Stadien der benignen Prostatahyperplasie, BPH, n. Vahlensieck	Symptome	Therapie
Stadium I: Vorstadium	keine Miktionsstörung, maximaler Harnfluß > 15 ml/s, kein Restharn, keine Trabekelblase	Konservativ: Spasmolytika, Darmregulierung, Alkoholabstinenz, Schutz vor Unterkühlung, medikamentös, z. B. Phytopharmaka
Stadium II: Reizstadium	wechselnde Miktionsstörung, maximaler Harnfluß 10–15 ml/s, keine oder beginnende Trabekelblase	Konservativ: Spasmolytika, Darmregulierung, Alkoholabstinenz, Schutz vor Unterkühlung, medikamentös, z. B. Phytopharmaka
Stadium III: Restharnstadium	permanente Miktionsstörung, maximaler Harnfluß < 10 ml/s, Restharnvolumen > 50 ml, Trabekelblase	Konservativ: medikamentös, z. B. Phytopharmaka. Operativ: z. B. TURP, Prostatektomie
Stadium IV: Dekompensationsstadium	permanente Miktionsstörung, maximaler Harnfluß < 10 ml/s, Restharnvolumen > 100 ml, Dilatationsblase, Harnstauungsniere	Entlastung durch Dauerkatheter oder Zystostomie, anschließend Operation

Symptomen verzögerter Miktionsbeginn, verlängerte Miktionszeit, Abschwächung des Harnstrahls, Harnträufeln, Nachträufeln und Restharngefühl. Die Symptomatik korreliert häufig nicht mit der Prostatagröße und kann auch für eine schwache oder fehlende Detrusorkontraktion zutreffen. Aus der mangelnden Spezifität und Sensitivität der Beschwerden ergibt sich das Problem von objektiven Kriterien zum Nachweis der Wirksamkeit von Arzneimitteln. Vielfach werden Symptomenscores und Lebensqualität als klinisch relevante Entscheidungsgrößen genutzt.

Therapieziel

Neben allgemeinen Verhaltensregeln kommen medikamentöse Maßnahmen und invasive Verfahren in Frage. Vorrangiges Behandlungsziel sind Beseitigung und Linderung der irritativen und obstruktiven Symptome sowie der häufigen Begleitkongestion, Verminderung der Proliferation des periurethralen Gewebes und Vermeidung von Komplikationen.

Therapiemaßnahmen

Je nach Stadienzugehörigkeit sind initial konservative Maßnahmen und erst bei unzureichender Wirkung, größerem Restharnvolumen und Trabekelblase invasive Eingriffe indiziert. Durch eine konsequente medikamentöse Therapie läßt sich bei den häufig älteren Patienten eine Operation mit den damit verbundenen Risiken oft vermeiden. Zur medikamentösen Therapie stehen chemisch definierte und pflanzliche Arzneimittel zur Verfügung. Die derzeitigen medikamentösen Therapieansätze leiten sich von der Hemmung intraprostatischer Stoffwechselprozesse (Abb. 8.1) wie der 5α-Reduktase, der Aromatase, der SHGB-Bindungskapazität, der Bindungsaffinität von Wachstumshormonen sowie von der Hemmung der α_1-Rezeptoren und der Hemmung entzündlicher Prozesse ab.

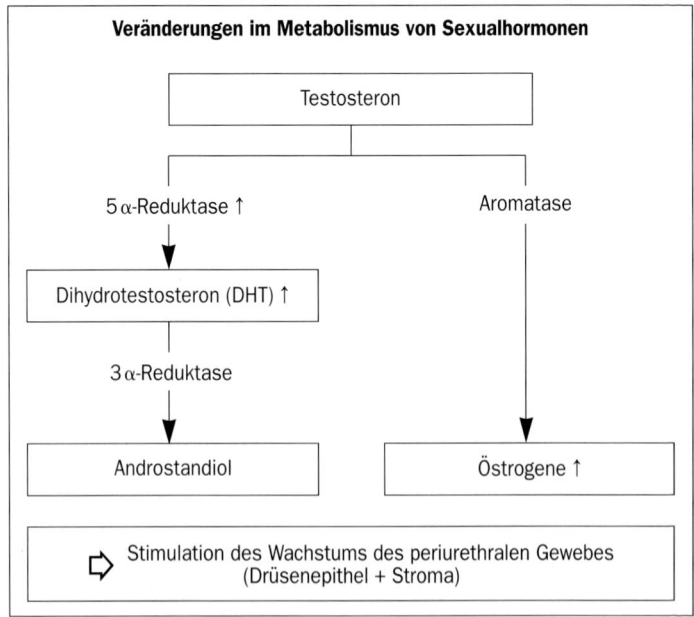

Abb. 8.1. Entstehung der benignen Prostatahyperplasie (BPH), Pathogenese nicht eindeutig geklärt. (Verschiedene Hypothesen, ein Beispiel)

Rationale Therapie mit Phytopharmaka

Phytopharmaka sind Mittel der Wahl in der medikamentösen Therapie bei Patienten mit leichten bis mittleren BPH-bedingten Miktionsbeschwerden. Für ein Kombinationspräparat mit Sabal- und Urtica-Extrakt wurde gezeigt, daß die klinische Wirksamkeit (Linderung der Symptome) der von Finasterid vergleichbar ist. Der mittlere Wirkungseintritt von α-Blockern, z. B. Alfuzosin, Terazosin, ist rascher. Aufgrund der guten Verträglichkeit sind Phytopharmaka insbesondere für die längerfristige Therapie indiziert. Ihre Tageskosten liegen deutlich unter denen der chemisch definierten Substanzen. Zu den experimentell und klinisch gut untersuchten und positiv monographierten Pflanzenextrakten gehören Extrakte aus Früchten von Serenoa repens (auch unter Sabal serrulata bekannt, Sägepalmenfrüchte), Urticae radix (Brennessel-wurzel), Cucurbitae peponis semen (Kürbissamen), Gräser-pollen (Secale cereale) und Phytosterole aus Hypoxis roope-ri.

✳ Sabal fructus (Sägepalmenfrüchte)
Syn. Serenoa repens

Von Sägepalmenfrüchten werden vorwiegend lipophile Ex-trakte verwendet, die mit Hexan, Ethanol oder überkriti-schem Kohlendioxid gewonnen werden. Pharmakologisch re-levante Inhaltsstoffe (Tabelle 8.3) sind freie Fettsäuren und Fettsäureester, β-Sitosterin und β-Sitosteringlucoside, lang-kettige Alkohole, verschiedene Lipide, fette Öle, Polysaccha-ride sowie Harze. Die von einem standardisierten ethanoli-schen Sägepalmenfrüchte-Extrakt ermittelte halbmaximale Hemmung der 5α-Reduktase mit 71 µg/ml entsprach weitge-hend einem Hexanauszug aus Sabalis serrulati fructus (59 µg/ml). Nach Untersuchungen über eine spezifische und kompetitive Hemmung der Bindung des Androgenliganden Methyltrienolon an den Zytosolrezeptor besteht für den etha-nolischen, den alkoholischen und den CO_2-Sabal-Extrakt ein nur mäßiger Rezeptorantagonismus. Geringer Rezepto-rantagonismus und geringer Einfluß auf übergeordnete hor-monelle Regelkreise gelten als Vorteil, da Nebenwirkungen wie Libidoverlust, Erektionsverlust und Gynäkomastie, wie sie unter einer antiandrogenen Therapie auftreten, vermie-den werden. Für einen Ethanol- und einen Hexanextrakt wurde zusätzlich eine halbmaximale Hemmung der Aroma-tase von 132 bzw. 91 µg/ml nachgewiesen. Durch organische Lösungsmittel gewonnene Sabal-Zubereitungen zeigten in verschiedenen experimentellen Modellen bei der Ratte eine antiödematöse Wirkung. Als möglicher Wirkungsmechanis-mus werden die aus Arachidonsäure entstehenden Eicosa-noide diskutiert. Für einen Sägepalmenfrüchte-Extrakt konn-te sowohl eine dosisabhängige Hemmung der Prostaglandin-als auch der Leukotriensynthese in einer Konzentration von 10–50 µg/ml nachgewiesen werden. Ähnlich verringerte ein ethanolischer Extrakt im Konzentrationsbereich von 3–100 µg/ml dosisabhängig die Bildung von Thromboxan

Tabelle 8.3. Phytopharmaka zur Therapie der benignen Prostatahyperplasie

Arzneipflanze	pharmakologisch relevante Inhaltsstoffe	pharmakologische Wirkungen	Indikation (Kommission E) nachgewiesene Wirkungen	Dosierung	Bemerkungen
Brennesselwurzel Urticae radix (lipophile Auszüge mit Methanol, Ethanol)	Phytosterole (β-Sitosterin, β-Sitosteringlucosid, Triterpensäuren, Cumarin (Scopoletin), Lignan (Neo-Olivil); Ceramide, Hydroxyfettsäuren, Lektin (UDA), Polysaccharide, Phenolverbindungen	Hemmung der Aromatase, Verringerung der Bindungskapazität von SHBG an Serum, dosisabhängige Hemmung der Bindung von SHGB an humane Prostatamembranen, antiphlogistisch, immunmodulierend, antiproliferativ	Miktionsbeschwerden bei benigner Prostatahyperplasie (Stadium II–III n. Vahlensieck) Nykturie ⇓, Harnfluß ⇑, Dysurie ⇓, Restharn ⇓, Uroflow ⇑	Tagesdosis: 6–8 g Droge	Besserung der Beschwerden, ohne die Vergrößerung zu beeinflussen. Regelmäßige ärztliche Kontrolle erforderlich
Extrakt aus Gräserpollen (Droge : Extrakt = 2,5 : 1) Secale cereale	freie Fettsäuren, aliphatische Alkohole und Kohlenwasserstoffe, Phytosterine, Flavonoide, Mineralstoffe, Kohlenhydrate, Proteine	dosisabhängige Hemmung der Zyklooxygenase, Lipoxygenase durch lipophile Fraktion, antiphlogistisch, antikongestiv	Miktionsbeschwerden bei benigner Prostatahyperplasie (Stadium II–III n. Vahlensieck) Nykturie ⇓, Pollakisurie ⇓, Dysurie ⇓, Restharn ⇓, Uroflow ⇑	Tagesdosis: 80–120 mg Extrakt in 2–3 Einzeldosen	Besserung der Beschwerden, ohne die Vergrößerung zu beeinflussen. Regelmäßige ärztliche Kontrolle erforderlich. Überempfindlichkeit gegen Gräserpollen

Tabelle 8.3. Fortsetzung

Arzneipflanze	pharmakologisch relevante Inhaltsstoffe	pharmakologische Wirkungen	Indikation (Kommission E) nachgewiesene Wirkungen	Dosierung	Bemerkungen
Sägepalmenfrüchte Sabal fructus (lipophile Auszüge mit Hexan, Ethanol oder überkritischem CO_2)	gesättigte, ungesättigte Fettsäuren, frei bzw. gebunden als Fettsäure-Ethylester oder Fettalkohole, freie bzw. gebundene Phytosterole, Lipide, fette Öle, Harze, Polysaccharide	Hemmung der α-Reduktase, keine Interaktion mit DHT-Rezeptor, Hemmung der Aromatase, Hemmung der Zyklooxygenase und Lipoxygenase, antiödematös, antiphlogistisch	Miktionsbeschwerden bei benigner Prostatahyperplasie (Stadium II–III n. Vahlensieck) Nykturie ⇓, Pollakisurie ⇓, Dysurie ⇓, Restharn ⇓, Uroflow ⇑	Tagesdosis: 1–2 g Droge oder 320 mg lipophiler Extrakt	Besserung der Beschwerden, ohne die Vergrößerung zu beeinflussen. Regelmäßige ärztliche Kontrolle erforderlich
Hypoxis rooperi	β-Sitosterin, β-Sitosteringlucosid, Phytolsterogemisch	Hemmung der Prostaglandinsynthese, antiphlogistisch, antiödematös, membranstabilisierend, Cholesterinsenkung	Miktionsbeschwerden bei benigner Prostatahyperplasie (Stadium II–III n. Vahlensieck) Miktionsbeschwerden ⇓, interstitielles Ödem ⇓, Dysurie ⇓, Restharn ⇓, Uroflow ⇑	initial 3 × tgl. 2 Kapseln, Langzeittherapie 3 × 1 Kapsel mit 10 mg β-Sitosterin	Besserung der Beschwerden, ohne die Vergrößerung zu beeinflussen. Regelmäßige ärztliche Kontrolle erforderlich

(TXB$_2$) und LTB$_4$ in Ratten-Peritonealleukozyten nach Stimulation mit Calciumionophor A 23187. In einer Metaanalyse wurden 18 randomisierte kontrollierte Studien bei 2939 Männern mit einer benignen Prostatahyperplasie ausgewertet. Die mittlere Studiendauer lag bei 9 Wochen. Gegenüber Placebo war der untersuchte Sabal-Extrakt im Hinblick auf Besserung subjektiver Symptome, Nykturie bzw. Urinflow signifikant überlegen und im Vergleich zu Finasterid gleichwertig bei weniger Nebenwirkungen.

✳ Urticae radix (Brennesselwurzel)

Von der Brennesselwurzel werden vorwiegend methanolisch- bzw. ethanolisch-wäßrige Extrakte eingesetzt. Zu pharmakologisch relevanten Inhaltsstoffen zählen freie Fettsäuren, Alkohole, β-Sitosterin und β-Sitosteringlucoside, Phenylpropanderivate (z. B. Scopoletin), das Lignan Neo-Olivin, Ceramide, Hydroxyfettsäuren, Polysaccharide und Lektine (Tabelle 8.3). Von Koch et al. konnte unter Verwendung von Plazentamikrosomen und in Gegenwart eines NADPH-bildenden Sytems in vitro von einem ethanolisch-wäßrigen Brennessel-Trockenextrakt eine halbmaximale Hemmung der Aromatase von 338 µg/ml nachgewiesen werden. In Übereinstimmung mit anderen Autoren kommen als Extraktbestandteile mit aromatasehemmenden Eigenschaften vorwiegend lipophile Substanzen wie Fettsäuren und deren Oxidationsprodukte in Frage. Die Kombination von Sägepalmenfrüchte-Extrakt mit Brennesselwurzel-Trockenextrakt zeigte eine überadditive Wirkung auf die Hemmung der Aromatase. Ein alkoholisch-wäßriger Extrakt von Urticae radix führte zusätzlich zu einer signifikanten Verminderung der SHGB-Bindungskapazität im Serum von durchschnittlich 67 % und zu einer ca. 10 %igen Hemmung der Bindung von DHT an den zytosolischen Androgenrezeptor der Prostata. Nach einer 12wöchigen Therapie mit zweimal tägl. 600 mg eines methanolisch-wäßrigen Brennesselwurzel-Trockenextraktes fiel bei Patienten mit einer benignen BPH die SHGB-Konzentration im Serum signifikant ab. Darüber hinaus hemmte ein wäßriger Brennesselwurzel-Extrakt dosisabhängig die Bindung von ^{125}J-SHBG an humane Prostatamembranen im Konzentrationsbereich von 0,6 bis 10 mg/ml. Von der Arbeitsgruppe um Wagner wurden aus der Brennesselwurzel ein Lektingemisch und fünf neutrale beziehungsweise saure Polysaccharide isoliert mit einer immunmodulierenden Aktivität im Sinne einer T-Lymphozyten-Stimulierung und TNF-α-Freisetzung aus Makrophagen.

✳ Kombination aus Sabalis serrulati fructus mit Urticae radix

In der Langzeitstudie von Metzker, Kieser und Hölscher mit placebokontrollierter doppelblinder Therapiephase von 24 Woche und anschließender einfachblinder Therapiephase von nochmals 24 Wochen konnte eine sehr gute Wirksamkeit und Verträglichkeit des Sabal-Urtica-Kombinationspräparates nachgewiesen werden. In einer Äquivalenzstudie wurde die Vergleichbarkeit der klinischen Wirksamkeit dieser sinnvollen Kombination aus Sägepalmenfrüchte-Extrakt und Brennesselwurzel-Extrakt mit dem 5-α-Reduktasehemmer Finasterid untersucht. Sowohl das Ausmaß als auch die Responderraten waren in dieser über 6 Monate doppelblind durchgeführten Studie vergleichbar. Bei insgesamt niedrigen Nebenwirkungsraten zeigten sich Verträglichkeitsvorteile für das Phytopharmakon.

✳ Extractum pollinis siccum (Gräserpollen-Extrakt)

Gute therapeutische Erfahrungen bei Patienten mit BPH, abakterieller Prostatitis, Prostatodynie sowie Abnahme bzw. Normalisierung der Prostataexprimat-Leukozyturie waren Anlaß, einen definierten Gräserpollen-Extrakt auf die Hemmung der Arachidonsäure-Kaskade zu untersuchen. Nur die fettlösliche Extraktfraktion hemmte dosisabhängig die Zyklooxygenase und 5-Lipoxygenase (Tabelle 8.3). Der IC_{50}-Hemmwert lag für die Leukotrienbiosynthese mit 0,08 mg/ml bzw. 0,005 mg/ml für die Zyklooxygenase im Bereich von Diclofenac (0,623 mg/ml bzw. 0,0074 mg/ml).

✳ Pflanzliche β-Sitosterine

Mit verbesserter Sterolanalytik wurden im Hypoxis-rooperi-Wurzelextrakt neben β-Sitostol, β-Sitosteringlucosid, Campesterol, Ergosterol noch weitere unbekannte Sterole nachgewiesen (Tabelle 8.3). Sowohl in vitro als auch in vivo hemmen Phytosterolgemische die Prostaglandinsynthese, senken PG_2 und $PGF_{2\alpha}$ im hyperplastischen Prostatagewebe bzw. im Prostataexprimat und wirken antiphlogistisch. Trotz chemischer Verwandtschaft von Sitosterin mit den Sexualsteroiden hemmen Sitosterin und Sitosteringlykosid nicht die Aktivität der 5α-Reduktase.

✳ Cucurbitae peponis semen (Kürbissamen)

Relevante Inhaltsstoffe im Kürbissamen sind δ-7-Sterole in freier und glykosidisch gebundener Form, Linolsäure, β- und γ-Tocopherol, Carotinoide, Selen und Mineralsalze (Tabelle 8.3). Aus der hohen konformativen Ähnlichkeit der δ-7-Sterole mit den Androgenen und insbesondere DHT wird auf eine prostatotrope Wirkung geschlossen, zumal in Zellkulturen menschlicher Fibroblasten eine Hemmung der Bindung von DHT an zytoplasmatische Rezeptoren gezeigt werden konnte. Sechs Patienten erhielten am 4. und am 3. Tag vor der Prostatektomie 2 Hartgelatinekapseln mit 90 mg isoliertem Kürbissteringemisch. Im Vergleich zum Ausgangswert fielen innerhalb von 3 Tagen nach Verabreichung der Sterine im Serum saure Phosphatase, prostataspezifisches Antigen (PSA) signifikant ab. Das freie Testosteron lag am 3. Tag signifikant höher, und im Prostatagewebe wurden im Vergleich zu einer unbehandelten Kontrolle signifikant niedrigere DHT-Werte gefunden. Die SHBG-Werte im Serum und im Prostatagewebe zeigten keine Veränderungen. Dies bestätigt frühere Ergebnisse, wo ebenfalls mit einem ethanolischen Kürbissamen-Extrakt und reinem Cucurbitin keine SHGB-Suppression nachweisbar war. Zur klinischen Wirksamkeit liegen keine kontrollierten Studien vor.

Wirkungen und Wirksamkeit der genannten Phytopharmaka

Nach den experimentellen Untersuchungen besitzen die

pflanzlichen Extrakte ein breiteres pharmakologisches Wirkprofil als die chemisch definierten Substanzen, indem sie
nicht nur die α-Reduktase, Aromatase, sondern auch die Zyklooxygenase und die Lipoxygenase hemmen und damit zusätzlich antiödematös, antiphlogistisch, dekongestionierend
und antiproliferativ wirken. In mehreren randomisierten,
doppelblind-placebo- bzw. referenzkontrollierten und pro-
spektiven offenen multizentrischen klinischen Studien wurde
von standardisierten Extrakten aus Sabal fructus, Urticae radix bzw. der Kombination aus beiden Drogen, Extractum pol-
linis siccum und Hypoxis rooperi eine positive Beeinflussung
obstruktiver bzw. irritativer Beschwerden und urodynami-
scher Parameter bei der BPH nachgewiesen. Signifikant
konnten am häufigsten Nykturie reduziert, Dysurie vermindert, Restharnvolumen verbessert und Uroflow gesteigert
werden. In allen Studien wird die gute Verträglichkeit hervor-
gehoben. Nur in seltenen Fällen wurde über Nebenwirkungen berichtet.

Soweit diese Phytopharmaka bisher gemäß den Empfehlungen der „International Consultation on BPH" der WHO
untersucht wurden, erfüllen sie ähnlich wie die chemisch definierten Arzneimittel diese Anforderungen. β-Sitosterole
und ein pflanzliches Kombinationsarzneimittel aus Sabal-
Früchten und Urtica-Wurzel sind durch klinische Studien bezüglich der Wirksamkeit und Verträglichkeit umfangreich dokumentiert. Im Hinblick auf die rationelle Verordnung sollten deshalb nur qualitativ hochwertige Fertigarzneimittel mit
günstigem Nutzen-Risiko-Kosten-Verhältnis eingesetzt werden.

☞ **Anwendungsgebiete, die eine vertragsärztliche Verordnung
rechtfertigen:** Miktionsbeschwerden bei benigner Prostatahyperplasie (Stadium II – III n. Vahlensieck)

Tagesdosis: Sägepalmenfrüchte 1mal tägl. 320 mg oder 2mal
tägl. 160 mg lipophiler Trockenextrakt aus Sägepalmenfrüchten; Brennesselwurzel 600 mg methanolisch-wäßrigen Extraktes; fixe Kombination aus Sägepalmenfrüchten und
Brennesselwurzel ED 160/120 mg; Gräserpollen 80–120 mg
Extrakt in 2–3 Einzeldosen; Kürbissamen 10 g Samen, β-Si-

tosterole 30–60 mg.

Anwendungsdauer: Mit einer Besserung der subjektiven Beschwerden ist erst nach Wochen zu rechnen. Eine Langzeittherapie ist erforderlich.

Hinweis: Besserung der Beschwerden bei vergrößerter Prostata, ohne die Vergrößerung zu beheben. Regelmäßige ärztliche Kontrolle ist erforderlich, um den richtigen Zeitpunkt zu invasiven Eingriffen nicht zu verpassen und um ein parallel und unabhängig von der BPH sich entwickelndes Prostatakarzinom rechtzeitig zu erfassen.

Nebenwirkungen: In seltenen Fällen Magen-Darm-Beschwerden.

Gegenanzeigen: Keine bekannt.

Wechselwirkungen: Keine bekannt.

Symptome der Intoxikation: Keine bekannt.

Auswahl von zugelassenen bzw. monographiekonformen Fertigarzneimitteln mit Sabal fructus(Sägepalmenfrüchte)-Monoextrakten, ohne Anspruch auf Vollständigkeit:

Eviprostat-S Kapseln, -S uno Kapseln; Eviprostat-S ED 160 mg, Eviprostat-S uno ED 320 mg
Prostagutt mono Kapseln ED 160 mg
Prostagutt uno Kapseln ED 320 mg
Prosta-Urgenin Kapseln ED 320 mg
Prostess Kapseln ED 160 mg
Remiprostan uno Kapseln ED 320 mg
Sabacur uno Kapseln ED 320 mg
Sabal 2000 Kapseln ED 160 mg
Sabal stada ED 320 mg
Sabal uno Apogepha Kapseln ED 320 mg
Serenoa ratiopharm uno Kapseln ED 320 mg
Sita Kapseln ED 320 mg
Steiprostat Kapseln ED 160 mg
Strogen S, -uno, Kapseln, Strogen S ED 160 mg, Strogen uno ED 320 mg
SX Sabal Kapseln ED 320 mg
Talso, -uno, Kapseln, Talso ED 160 mg, Talso uno ED 320 mg

ED = Einzeldosis pro Zubereitungsform

Auswahl von zugelassenen bzw. monographiekonformen Fertigarzneimitteln mit Urticae-radix (Brennesselwurzel)-Monoextrakten, ohne Anspruch auf Vollständigkeit:

Bazoton N, -uno; Bazoton N Kapseln ED 150 mg, Bazoton uno Filmtbl. ED 459 mg
Brennessel Kapseln Merz ED 200 mg
Cletan Kapseln ED 192 mg
Logomed Prostata Kapseln ED 240 mg
Prostaforton Kapseln ED 240 mg
Prostaherb N Urticae Dragees ED 161 mg
Prostaneurin Filmtbl. ED 125 mg
Uro-Pos Filmtbl. ED 150,5 mg
Urtica plus N Kapseln ED 270 mg
Urticaprostat uno Kapseln ED 336 mg
Urticur Kapseln ED 115 mg
Urtipret Kapseln ED 115 mg
Utk, -uno Kapseln ED 200 mg

ED = Einzeldosis pro Zubereitungsform

Auswahl von zugelassenen bzw. monographiekonformen Fertigarzneimitteln, ohne Anspruch auf Vollständigkeit:

Cucurbitae-peponis-semen(Kürbissamen)-Monoextrakte

Cysto-Urgenin Kapseln ED 583 mg Kürbiskernöl
Granufink Kürbiskern Kapseln N ED 400 mg Kürbissamen
Nomon mono Kapseln ED 175 mg Kürbissamen
Prosta Fink Forte Kapseln ED 500 mg Kürbissamen
Prosta Fink N Kapseln ED 400 mg Kürbissamen, 340 mg Kürbissamenöl
Protsherb Curcubitae Filmtbl. ED 152 mg Kürbissamen
Urgenin Cucurbitae oleum Kapseln ED 583 mg Kürbiskernöl

ED = Einzeldosis pro Zubereitungsform

Gräserpollen

Cernilton Kapseln ED 23 mg
Pollstimol Kapseln ED 23 mg

Phytosterole

Harzol Kapseln ED 10 mg β-Sitosterin

Kombinationspräparate

Prosta Fink N Kapseln, Sägepalmenfrüchte-Extrakt 188 mg, Kürbissamen 400 mg, Kürbissamenöl 340 mg
Prostagutt forte Kapseln, Sägepalmenfrüchte-Extrakt 160 mg, Brennnesselwurzel-Extrakt 120 mg

Literatur

Alken P, Walz PH (1992) Urologie. VCH, Weinheim

Bach D (1995) Medikamentöse Langzeitbehandlung der BPH. Urologe 35:178–183

Bach D (1996) Behandlung der benignen Prostatahyperplasie (BPH). Z Phytother 17:209–218

Bach D, Brühl P (1989) Zur Frage der konservativen Behandlung bei benigner Prostatahyperplasie. Urologe 29:93–96

Bauer HW, Sudhoff F, Dressler S (1988) Endokrine Parameter während der Behandlung der benignen Prostatahyperplasie mit ERU. Klin Exp Urol 19:44–49

Becker H, Ebeling L (1998) Konservative Therapie der benignen Prostata-Hyperpalsie (BPH) mit Cernilton N – Ergebnisse einer plazebokontrollierten Doppelblindstudie. Urologie 28:301–306

Becker L Eberling L (1991) Phytotherapie der BPH mit Cernilton N – Ergebnisse einer kontrollierten Verlaufsstudie. Urologie 31:113–116

Berges RR, Windeler J, Trampisch HJ. Senge T and the b-sitosterol study group (1995) The Lancet 345:1529–1532

Bierhoff E, Vogel J, Vahlensieck (1992) Begleitkongestion bei benigner Prostatahyperplasie (BPH) In: Vahlensieck W, Rutishauer G (Hrsg) Benigne Prostatopathien. Thieme, Stuttgart New York, S 108–112

Breiner M, Romalo G, Schweikert HU (1986) Inhibition of androgen receptor binding by natural and synthetic steroids in cultured human genital skin fibroblasts. Klin Wochschr 64:732–737

Breu W, Hagenlocher M, Red. K., Tittel G, Stadler F, Wagner H (1992) Antiphlogistische Wirkung eines mit hyperkritischem Kohlendioxid gewonnenen Sabal-Frucht-Extraktes. Arzneim-Forsch/Drug Res 4:547–551

Breu W, Stadler F, Hagenlocher M Wagner H (1992) Der Sabal-Extrakt SG 291. Ein Phytotherpeutikum zur Behandlung der benignen Prostatahyperplasie. Z Phytother 13:107–115

Champault G, Patel JC, Bonnard AM (1984) A double-blind trial of an extract of the plant Serenoa repens in benign prostatic hyperplasia. Br J Clin Pharmac 18:461–462

Carraro J Ch., Raynaud J P, Koch G, Chisholm G D, Di Siverio F, Teillac P, Da Silva F C, Cauquil J, Chopin D K, Hamdy F C, Hanus M, Hauri D, Kalinteris A, Marencak J, Perier A, Perrin P (1996) Comparisom of Phytotherapy (Permixon) with Finasteride in the treatment of benign prostate Hyperplasia: A randomized international study of 1,098 patients. The Prostate 29:231–240.

Dathe G, Schmid H (1987) Phytotherapie der benignen Prostatahyperplasie (BPH). Doppelblindstudie mit Extraktum radicis urticae (ERU). Urologe 27:223–226

Dennis M, Horst HJ, Krieg M, Voigt KD (1977) Plasma sex hormone binding capacity in BPH and prostatic carcinoma: comparison with an age-dependent rise in normal human males. Acta Endocrinol 84:207–214

Dücker EM, Kopanski L, Schweikert HU (1989) Inhibition of 5α-Reductase activity by extracts from Sabal serrulata. Planta Med. 55, 587

Ganßer D, Spiteller G (1995) Aromatase inhibitors from Urtica dioica roots. Planta Med 61:138–140

Geller J (1990) Pathogenesis and medical treatment of benign prostatic hyperplasia. Prostate, Suppl 2:95–104

Hagenlocher M, Romalo G, Schweikert HU (1993) Spezifische Hemmung der 5α-Reduktase durch einen neuen Extrakt aus Sabal serrulata. Aktuel Urol 24:146–149

Helpap B (1989) Pathologie der benignen Prostatahyperplasie. Urol Nephrol 1:103–111

Hryb DJ, Khan MS, Romas NA, Rosner W (1995) The effect of extracts of roots of the stinging nettle (Urtica dioica) on the interaction of SHGB with the receptor on human prostatic membrans. Planta Med 61:31–32

Imperato-McGinley J, Guerrero L, Gautier T, Peterson RE (1974) Steroid 5α-Reductase deficiency in man: an inherited form of male pseudohermaphroditism. Science 186:1213–1215

Isaacs JT, Goffey DS (1989): Etiology and disease process of benign prostatic hyperplasia. Prostate, Suppl 2:33–50

Koch E (1995) Pharmakologie und Wirkungsmechanismus von Extrakten aus Sabalfrüchten (Sabal fructus), Brennesselwurzel (Urticae radix) und Kürbissamen (Cucurbitae peponis semen) bei der Behandlung der benignen Prostatahyperplasie. In: Loew D, Rietbrock N (Hrsg) Phytopharmaka in Forschung und klinischer Anwendung. Steinkopff Darmstadt

Koch E, Biber A (1994) Pharmakologische Wirkungen von Sabal- und Urtikaextrakten als Grundlage für eine rationale medikamentöse Therapie der benignen Prostatahyperplasie. Urologe, 34:90–95

Kraus R, Spiteller G, Bartsch W (1991) (10E,12Z)–9-Hydroxy-10,12-octadecadiensäure, ein Aromatase-Hemmstoff aus dem Wurzelextrakt von Urtica dioica. Liebigs Ann Chem 335–339

Krieg M, Bartsch W, Thomsen M, Voigt KD (1983) Androgens and estrogens: their interaction with the stroma and epithelium of human benign prostatic hyperplasia and normal prostate. J Steroid Biochem 19:155–161

Loschen G, Ebeling L (1991) Hemmung der Arachidonsäure-Kaskade durch einen Extrakt aus Roggenpollen. Arzneim Forsch 41:162–167

Mattei FM, Capome M, Acconicia A (1990) Medikamentöse Therapie der benignen Prostatahyperplasie mit einem Extrakt der Sägepalme. TW Urologie Nephrologie 2:3, 346

McNeal JE (1988) Normal histology of the prostate. Am J Surg Pathol 12:619–633

Metzker H, Kieser M, Hölscher U (1996) Wirksamkeit eines Sabal-Urtica-Kombinationspräparats bei der Behandlung der benignen Prostatahyperplasie (BPH). Eine doppelblinde placebokontrollierte Langzeitstudie. Urologe (B) 36:292–300

Monographie Cucurbitae peponis semen, Kürbissamen. BAnz Nr. 223 vom 30.11.1995 sowie Ergänzung Nr.11 vom 17.1. 1991

Monographie Sabal fructus, Sägepalmenfrüchte. BAnz Nr. 43 vom 2.3. 1989 sowie Ergänzung vom 17.1.1919

Monographie Urticae radix, Brennesselwurzel. BAnz Nr.173 vom 18.9. 1989 sowie Ergänzung vom 17.1.1991

Proceedings of „The 2nd International Consultation in benign prostatic hyperplasia (BPH)". Scientific communications International, Jersey

Schilcher H, Dunzendorfer U, Ascali F (1987) Delta 7-sterole, das prostatotrope Wirkprinzip in Kürbissamen? Urologe 27:316–319

Schilcher H, Schneider HJ (1990) Beurteilung von Kürbissamen in fixer Kombination mit weiteren pflanzlichen Wirkstoffen zur Behandlung des Symptomenkomplexes bei BPH. Urologe 30:62–66

Schmidt K (1993) Die Wirkung eines Radix Urticae-Extrakts und einzelner Nebenextrakte auf das SHBG des Blutplasmas bei der benignen Prostatahyperplasie. Fortschr Med 101:713–716

Sonnenschein R (1987) Untersuchung der Wirksamkeit eines prostatotropen Phytotherapeutikums (Urtica plus) bei benigner Prostathyperplasie und Prostatis – eine prospektive multizentrische Studie. Urologe 27:232–237

Sökeland J, Albrecht J (1997) Kombination aus Sabal- und Urticaextrakt vs. Finasterid bei BPH (Stad. I bis II nach Alken). Urologe (A) 36:327–333

Stenger A, Taraye JP, Carilla E, Delhon A, Charveron M, Morre M, Lauresserques H (1982) Etude pharmacologique et biochemique de l'extrait de Serene repens B (PA109). Gaz Med Fr 89:2041–2048

Sultan C, Terraza A, Devillier C, Carilla E, Briley M, Loire C, Descomps B (1984) Inhibition of Androgen metabolism and binding by a liposterolic extract of „Serenoa Repens B" in human foreskin fibroblasts. J Steroid Biochem 20:515–519

Taraye JP, Delhon A, Lauresserques H, Stenger A, Barbara M, Bru M, Villanova G Caillot V, Aligia M (1983) Action anti-oedemateuse d'un extrait hexanique de drupes de Serenoa repens BARTR. Ann Pharm Fr 41:559

Vahlensieck W (1985) Die Prostatakongestion. In: Helpap B, Senge T, Vahlensieck W (Hrsg) Die Prostata, Bd 3: Prostatakongestion und Prostatitis. Pharm und Medical Inform. pmi-Verlag, Frankfurt

Vahlensieck W (1985) Konservative Behandlung der benignen Prostatahyperplasie (BPH). Therapiewoche 35:4031–4040

Vermeulen A, Stoica T, Verdonk L (1971) The apparent free 0testosterone concentration: an index of androgenity: J clin Endocrin 33:759–767

Vontobel HP, Herzog R, Rutishauser G, Kres H (1985) Ergebnisse einer Doppelblindstudie über die Wirksamkeit von ERU-Kapseln in der konservativen Behandlung der benignen Prostatahyperplasie. Urologe 24:49–51

Wagner H et al (1994) Study on the binding of Urtica dioica agglutinin (UDA) and other lectins in an in vivo epidermal growth factor receptor test. Phytomedicine 1:287–290

Wagner H, Willer F (1990) Chemie und Pharmakologie von Urtica-Präparaten. Nat-Ganzheitsmed 3:309–312.

Wilt TJ, Ishani A, Stark G, MacDonald R, Lau J, Mulrow C (1998) Saw palmetto extracts for treatment of benign prostatic hyperplasia. A systematic review. J Am Med Assoc (JAMA) 280:1604–1609

9 Endokrine gynäkologische Funktionsstörungen

9.1 Prämenstruelles Syndrom, Mastodynie, Regeltempoanomalie

Regeltempoanomalien, prämenstruelles Syndrom (PMS) und Mastodynie während der reproduktiven Lebensphase und klimakterische Beschwerden während der Wechseljahre beruhen meist auf einer ungenügenden körpereigenen Hormonproduktion. Aus ärztlicher und psychosoziologischer Sicht handelt es nicht nur um geringfügige Befindlichkeitsstörungen, sondern um therapiebedürftige körperliche und neurovegetative Symptome mit Krankheitswert bei mitunter hohem Leidensdruck.

Regeltempoanomalien

Regeltempoanomalien sind als Ausbleiben vorher bestehender Perioden (sekundäre Amenorrhoe) sowie zu seltenes (Oligomenorrhoe) oder zu häufiges (Polymenorrhoe) Auftreten von Menstruationsblutungen definiert. Nach der Blutungshäufigkeit erfolgt die Unterscheidung entsprechend dem laborchemisch ermittelten Hormonmuster bzw. der Pathogenese. Neben Organerkrankungen kommen vorrangig hormonelle Dysbalancen infolge hypothalamischer, hypophysärer und ovarieller Störungen sowie endokrine Fehlfunktionen außerhalb der gonadalen Achse (Schilddrüse, Nebennierenrinde) als Ursache in Betracht. Bei längerfristig unbehandelten Regeltempoanomalien können u. a. Osteoporosebegünstigung, Anämie, mastopathische Brustgewebsveränderungen und hyperplastische Endometriumveränderungen die Folge sein.

Häufig ist eine manifeste Hyperprolaktinämie nachweisbar, wobei die Höhe des Prolaktinspiegels mit der Schwere der Zyklusstörung korreliert. Durch eine ausreichende Senkung erhöhter Prolaktinspiegel lassen sich die Zyklusfunktion meist wieder herstellen, Begleitbeschwerden wie PMS, Galaktorrhoe beseitigen und eine Gravidität begünstigen. Neben synthetischen Prolaktinsenkern (z.B. Bromocriptin, Lisurid) sind Extrakte aus Agni casti fructus (Keuschlammfrüchte) in geeigneter Dosierung und Anwendungsdauer zur Behandlung von Zyklusstörungen infolge mäßig erhöhter Prolaktinwerte (bis ca. 100 ng/ml) oder bei latenter Hyperprolaktinämie geeignet.

Prämenstruelles Syndrom

Beim prämenstruellen Syndrom handelt es sich um einen Komplex von wiederholt zyklisch vor der Menstruation einsetzenden und mit der Menstruation abklingenden somatischen und psychischen Symptomen wie Kopfschmerzen, schmerzhafte Schwellung bzw. Berührungsempfindlichkeit der Brüste, Brustspannung (Mastodynie), periphere Ödeme, psychische Spannungszustände, Nervosität, Unruhe, Angst, Leistungsabfall, Konzentrationsmangel, Gemütsänderungen und Depressionen usw. Die Ätiologie des PMS ist noch ungeklärt. Neben einem erhöhten Östrogen/Progesteron-Quotienten, einer Hyperprolaktinämie und einem Hyperaldosteronismus werden übersteigerte Neurotransmitterwirkungen infolge hormoneller Umstellung zum Zyklusende diskutiert.

Mastodynie

Unter Mastodynie versteht man eine einseitige oder doppelseitige, meist schmerzhafte Spannung und Schwellung der Brustdrüse ohne eigentlichen Tastbefund, die im allgemeinen in der zweiten Zyklushälfte zunimmt und nach Einsetzen der Periode nachläßt. Als auslösende Faktoren werden sekretorische Anomalien von Prolaktin, eine Dysregulation der Achse Hypothalamus-Hypophyse-Gonaden und Pharmaka wie

Steroide, Dopamin, Cortisol, Sulpirid, Metoclopramid diskutiert. Die hypophysäre Prolaktinsekretion steht unter der tonisch inhibierenden Kontrolle von hypophysärem Dopamin. Reicht die dopaminerge Inhibition nicht aus, folgt eine latente Hyperprolaktinämie. Erhöhte Prolaktinspiegel wirken als chronischer Stimulus auf die Brustdrüse und können für die typische prämenstruelle Brustspannung bzw. Mastopathie verantwortlich sein. Hiervon sind die nichtzyklischen, durch lokale Gewebsveränderungen bedingten Beschwerden abzugrenzen, wie die lymphovenöse Stase bei voluminösen Mammae. Unter Mastopathie werden progressive und regressive Gewebsveränderungen zusammengefaßt, die nebeneinander in wechselndem Ausmaß Zeichen der Atrophie, Hyperplasie und Metaplasie der verschiedenen Komponenten der Brustdrüsen aufweisen, pathogenetisch aber infolge ihrer Hormonabhängigkeit eine einheitliche Störung darstellen. Sie tritt in der Regel bilateral auf und betrifft meist die oberen äußeren Quadranten der Brüste. Aus diagnostischen und prognostischen Gründen unterscheidet man histologisch die einfache Mastopathie ohne Epithelproliferation (Grad I), die Mastopathie mit Epitheliosis ohne Zellatypien (Grad II) und die Mastopathie mit atypischer Epithelhyperplasie ohne die als Carcinoma in situ definierten Läsionen (Grad III).

Nach ätiopathogenetischen Gesichtspunkten greifen Prolaktinhemmer wie z.B. Bromocriptin möglicherweise gezielt in den Pathomechanismus ein. Die Therapie ist jedoch mit mehr oder weniger starken Nebenwirkungen belastet. Als Alternative bietet sich ein standardisierter Extrakt aus Agni casti fructus an.

Rationale Therapie mit Phytopharmaka

✳ Agni casti fructus (Keuschlammfrüchte)

Pharmakodynamik
In älteren tierexperimentellen Versuchen verminderten Agnus-castus-Früchtezubereitungen dosisabhängig im Vergleich zu einer unbehandelten Kontrolle zystische und blutige Follikel und führten zu einer Zunahme und Vergrößerung der

Corpora lutea in den Ovarien. Aus diesen Befunden wurde fälschlicherweise auf eine FSH-suppressive und LH- sowie Prolaktin-stimulierende Wirkung geschlossen. Nach neueren experimentellen In-vitro- und In-vivo-Untersuchungen mit spezifischen Radio-Immuno-Assays ist diese Interpretation nicht mehr haltbar. In Zellkulturen von Hypophysenvorderlappen männlicher Ratten hemmten die wasserlöslichen Bestandteile eines Auszugs aus Agni casti fructus in einer Endkonzentration von 3,3 mg/ml die basale und TRH(thyreotropin releasing hormone)-stimulierte Prolaktinfreisetzung. Die Effekte waren annähernd äquipotent zu 10^{-4} M Dopamin. Eine gemeinsame Inkubation der Hypophysenzellen mit dem Dopaminrezeptorblocker Haloperidol (Endkonzentration 10^{-6} M) antagonisierte den prolaktininhibitorischen Effekt. Ein indirekter Beweis für die Prolaktinhemmung war der signifikant erhöhte Anteil gesäugter Rattenjungtiere ohne Milchfleck und die steigende Anzahl verstorbener Jungtiere nach Verabreichung eines Agnus-castus-Früchteextraktes an die Muttertiere als Folge einer Reduktion der Milchproduktion im Vergleich zu einer Kontrolle. Die dopaminerge Wirkung des Agni-casti-fructus-Extrakts beruht auf einer selektiven Stimulation von Dopaminrezeptoren vom D2-Typ an den hypophysären, sog. laktotropen Zellen, wobei die Ausschüttung von FSH und LH unbeeinflußt bleibt. Die im Agnus-castus-Extrakt pharmakologisch wirkenden Fraktionen sind noch nicht endgültig aufgeklärt. Sie haben ein Molekulargewicht zwischen 1000 und 5000 Dalton. Anhand von Rezeptorbindungsstudien konnte gezeigt werden, daß z. B. die Fraktion R 5000, ein Ultrafiltrat aus Agnus-castus-Früchteextrakt, die spezifische Bindung von Sulpirid am D2-Rezeptor verdrängt.

Humanpharmakologische Wirkungen auf den Prolaktinspiegel

In einem offenen, intraindividuellen Vergleich wurde bei männlichen Probanden die subjektive und objektive Verträglichkeit eines Agnus-castus-Früchtespezialextrakts (BP 1095E1) über jeweils 14 Tage in steigenden Dosen (120, 240 und 480 mg) im Vergleich zu Placebo untersucht. Die subjektive Verträglichkeit war gut. Die geprüften Dosierungen hatten keinen Einfluß auf die untersuchten klinisch-laborchemischen Parameter und insbesondere nicht auf die Konzentrationen der Gonadotropine und des Testosterons. Bemerkenswert war der Einfluß des Spezialextraktes auf die Prolaktinfreisetzung während 24 Stunden sowie nach Stimulation mit TRH. Tagesdosen entsprechend einem Extrakt aus 120 mg Droge steigerten die Prolaktinfreisetzung, während Tagesdosen >240 mg die Prolaktinfreisetzung senkten. Die individuellen Schwankungen der Prolaktinkonzentation im Verlauf von 24 Stunden wurden bereits unter der niedrigsten Dosis geringer und gingen unter den höheren Dosen noch weiter zurück.

In zwei klinischen Untersuchungen bei Patientinnen (n = 20) mit einer leichten Hyperprolaktinämie (Prolaktinspiegel im Mittel 20–60 ng/ml) führte eine mehrmonatige Behandlung mit einem Agnus-castus-haltigen Arzneimittel (Tagesdosis entspricht einem Extrakt aus 33,4 mg Agni-casti-fructus-Droge) zu signifikanter Senkung der Prolaktinspiegel. In 8 Fällen lag das Serumprolaktin im Normbereich und in 5 Fällen an dessen Obergrenze. Im ersten Monat erfolgte der stärkste Prolaktinabfall.

In einer randomisierten Doppelblindstudie wurden 37 Frauen mit Fertilitätsstörungen infolge latenter Hyperprolaktinämie über 3 Monate entweder mit 20 mg eines Trockenextrakts (n = 17) 1 : 1 Ethanol 50–70 % (V/V) oder mit Placebo (n = 20) behandelt. Die mittlutealen basalen Prolaktinspiegel lagen in beiden Gruppen im Normbereich und änderten sich unter der Behandlung nicht. Während Placebo nach 3 Behandlungszyklen zu keiner Änderung der TRH-provozierten Prolaktin-Serumkonzentrationen führte, kam es bei den mit Verum behandelten Frauen zu einer signifikanten Abnahme der Prolaktinfreisetzung nach Stimulation. Die Dauer der Menstruationszyklen blieb in beiden Gruppen gleich. Beide Gruppen wiesen vor der Behandlung verkürzte Lutealphasen mit einer Dauer von 3,4 ± 5,1 (Placebo) bzw. 5,5 ± 5,2 Tagen (Verum) auf. Während unter Placebo die durchschnittliche Dauer der Lutealphasen nach 3monatiger Behandlung konstant blieb, nahm sie unter Verum signifikant auf 10,5 ± 4,3 Tage zu. Unter dem Extrakt stiegen mittluteal erniedrigte Progesteron- und 17β-Estradiolspiegel signifikant an. Nach Abschluß der 3monatigen Behandlung klagten 11 von 13 Frauen unter Placebo und nur noch 2 von 9 Frauen nach Verum über prämenstruelle Beschwerden. Zwei Frauen des Verumkollektivs wurden schwanger.

Regeltempoanomalien. Kayser und Istanbulluoglu berichteten bereits 1954 über eine 64 %ige Erfolgsrate bei 51 Frauen, die wegen verstärkter oder zu häufiger Regelblutungen mit einem Agnus-castus-Früchteextrakt behandelt wurden. Meist tritt die Wirkung nach 1–2 Monaten ein. Diese Ergebnisse wurden inzwischen durch neuere offene klinische Mono- bzw. multizentrische Langzeitstudien bzw. Anwendungsbeobachtungen mit einem Agni-casti-fructus-Monopräparat und einem Agnus-castus-haltigen Kombinationsarzneimittel aus 33,4 mg Agni-casti-fructus-Droge mit geringer Nebenwirkungsrate bei verschiedenen Zyklusstörungen (Regeltempoanomalie, Regeltypusanomalien) bestätigt.

Gelbkörperinsuffizienz und Fertilitätsstörungen. Die Gelbkörperschwäche ist eine häufige Störung der Ovarialfunktion, die durch eine verminderte Progesteronproduktion in der zweiten Zyklushälfte gekennzeichnet ist. Die Dysbalance zwischen Östrogenen und Progesteron geht u.a. mit Blutungsanomalien und Infertilität, aber auch mit Beschwerden wie Mastodynie, Mastopathie und dem prämenstruellen Symptomenkomplex einher. Bei 45 Patientinnen mit Corpus-luteum-Insuffizienz wurde in einer offenen Studie in 25 Fällen eine vollständige und bei 7 Patienten eine partielle Normalisierung des lutealen Serumprogesteronspiegels erzielt, in einer multizentrischen Anwendungsbeobachtung zeigte sich eine deutliche Besserung der Beschwerden bei Zyklusanomalien. In der randomisierten Doppelblindstudie von Milewicz et al. blieb die Dauer der Lutealphase unter Placebo unbeeinflußt, während sie unter Verum auf 10,5 Tage zunahm. Prämenstruelle Beschwerden nahmen nur nach Gabe des Agnus-castus-haltigen Trockenextrakts ab, nicht jedoch nach Placebo.

Prämenstruelles Syndrom. Zum Einfluß von Extrakten aus Agnus-castus-Früchten bzw. einem Agnus-castus-haltigen Kombinationsarzneimittel liegen bisher vornehmlich offene

Studien, multizentrische Anwendungsbeobachtungen und eine kontrollierte Studie vor. Die häufigsten und wichtigsten physischen und psychischen Symptome wie Kopfschmerzen, schmerzhafte Schwellung bzw. Berührungsempfindlichkeit der Brüste, Brustspannung, periphere Ödeme, psychische Spannungszustände, Nervosität, Unruhe, Angst, Aggressionen, Leistungsabfall, Konzentrationsmangel, Gemütsänderungen und Depressionen zeigten eine deutliche Besserung.

Mastodynie/Mastopathie. Erste Berichte über die Anwendung eines Kombinationspräparates mit einer homöopathischen Zubereitung aus Agnus-castus-Früchten stammen von Frisch. Seit dieser Zeit sind in mehreren Arbeiten Erfahrungen mit Extrakten aus Agnus-castus-Früchten bzw. einem Agnus-castus-haltigen Kombinationsarzneimittel bei Patientinnen mit schmerzhafter Brustspannung (Mastodynie) mitgeteilt worden. Die Beurteilung basierte auf den Kriterien Beschwerdefreiheit und deutliche Besserung unter Berücksichtigung von Mammographie und Palpation. Der größte Teil der behandelten Patientinnen wurde beschwerdefrei bzw. gab eine deutliche Besserung bei geringen Nebenwirkungen an. In der ersten doppelblinden, randomisierten Vergleichsstudie wurde ein Agnus-castus-haltiges Kombinationsarzneimittel mit Placebo bei Patientinnen mit zyklisch wiederkehrender Mastodynie verglichen. Das Agnus-castus-haltige Kombinationsarzneimittel war Placebo gegenüber signifikant überlegen im Hinblick auf Beschwerdefreiheit bzw. auf eine deutliche Befundbesserung. Als offene Kontrolle erhielten weitere Patientinnen ein gestagenhaltiges Präparat. Im Behandlungserfolg unterschieden sich das Agnus-castus-haltige Kombinationsarzneimittel und das Gestagenpräparat nicht. Inzwischen liegen zwei weitere randomisierte, placebokontrollierte Doppelblindstudien nach GCP-Richtlinien mit einem Agnus-castus-haltigen Kombinationsarzneimittel bei Patientinnen mit schmerzhafter Mastodynie an wenigstens 3–5 Tagen während des Zyklus vor. Die Behandlungsdauer betrug 3 Zyklen. Zur Beurteilung der Wirksamkeit mußten die Intensität der Brustschmerzen auf einer visuellen, linearanalogen Schmerzskala kennzeichnen. In beiden Studien unterschieden sich Verum und Placebo in der VAS-Skala zum

Therapieende signifikant voneinander. In der zweiten Studie wurden zusätzlich 17β-Estradiol, Progesteron, FSH, LH und basales Prolaktin vor und in der prämenstruellen Woche der Zyklen 1 und 3 bestimmt. Verum hatte keinen Einfluß auf Progesteron, FSH und LH. Die 17β-Estradiol-Werte fielen unter Verum stärker ab als unter Placebo Die basalen Prolaktinwerte lagen nach Verum signifikant unter den Placebowerten.

☞ **Anwendungsgebiete, die eine vertragsärztliche Verordnung rechtfertigen:** Regeltempoanomalien, prämenstruelle Beschwerden, Mastodynie.

Hinweis: Bei Spannungs- und Schwellungsgefühl in den Brüsten sowie bei Störungen der Regelblutung sollte zur diagnostischen Abklärung zunächst ein Arzt aufgesucht werden.

Art der Anwendung: Wäßrig-alkoholische Auszüge (50–70% V/V) aus den zerkleinerten Früchten als Flüssig- oder Trockenextrakt zum Einnehmen.

Tagesdosis: Siehe Fachinformation oder Packungsbeilage der betreffenden Fertigarzneimittel.

Anwendungsdauer: Bei Regeltempoanomalien über mindestens 3 Monate, beim PMS über mindestens 3 Zyklen, bei Mastodynie über mindestens 3 Zyklen.

Nebenwirkungen: Gelegentliches Auftreten von juckenden, urtikariellen Exanthemen.

Gegenanzeigen: Keine bekannt.

Wechselwirkungen: Keine bekannt. Aufgrund der dopaminergen Wirkung möglicherweise wechselseitige Wirkungsabschwächung bei Gabe von Dopaminrezeptorantagonisten.

Verwendung in Schwangerschaft und Stillzeit: Keine Anwendung in der Schwangerschaft. Tierexperimentell wurde eine Beeinträchtigung der Stilleistung beobachtet.

Überdosierung: Keine bekannt.

Auswahl von zugelassenen bzw. monographiekonformen Fertigarzneimitteln mit Agni-casti-fructus (Keuschlamm-früchte)-Monoextrakten, ohne Anspruch auf Vollständig-keit:

Agnolyt, Kapseln ED 3,5–4,2 mg Trockenextrakt entspricht 40 mg Droge, Lösung 100 g enth. Tinktur 9 g

Agnucaston, Filmtbl. ED 3,2–4,8 mg Trockenextrakt entspricht 40 mg Droge, Lösung 100 g enth. 0,192–0,288 g Trockenextrakt entspricht 2,4 g Droge

Agnufemil, Kapseln ED 2,1 mg, Lösung 100 g enth. 0,06 g Trocken-extrakt

Castufemin N Lösung, 100 g enth. 18 g Tinktur

Cefanorm forte, Lösung, 100 g (= 109 ml) enth. 20 g Trockenextrakt

Femicur Kapseln ED 1,6–3,0 Trockenextrakt entspricht 20 mg Droge

Strotan Filmtbl., Lösung ED Trockenextrakt (10–16:1), Lösung: 100 Tropfen enth. 10 g Tinktur

ED = Einzeldosis pro Zubereitungsform

Literatur

Becker H (1991) Hemmung der Prolaktinsekretion. TW Gynäkologie 6: 396-399

Beles P, Halaska M, Sieder C, Gorkow C (1997) Treatment of Mastalgia with Mastodynon: Recent results of a double-blind study. In print

Coeugniet E, Elek E, Kühnast R (1986) Ärztez Naturheilverf 27:619–622

Dittmar FW, Böhnert KJ, Peeters M, Albrecht M, Lamertz M, Schmidt U (1992) Prämenstruelles Syndrom, Behandlung mit einem Phytophar-makon. TW Gynäkologie 5:60–68

Feldmann HU, Albrecht M, Lamertz M, Böhnert KJ (1990) Therapie bei Gelbkörperschwäche bzw. prämenstruellem Syndrom mit Vitex agnus-castus-Tinktur. Gynaekol 11:421–425

Fikentscher H (1977) Ätiologie, Diagnose und Therapie der Mastopathie und Mastodynie. Med Klin 72:1327–1330

Frisch H (1968) Beitrag zur Behandlung von Mastodynie und Mastopa-thie mit Mastodynon. Therapiewoche 18:1354

Gregl A (1979) Med Welt 30:264

Gregl A (1985) Klinik und Therapie der Mastodynie. Med Welt 242–246

Haller J (1958) Tierexperimentelle Untersuchungen am Lipschütztier über die Einwirkung von „sog. Phytohormonen" auf die gonadotrope Funktion des Hypophysenvorderlappens. Geburtshilfe Frauenheilkd 18:1347–1353

Haller J (1959) Testierung von Gestagenen. Therapiewoche 9:481–484

Haller J (1961) Das Eingreifen von Pflanzenextrakten in die hormonel-len Wechselbeziehungen zwischen Hypophyse und Ovar. Z Geburtsh Gynäkol 156:274-301

Hänsel R, Keller K, Rimpler H, Schneider G (Hrsg) (1994) Hagers Handbuch der Pharmazeutischen Praxis, Bd 6, 5. Aufl. Springer, Berlin Heidelberg New York London Paris Hong Kong Barcelona Budapest

Jarry H, Leonhardt S, Gorkow W, Wuttke W (1994) In vitro prolactin but not LH and FSH release is inhibited by compounds in extracts of Agnus castus: direct evidence for a dopaminergic principle by the dopamine receptor assay. Exp Clin Endocrinol 102:448–454

Jarry H, Leonhardt S, Wuttke W, Behr B, Gorkow C (1991) Agnus castus als dopaminerges Wirkprinzip in Mastodynon N: Z Phytother 3:77–82

Junkermann H (1987) Gutartige Brusterkrankungen. In: Gynäkologische Endokrinologie. Springer, Heidelberg, S 449–561

Kayser HW, Istanbulluoglu S (1954) Eine Behandlung von Menstruationsstörungen ohne Hormone. Hippokrates, 25:717–722

Kress D, Thanner E (1981) Behandlung der Mastopathie: möglichst risikoarm. Med Klin 76:566–676

Kubista E, Müller G, Spona J (1986) Behandlung der Mastopathie mit zyklischer Mastodynie: Klinische Ergebnisse und Hormonprofile. Gynäk Rdsch 26:65–79

Liebl A (1992) Behandlung des prämenstruellen Syndroms. TW Gynäkologie 5:147–154

Loch E-G, Böhnert KJ, Peeters M, Schmidt U, Lamertz M (1991) Die Behandlung von Blutungsstörungen mit Vitex-agnus-castus-Tinktur. Frauenarzt 32:867–870

Loch E-G, Kaiser E (1990) Diagnostik und Therapie dyshormonaler Blutungen in der Praxis. Gynäkol Prax 14:489–495

Loew D, Gorkow C, Schrödter A, Rietbrock S, Merz PG, Schnieders M, Sieder C (1996) Zur dosisabhängigen Verträglichkeit des Agnus-castus-Spezialextrakts BP 1095E1. Z Phytother 17:237–243

Mergner R (1992) Zyklusstörungen. Therapie mit einem Vitex-agnus-castus-haltigen Kombinationsarzneimittel. Der Kassenarzt 7:51–60

Merz PG, Gorkow C, Schrödter A, Rietbrock S, Sieder C, Loew D, Dericks-Tan JSE, Taubert HD (1996) The effects of a special Agnus castus-extract (BP 1095E1) on prolactin secretion in healthy male subjects. Exp Clin Endocrinol 104(6):447–453

Meyl C (1991) Therapie des prämenstruellen Syndroms. tpk therapeutikum 5:518–525

Milewicz A, Gejdel E, Sworen H, Sienkiewicz K, Jedrzejak J, Teucher T, Schmitz H (1993) Vitex agnus castus-Extrakt zur Behandlung von Regeltempoanomalien infolge latenter Hyperprolaktinämie. Arzneim-Forsch/Drug Res 43:752–756

Monographie Agni casti fructus. BAnz Nr. 226 vom 2.12.1992

Propping D, Böhnert K-J, Peeters M, Albrecht M, Lamertz M (1991) Vitex agnus castus, Behandlung gynäkologischer Krankheitsbilder. Tpk therapeutikon:581–585

Propping D, Katzorke T (1987) Behandlung der Gelbkörperschwäche. Z Allgemeinmed 63:932–933

Propping D, Katzorke T, Belkien L (1988) Diagnostik und Therapie der Gelbkörperschwäche in der Praxis. Therapiewoche, 38:2992–3001

Roeder D (1994) Therapie von Zyklusstörungen mit Vitex agnus-castus. Z Phytother 15:155–159

Runnebaum B, Rabe T (1987) Pathophysiologie des menstruellen Zyklus. In: Gynäkologische Endokrinologie. Springer, Heidelberg, S151–199

Sliutz G, Speiser P, Schultz AM, Spona J, Zeillinger R (1993) Agnus castus extracts inhibit prolactin secretion of rat pituitary cells. Horm Metab Res 25:243–248

Winterhoff H, Gorkow C, Behr B (1991) Die Hemmung der Laktation bei Ratten als indirekter Beweis für die Senkung von Prolaktin durch Agnus castus. Z Phytother 12:175–179

Wuttke W, Gorkow C, Jarry H (1995) Dopaminergic compounds in Vitex Agnus castus. In: Loew D, Rietbrock N (Hrsg) Phytopharmaka in Forschung und klinischer Anwendung. Steinkopff, Darmstadt, S 81–91

Wuttke W, Splitt G, Gorkow C, Sieder C (1997) Behandlung zyklusabhängiger Brustschmerzen mit einem Agnus castus-haltigen Arzneimittel. Geburtshilfe Frauenheilkd 57:569–574

9.2 Klimakterische Beschwerden

Die Menopause nach der letzten vom Ovar gesteuerten Menstruationsblutung tritt durchschnittlich um das 50. Lebensjahr ein. Ein Großteil der Frauen leidet unter den klimakterischen Beschwerden wie aufsteigende Hitzewallungen mit Schweißausbrüchen und Herzjagen. Die Hitzewallungen können bis zu Minuten andauern und mehrmals tagsüber, aber auch nachts auftreten und gehen mit der erhöhten pulsatilen Ausschüttung von LH/FSH durch die Hypophyse einher. Zu den psychischen Beschwerden zählen u.a. Nervosität, Reizbarkeit, Unruhe, depressive Verstimmung, Schwindel, Schlaflosigkeit, Konzentrationsschwäche, Stimmungsschwankungen, zu den physischen zählen Herzbeschwerden, Gelenk- und Muskelschmerzen, Harnwegsbeschwerden sowie Trockenheit der Scheide, nachlassende Libido und Kohabitationsbeschwerden. Die in mesolimbischen Arealen nachgewiesenen östrogenrezeptiven Nervenzellen wirken vermutlich auf emotionsmodulierende Funktionen, was die klimakterischen Symptome Depressionen, Schlaflosigkeit und Ängstlichkeit erklärt. Die hypophysäre Gonadotropinsekretion wird durch pulsatile Ausschüttung des hypothalamischen Peptids LHRH (auch GnRH genannt) aktiviert. Bei Frauen vor der Menopause ist die pulsatile Ausschüttung für die hypophysäre LH- und FSH-Sekretion wichtig. Bei Ausfall der ovariellen Östrogenproduktion ist die hypophysäre Hormonsekretion erhöht, weshalb Neurotransmitter, die die LHRH-

Neurone zur pulsatilen LHR-Sekretion anregen, vermehrt aktiv sind. Der Wegfall der negativen Rückkopplung im hypothalamisch-hypophysären Regelkreis und die reduzierte ovarielle Gonadotropinsensitivität hat einen charakteristischen Anstieg der FSH- und LH-Gonadotropinspiegel im Serum sowie eine Instabilität hypothalamischer Funktionen zur Folge. Intensität und Dauer der klimakterischen Beschwerden sind individuell unterschiedlich ausgeprägt. Aufgrund der beeinträchtigten Lebensqualität, des mitunter hohen Leidensdruckes, einer eingeschränkten Arbeitsfähigkeit bzw. ständigen Arbeitsunfähigkeit handelt es sich unstrittig um Beschwerden mit Krankheitswert. Dies begründet den Wunsch nach effektiven prophylaktischen und therapeutischen Maßnahmen in der Prämenopause mit dem Ziel einer normalen Leistungsfähigkeit, Lebensfreude und Lebensqualität. Die neurovegetativen und psychischen Symptome lassen sich außer mit Östrogenen auch mit Cimicifuga racemosa günstig beeinflussen.

Rationale Therapie mit Phytopharmaka

✳ Cimicifugae racemosae rhizoma (Traubensilberkerzen-Wurzelstock)

Pharmakodynamik
Nach experimentellen Untersuchungen wird die Wirksamkeit von Arzneimitteln, die Cimicifugae-racemosae-rhizoma-Extrakt enthalten, über die östrogenähnliche Wirkung erklärt. Cimicifuga-Inhaltsstoffe konkurrieren direkt mit Östrogenen (z. B. Estradiol) um Bindungsstellen an Östrogenrezeptoren. Sie besitzen eine signifikante LH-supprimierende Wirkung und greifen damit direkt kausal in zentralnervöse endokrine Regulationsmechanismen der ovarektomierten Ratte (einem der Menopause entsprechenden Tiermodell) und der Frau in der Menopause ein. Der FSH- und der Prolaktinserumspiegel werden von den Cimicifuga-Inhaltsstoffen nicht beeinflußt, im Unterschied zur Anwendung von Östrogenen. Tierexperimentell wurde gezeigt, daß der hypothalamische LHRH-Pulsgenerator durch hochgereinigte Extrakte aus Cimicifugae

rhizoma gedämpft werden kann. Düker et al. prüften verschiedene Fraktionen eines lipophilen Extrakts auf die LH-Suppression bei ovarektomierten Ratten und hinsichtlich einer kompetitiven Verdrängung am Östrogenrezeptor durch 17β-Estradiol. Hierbei wurden drei endokrinologisch aktive Fraktionen erhalten. Eine zeigte keine Bindung an den Östrogenrezeptor, aber eine LH-supprimierende Wirkung, eine weitere wies Östrogenrezeptorbindung und LH-Suppression auf und eine dritte Fraktion eine Bindung an den Östrogenrezeptor, aber keine Hemmung der LH-Freisetzung. In-vitro-Untersuchungen an östrogensensiblen Mamma-Ca-Zellinien konnten für einen Cimicifugawurzel-Monoextrakt eine Hemmung der Tumorzellproliferation im Gegensatz zu Estradiol zeigen. Bei Frauen in der Menopause wurde die hypophysäre LH-Sekretion selektiv supprimiert, während im Unterschied zur Anwendung von Östrogenen der FSH-Spiegel nicht beeinflußt wurde.

Wirksamkeit

Cimicifuga racemosa wurde bereits im 18. Jahrhundert, hauptsächlich bei Dysmenorrhoe, Menorrhagien, Graviditäts- und Klimateriumsbeschwerden, angewandt. Nach Weiß haben Monoextrakte aus dem Wurzelstock von Cimicifuga racemosa eine besondere Indikation bei der Pelvipathia vegetativa, psychischen und neurovegetativen Regulationsstörungen im Klimakterium. Entsprechende Extrakte wirken nicht sofort, sondern erst nach einer Langzeitbehandlung von 3 bis 6 Monaten. Inzwischen sind ältere Erfahrungsberichte durch Anwendungsbeobachtungen, offene und kontrollierte Studien sowie eine Doppelblindstudie bestätigt worden. Wirksamkeitskriterien waren das Ausmaß neurovegetativer und psychischer Störungen, Menopausenindex nach Kupperman, Hamilton-Angst-Skala, klinischer Gesamteindruck, Zunahme von Aktivität und Stimmungslage. Der Menopausenindex nach Kupperman sowie die Indices psychiatrischer Fremd- und Selbstbeurteilungsskalen wurden unter der Therapie mit Cimicifugawurzelstock-Monoextrakt signifikant reduziert. Ferner wurden vaginalzytologische Parameter im Sinne einer Östrogenstimulierung beeinflußt. Cimicifugawurzelstock-Monoextrakt erwies sich hinsichtlich der Wirksamkeit bei neurovegetativen und psychischen klimakterischen Beschwerden gegenüber Placebo überlegen und ist durchaus mit Östrogenen vergleichbar.

Nach dem neueren wissenschaftlichen Erkenntnisstand sind die in der Monographie von 1989 aufgeführten Anwendungsgebiete prämenstruelle und dysmenorrhoische Beschwerden nicht mehr haltbar und sollten durch die nachfolgenden Anwendungsgebiete ersetzt werden.

☞ **Anwendungsgebiete, die eine vertragsärztliche Verordnung rechtfertigen:** Zur symptomatischen medikamentösen Behandlung von klimakterisch bedingten psychischen und neurovegetativen Beschwerden.

Tagesdosis: Siehe Fachinformation oder Packungsbeilage der betreffenden Fertigarzneimittel.

Anwendungsdauer: Ohne ärztlichen Rat nicht länger als 6 Monate.

Nebenwirkungen: Gelegentlich Magenbeschwerden. Eine Gewichtszunahme ist möglich.

Gegenanzeigen: Anwendung bei Patientinnen mit Mammakarzinom möglichst unter engmaschiger Kontrolle in wenigstens 2 – 3monatigen Abständen.

Wechselwirkungen: Keine bekannt.

Verwendung bei Schwangerschaft und Laktation: Keine Anwendung in der Schwangerschaft und Stillzeit.

Überdosierung: Keine bekannt.

Auswahl von Fertigarzneimitteln mit Cimicifugae-racemosae-rhizoma(Traubensilberkerzen-Wurzelstock)-Monoextrakten, ohne Anspruch auf Vollständigkeit:

Cefakliman mono Kapseln ED 5 mg Trockenextrakt, Lösung: 100 ml enth. 20 g Fluidextrakt
Cimisan, Filmtbl. ED 6 – 10 mg, Lösung: 100 ml enth. 4,5 g des Trockenextraktes
Cirkufemal Tbl. ED 4,5 mg

Femilla N Tinktur, 100 g enthalten 20 g des Fluidextraktes
Klimadynon, Filmtbl. ED 1,66–2,86 mg Trockenextrakt,
  Lösung: 100 ml enth. 12 g Fluidextrakt (1 : 5)
Remifemin Tbl. ED 0,018–0,026 ml des Fluidextraktes,
  Lösung: 100 ml entspricht 12, 0 ml Fluidextrakt

ED = Einzeldosis pro Zubereitungsform

Literatur

Daiber W (1983) Klimakterische Beschwerden: ohne Hormone zum Erfolg. Ärztl Prax 35:1946–1947

Düker E, Kopanski L, Jarry H, Wuttke W (1991) Effects of extracts from cimicifuga racemosa on gonadotropin release in menopausal women and ovariectomized rats. Planta Med 57:420–424

Földes J (1959) Die Wirkung eines Extraktes aus Cimicifuga racemosa. Ärztl Forsch 12:623–624

Günther C (1957) Zum Thema: Hormonale und sedative Therapie klimakterischer Beschwerden. Therapiewoche 7:437–438

Jarry H, Gorkow C, Wuttke W (1995) Treatment of menopausal symptoms with extracts of cimicifuga racemosa: In vivo and in vitro evidence for estrogenic activity. In: Loew D, Rietbrock N (Hrsg) Phytopharmaka in Forschung und klinischer Anwendung. Steinkopff, Darmstadt, S 99–112

Jarry H, Harnischfeger G (1985) Study on the endocrine effects of the contents of cimicifuga racemosa. 1: Influence on the serum concentration of pituitary hormones in ovarectomized rats. Planta Med 1:1–80

Jarry H, Harnischfeger G, Dücker E (1985) Untersuchungen zur endokrinen Wirksamkeit von Inhaltsstoffen aus Cimicifuga racemosa. 2: In vitro Bindung von Inhaltsstoffen an Östrogenrezeptoren. Planta Med 4:316–319

Kesselkaul O (1957) Über die Behandlung klimakterischer Beschwerden mit Remifemin. Med Monatsschr 11:87–88

Lehmann-Willenbrock E, Riedel HH (1988) Klinische und endokrinologische Untersuchungen zur Therapie ovarieller Ausfallserscheinungen nach Hysterektomie unter Belassung der Adnexe. Zentralbl Gynäkol 110:611-618

Monographie Cimicifuga racemosa. BAnz Nr. 43 vom 2.3.1989

Neßelhut T, Schellhase C, Dietrich R, Kuhn W (1993) Untersuchungen zur proliferativen Potenz von Phytopharmaka mit östrogen-ähnlicher Wirkung bei Mammakarzinomzellen. Archives of Gynecology and Obstetrics 254:817–818

Starfinger W (1960) Therapie mit östrogen wirksamen Pflanzenextrakten. Med heute 9:173–174

Stiehler K (1959) Über die Anwendung eines standardisierten Cimicifuga-Auszuges in der Gynäkologie. Ärztl Prax 11:916–917

Stoll W (1987) Phytotherapeutikum beeinflußt atrophisches Vaginalepithel: Doppelblindversuch Cimicifuga vs. Östrogenpräparat. Therapeutikon 1:23–31

Stolze H (1982) Ein anderer Weg, klimakterische Beschwerden zu behandeln. Gyne 3, 1:14–16
Vorberg G (1984) Therapie klimakterischer Beschwerden. Z Allgemeinmed 60:626–629
Warnecke G (1985) Beeinflussung klimakterischer Beschwerden durch ein Phytotherapeutikum. Med Welt 36:871–874
Weiß RF (1986) Phytotherapie bei Frauenkrankheiten. Ärztez Naturheilverf 9:579–584

10 Erkrankungen des Bewegungs- und Stützapparates

Definition. Unter dem Begriff „rheumatische" Erkrankungen werden eine Vielzahl ätiopathogenetisch und klinisch-nosologisch unterschiedlicher Krankheitsbilder zusammengefaßt, die mit Schmerzen, Schwellung, Entzündung und Funktionsbeeinträchtigung am Bewegungs- und Stützapparat einhergehen. Sie lassen sich allgemein unterteilen in

1. entzündlich-rheumatische Erkrankungen wie Spondylarthritiden, chronische Polyarthritis, Kollagenosen und primäre Vaskulitiden,
2. degenerative Gelenk- und Wirbelsäulenerkrankungen wie Mono-, Oligo-, und Polyarthrosen,
3. extraartikulärer Weichteilrheumatismus wie Myalgie, Myopathie, Tendovaginitis, Insertionstendopathie, Tendinosen, Bursitis.

In der ambulanten hausärztlichen Praxis dominieren die degenerativen rheumatischen Erkrankungen mit ca. 50 %, der extraartikuläre Weichteilrheumatismus mit ca. 40 % und die entzündlichen Erkrankungen mit 10 %. Den im Vordergrund stehenden degenerativen Prozessen liegen biomechanische und biochemische Prozesse bei zusätzlicher familiärer Belastung zugrunde. Über anfängliche Läsionen des Gelenkknorpels kommt es langsam zu fortschreitenden Umbauprozessen aller Gelenkstrukturen mit begleitender Synovialitis, Zerstörung des intermediären Gelenkstoffwechsels mit sekundären sklerosierenden zystischen und deformierenden Folgen. Entsprechend dem langsam fortschreitenden degenerativen und entzündlichen Prozeß treten zunehmend Ruhe-, Belastungsschmerzen, Einschränkung der Beweglichkeit mit wechselnder Schmerzintensität und Bewegungseinschränkung bis hin zur Versteifung auf.

Therapieziel

Aufgrund der Vielzahl von Krankheitsbildern unterschiedlicher und noch ungeklärter Pathogenese gibt es bisher noch keine kausale und keine gemeinsame Therapie. Das Behandlungsziel ist die Verbesserung der Lebensqualität des Patienten und die Erleichterung der normalen Abläufe des täglichen Lebens durch:

- Befreiung oder Linderung von Schmerzen,
- Verhinderung bleibender Funktionsbeeinträchtigungen,
- Verbesserung eingetretener Funktionsbeeinträchtigungen,
- Aufhalten der Progredienz der Erkrankung,
- Erhaltung der Arbeitsfähigkeit,
- Verbesserung der Rehabilitation,
- Verbesserung der Lebensqualität.

Therapiemaßnahmen

Da die meisten rheumatischen Erkrankungen chronische Prozesse sind, ist bisher lediglich ein Aufhalten bzw. eine Verzögerung des Verlaufs und damit eine Verbesserung der Lebensqualität möglich. Hierzu stehen verschiedene Möglichkeiten zur Verfügung:

- Allgemeinmaßnahmen
  (Ernährung, Ruhe, Rehabilitation, Selbsthilfegruppen)
- Konservativ-orthopädische Maßnahmen
  (Ruhigstellung, Vermeidung von Überlastung, orthopädische Hilfsmittel)
- Physikalische Maßnahmen
  (Krankengymnastik, Bewegungstherapie, Massage, Ergotherapie, Wärme-Kälte-Elektro-Strahlentherapie, Extensionstherapie, Chirotherapie, Akupunktur)
- Lokaltherapie
  (Synoviorthese, Lokalanästhetika, hyperämisierende Externa)
- Medikamentöse Therapie
  (Analgetika, nichtsteroidale Antiphlogistika (NSA), Myotonolytika, Glukokortikoide, Basistherapeutika, Immunsuppressiva, Antibiotika)

● Operative Maßnahmen
(Synovektomie, Korrekturosteotomie, Arthroplastik, endoprothetische Versorgung, Arthrodesen).

Die Therapie hat sich nach der Art, Schwere und Akuität der Erkrankung zu richten. Mit den symptomatisch wirkenden NSA, Glukokortikoiden, sog. Basistherapeutika und Immunsuppressiva stehen zwar effektive Substanzen zur Verfügung, sie sind jedoch insbesondere in der Langzeitanwendung oft mit schweren Nebenwirkungen belastet. Gerne wird als Alternative auf pflanzliche Arzneimittel, insbesondere bei leichteren und immer wiederkehrenden Beschwerden, zurückgegriffen. Aber auch für sie gelten die Anforderungen an den Nachweis der biopharmazeutischen Qualität, an das pharmakologische Wirkprofil, nach Möglichkeit an die Pharmakokinetik und insbesondere an die klinischen Wirksamkeit.

Rationale Therapie mit Phytopharmaka

Für die Behandlung von akuten Schmerzen, akuten Arthritiden bzw. Schüben entzündlicher rheumatischer Erkrankungen und aktivierten Arthrosen stehen derzeit keine pflanzlichen Arzneimittel zur Verfügung. Sie kommen höchstens als Adjuvans zur Dosisreduktion von NSA bzw. Glukokortikoiden in Frage. Hauptanwendungsgebiete von Phytopharmaka sind leichte bis mittlere Beschwerden subakuter und chronischer degenerativer Gelenkerkrankungen. Zur Verfügung stehen oral und topisch anzuwendende Pflanzenextrakte.

✳ Salicis cortex (Weidenrinde)

Arzneilich verwendet wird vorrangig die im Frühjahr gesammelte, ganze, geschnittene oder gepulverte getrocknete Rinde junger Zweige von Salix purpurea L.

Wirkungs- und wirksamkeitsmitbestimmende Inhaltsstoffe und Pharmakologie
Bitterstoffe der Rinde verschiedener Weidenarten wurden bereits von Hippokrates und Galen bei fieberhaften Infekten

und Schmerzen angewandt. Anfang des 19. Jahrhunderts gelang die Isolierung einer bitter schmeckenden Substanz aus der Weidenrinde bzw. einer gut kristallisierenden Säure aus den Blättern der Silberweide, die sog. Salicylsäure (SS), und später die erste Salicylsäuresynthese. Obwohl die 1899 synthetisierte Acetylsalicylsäure zu den am häufigsten verwendeten Analgetika und Antipyretika gehört, sind Extrakte aus Weidenrinde auch heute durchaus als Alternative bei fieberhaften Erkrankungen, Kopfschmerzen und Erkrankungen des rheumatischen Formenkreises sinnvoll. Als wirksamkeitsbestimmender Bestandteil wird Salicin, das Glucosid des Salicylalkohols, bzw. dessen Ester Salicortin, Acetylsalicortin, andere Salicinderivate und Tremulacin angesehen. Sie sind Prodrugs und werden erst nach Metabolisierung im menschlichen Organismus aktiv. Angenommen wird, daß aus Salicylalkoholglykosiden unspezifisch durch Hydrolyse im Darm Salicin entsteht, das durch β-Glukosidasen enzymatisch zu Salicylalkohol (Saligenin) umgewandelt, gut resorbiert und in der Leber durch das P450-Enzymsystem zu Salicylsäure oxidiert wird. Das Metabolitenspektrum im Urin nach oraler Einnahme von Salicin unterschied sich nicht von Acetylsalizylsäure. Ca. 60–70 % werden renal als Salicylsäure, Glucuronide, Gentisinsäure und nicht näher beschriebene Konjugate von Saligenin und Salicylsäure und ca. 30 % fäkal ausgeschieden. Die gute Magenverträglichkeit und die geringen Nebenwirkungen von Salicin könnten darauf beruhen, daß die mukoprotektive Zyklooxygenase nicht gehemmt wird. Bei der Acetylsalicylsäure blockiert die Acetylgruppe durch kovalente Übertragung die Zyklooxygenase 1 und 2, wodurch unter anderem die Thromboxansynthese irreversibel gehemmt wird. Bei Salicin fehlt die mobile Acetylgruppe, weshalb keine erhöhte Blutungsgefahr besteht. Zur klinischen Wirksamkeit liegen bisher wenige Studien vor. In einer placebokontrollierten Studie sank die mittlere Schmerzintensität unter dem untersuchten Weidenrinden-Extrakt auf 40 % gegenüber 18 % nach Placebo.

☞ **Anwendungsgebiete, die eine vertragsärztliche Verordnung rechtfertigen:** Fieberhafte Erkrankungen, Kopfschmerzen, Schmerzen bei rheumatischen Erkrankungen. Die Arzneimittelrichtlinien sind indikationsspezifisch zu beachten.

Auswahl von monographiekonformen Fertigarzneimitteln, ohne Anspruch auf Vollständigkeit:

Assalix Dragees ED 393,24 mg
Assplant Dragees ED 392,24 mg
Rheumacaps Kapseln ED 480 mg

ED = Einzeldosis pro Zubereitungsform

✻ Harpagophyti radix (Teufelskrallenwurzel)

Arzneilich verwendet werden die sekundären Speicherwurzeln, auch als Knollen oder Tubera bezeichnet, der im südlichen Afrika beheimateten Teufelskralle aus der Familie der Sesamgewächse (Pedaliaceae).

Wirkungs- und wirksamkeitsbestimmende Inhaltsstoffe und Pharmakologie

Charakteristische Inhaltsstoffe der sekundären Speicherwurzeln sind Iridoide und Iridoidglykoside und darunter das Harpagosid (Zimtsäureester des Harpagids). Nach Abspaltung der Glucose entsteht aus Harpagosid das Harpagosidgenin und nach alkalischer Verseifung neben Zimtsäure das Glykosid Harpagid. Als weiteres Iridoidglykosid ist Procumbid isoliert worden. Zu weiteren pharmakologisch relevanten Inhaltsstoffen zählen Flavonverbindungen, 2-Phenylethanolderivate, Polysaccharide, Gummiharz und ätherische Öle. Ihr Beitrag zur pharmakologischen Wirkung ist unbekannt. Neben einem wäßrigen Gesamtextrakt wurde das Harpagosidglucosid und vereinzelt das Harpagosidgenin experimentell untersucht. Die analgetischen, antiphlogistischen und antiproliferativen Effekte waren für den Gesamtextrakt, für das Harpagosidglucosid und für das Harpagosidgenin vom gewählten pharmakologischen Modell, dem Applikationsmodus und der Drogen- sowie der Extraktqualität abhängig. Mitunter war der untersuchte wäßrige Gesamtextrakt wirksamer als das Harpagosidglucosid. Am wenigsten ist die pharmakologische Wirkung des Harpagosidgenins belegt. Harpagosid wie auch Wurzelextrakte aus Harpagophytum procumbens vermögen die Cysteinyl-LT- und TXB_2-Biosynthese in

Ionophor-A23187-stimulierten Blutzellen zu hemmen. Ein Extrakt mit einem Harpagosidgehalt von 7 % zeigte eine deutlich stärkere Wirkung als ein Extrakt mit einem Harpagosidgehalt von 2,2 %. Entscheidend ist der eingesetzte Extrakt, zumal gezeigt werden konnte, daß in Abhängigkeit von der Zusammensetzung sowohl pharmakologisch wirksame als auch nahezu unwirksame und sogar antagonistische Fraktionen enthalten sein können.

Aus einem tierexperimentellen Versuch zur antiphlogistischen Wirkung eines definierten wäßrigen Harpagophytum-Extraktes bei Ratten mit Wirkungslosigkeit nach oraler (Schlundsonde) im Gegensatz zur intraduodenaler und intraperitonealer Applikation wurde auf eine Instabilität der Iridoidglykoside im sauren Magen geschlossen. Unter In-vitro-Bedingungen waren Harpagophytum-Extrakte mit 2 % bzw. 7,3 % Harpagosid im künstlichen Magen- und Darmsaft stabil. Ebenso waren sie unter Ex-vivo-Bedingungen aus frisch gewonnenem Humanplasma über 105 min stabil.

Zur Pharmakokinetik von Harpargosid-Spezialextrakten liegen Untersuchungen an Probanden vor. Danach werden Dosen ab 400 mg eines untersuchten Spezialextraktes rasch resorbiert. Auf einen ersten maximalen Plasmaspiegel nach ca. 1–2 Stunden folgt ein zweiter Gipfel nach 8–10 Stunden. Dies spricht für einen enterohepatischen Kreislauf. Gleichzeitig wird auch die Cysteinyl-LT-Biosynthese in vivo gehemmt.

Klinische Studien

Aus mehreren klinischen Berichten geht die ärztliche Erfahrung mit Teufelskrallenwurzel-Extrakten bei Patienten mit Arthrosen, Polyarthritiden, rheumatischen Beschwerden, Lumbalgie und Lumboischialgie hervor. Akut entzündliche Beschwerden sprachen schlechter an als chronische Gelenkentzündungen. Bisher liegen nur wenige placebokontrollierte Studien vor. In einer ambulanten, multizentrischen placebokontrollierten Studie von Lecomte und Costa wurden 89 Patienten mit rheumatischen Beschwerden über 2 Monate mit einem Harpagophytumpulver mit einer Dosis von 2 g/Tag behandelt. Die Kriterien Schmerzempfindlichkeit (Score 0–10) und Finger-Boden-Abstand besserten sich signifikant unter Verum. Zu ähnlichen Ergebnissen kommen Chrubasik und Ziegler in einer randomisierten placebokontrollierten Studie bei 118 Patienten mit akuten Lumbalgien oder Lumboischialgie-Syndrom nach einer 4wöchigen Behandlung mit dreimal täglich 2 Tabletten à 400 mg eines standardisierten Teufelskrallenwurzel-Trockenextraktes. In beiden Gruppen kam es zu einer Verbesserung des Arhuser-Rückenschmerzindex im Median um 20 % unter Verum und 8 % unter Placebo. Schmerzindex und subjektive Schmerzfreiheit besserten sich unter Verum signifikant gegenüber Placebo. In einer weiteren placebokontrollierten Studie wurde bei 100 Patienten die schmerzlindernde Wirkung von 3 mal 2 Tabletten eines Teufelskrallenwurzel-Spezialextraktes bei aktivierter Arthrose, chronischen Lumbalgien und Weichteilrheumatismus über 30 Tage untersucht. Während in der Placebogruppe 32 Patienten mittelstarke und 9 Patienten starke Schmerzen angaben, waren es in der Verumgruppe nur 6 bzw. 1 Patient.

☞ **Anwendungsgebiete, die eine vertragsärztliche Verordnung rechtfertigen:** Unterstützende Therapie bei degenerativen Erkrankungen des Bewegungsapparates.

Tagesdosis: Siehe Fachinformation oder Packungsbeilage der betreffenden Fertigarzneimittel.

Gegenanzeigen: Magen- und Zwölffingerdarmgeschwüre.

Auswahl von Fertigarzneimitteln mit Harpagophytiradix(südafrikanische Teufelskrallenwurzel)-Monoextrakten, ohne Anspruch auf Vollständigkeit:

Dolo-Arthrosetten H Kapseln ED 400 mg
Doloteffin Filmtbl. ED 400 mg
Harpagophytum Arthrocaps Kapseln ED 500 mg
Rheuma-Sern ED 400 mg
Rivoltan Filmtbl. ED 480 mg
Sogoon Filmtbl. ED 480 mg
Teltonal Filmtbl. ED 480 mg FT

ED = Einzeldosis pro Zubereitungsform

✳ Fraxini cortex (Eschenrinde), Populi cortex et folium (Zitterpappelrinde und -blätter), Solidaginis virgaureae herba (echtes Goldrutenkraut)

Von den genannten Einzeldrogen stehen keine klinisch geprüften Mono-Extrakt-Präparate, sondern vorrangig eine fixe Kombination aus Eschenrinde, Zitterpappelrinde und -blättern und echtem Goldrutenkraut zur Verfügung. Experimentell wurde von den Einzeldrogen und der fixen Kombination eine analgetische, antipyretische, antiphlogistische und antiproliferative Wirkung in den klassischen Modellen wie Phenylchinon-writhing-Test, Dextran-, Carrageen-Ödem, Cotton-Pellet-Test und Adjuvans-Arthritis nachgewiesen. In Ex-vivo-Untersuchungen hemmte die fixe Kombination die Lipoxygenaseaktivität, die Prostaglandinsynthese und die Freisetzung von Entzündungsmediatoren. Die klinische Wirksamkeit ist in 24 klinischen Studien belegt. Hierbei handelte es sich um 9 offene und 11 kontrollierte Studien gegenüber NSA und 4 Studien gegenüber Placebo.

☞ **Anwendungsgebiete, die eine vertragsärztliche Verordnung rechtfertigen:** Entzündlich und degenerativ bedingte Erkrankungen des rheumatischen Formenkreises.

Fertigarzneimittel mit einer fixen pflanzlichen Kombination:

Phytodolor Tinktur 100 ml, Eschenrinde 20 ml, Zitterpappelrinde und Blätter 60 ml, echtes Goldrutenkraut 20 ml.

Schmerzbehandlung durch topische Anwendung

Zu den verschiedenen Applikationsarten von Arzneistoffen bei Erkrankungen des rheumatischen Formenkreises, Neuralgien sowie chronischen Kopfschmerzen vom Spannungstyp gehört die perkutane Anwendung. Hierbei sind zu unterscheiden topische Fertigarzneimittel, die ausschließlich lokal ohne systemische Verfügbarkeit wirken, transdermale therapeutische Systeme, welche Arzneistoffe in definierter Geschwindigkeit kontinuierlich über einen bestimmten Zeitabschnitt zur systemischen Wirksamkeit abgeben, und wirkstofffreie Zubereitungen, die allein durch physikalisch-chemische Milieuveränderungen am Applikationsort ihre Wirksamkeit entfalten.

✳ Capsaicinhaltige Zubereitungen

Legt man diese Definition zugrunde, dann handelt es sich bei den verschiedenen capsaicinhaltigen Salben, Linimenten, Cremes und Pflastern um ausschließlich topische Zubereitungen. Wie bei jeder Zubereitung sind klinische Wirksamkeit, lokale Verträglichkcit und zusätzlich Ausschluß der systemischen Verfügbarkeit nachzuweisen.

Ausgangsdroge von capsaicinhaltigen Zubereitungen sind Capsici fructus (Paprikafrüchte) oder Capsici fructus acer (Cayennepfeffer). Verwendet werden die getrockneten Früchte verschiedener Capsicum-Arten bzw. die getrockneten reifen, meist vom Kelch befreiten Früchte von Capsicum frutescens. Inhaltsstoffe des spanischen bzw. Cayennepfeffers sind die Scharfstoffe vom Vanillylamidtyp, die Capsaicinoide, mit 63–77 % Capsaicin.

Wirkungen

Nach lokaler Anwendung von Capsaicin folgt auf eine initiale Erregungsphase peripherer Nozizeptoren von Haut- und Schleimhäuten mit einem mehr oder weniger ausgeprägtem Erythem mit Schmerz- und Wärmegefühl eine Phase der Unempfindlichkeit. Im Hinblick auf die Wirkstärke und den Wirkungsmechanismus sind zwei differente Capsaicin-Effekte abzugrenzen: Eine selektive Wirkung an den nicht myelinisierten dünnen afferenten nozizeptiven C-Fasern und schmerzleitenden markhaltigen A-delta-Fasern mit initialer Stimulation und nachfolgender Desensitivierung sowie eine unspezifische, alle Neuronen betreffende neurotoxische Wirkung nach höherer Konzentration und längerer Anwendung, die vermutlich auf einer unspezifischen physikochemischen Interaktion mit lipophilen Membranstrukturen beruht. Capsaicin bindet an polymodale Nozizeptoren, die durch mechanische, thermische oder chemische Noxen stimuliert werden und deren Aktivierung Schmerzen auslöst. Hierbei wird ein nichtselektiver Kationenkanal geöffnet, wodurch eine Depolarisation und Erregung der Nozizeptoren erfolgt. Dies erklärt das bei erstmaliger Applikation zunächst auftretende Schmerz- und Wärmegefühl. Nach wiederholter Anwendung bewirkt vermutlich der intrazelluläre Einstrom von Kalziumionen eine Desensibilisierung der terminalen Nozizeptoren. Ein weiterer Effekt von Capsaicin ist die „Entspeicherung" von Neuropeptiden und damit die Unterdrückung der sog. neurogenen Entzündungsreaktionen.

Wirksamkeit

Seit der Veröffentlichung der Monographie im Jahre 1990 sind weitere klinische Studien zur lokalen Applikation von

Tabelle 10.1. Randomisierte, placebokontrollierte Doppelblindstudien bei Patienten mit diabetischer Polyneuropathie

Autor	Studienart	Dosis	Dauer	Ergebnisse
Chad et al. 1990	multizentrisch (n = 5) Verum n = 24 Placebo n = 22	4 × täglich 0,075 % Creme, Placebo	4 Wo	ärztliches Gesamturteil n. s. Schmerzintensität n. s. Schmerzlinderung p < 0,05
Scheffler et al. 1991	monozentrisch Verum n = 28 Placebo n = 26	4 × täglich 0,075 % Creme, Placebo	8 Wo	subjektive Besserung p < 0,005 Schmerzintensität p < 0,020 Schmerzlinderung p < 0,013 Tagesaktivität p < 0,016
Capsaicin study group 1991	multizentrisch (n = 12) Verum n = 138 Placebo n = 139	4 × täglich 0,075 % Creme, Placebo	8 Wo	ärztliches Gesamturteil p < 0,012 Schmerzintensität p < 0,037 Schmerzlinderung p < 0,004
Tandan et al. 1992	monozentrisch Verum n = 11 Placebo n = 11	4 × täglich 0,075 % Creme, Placebo	8 Wo	ärztliches Gesamturteil p < 0,038 Schmerzintensität n. s. Schmerzlinderung n. s.

Capsaicin in 0,025 %iger, am meisten jedoch in 0,075 %iger Konzentration erschienen, die sich vorrangig mit der Beeinflussung von neuralgischen Beschwerden bei diabetischer Polyneuropathie (Tabelle 10.1), postherpetischer Neuralgie (Tabelle 10.2) und Erkrankungen des rheumatischen Formenkreises befassen. Es handelte sich fast ausschließlich um Doppelblindstudien, die größtenteils monozentrisch von verschiedenen Arbeitsgruppen durchgeführt wurden. Studiendesign, Prüfparameter wie Intensität und Rückgang von Schmerzen nach einer Analogskala und statistische Verfahren sind zur Beurteilung der Wirksamkeit geeignet. In den meisten Studien war die 0,075 %ige Capsaicin-Creme Placebo überlegen, so daß die lokale Anwendung bei schmerzhafter diabetischer Polyneuropathie und postherpetischer Neuralgie sinnvoll und berechtigt ist. Die Wirksamkeit der Anwendung bei rheumatischer Arthritis und Osteoarthritis ist jedoch nicht überzeugend belegt.

Tabelle 10.2. Randomisierte, placebokontrollierte Doppelblindstudien bei postherpetischer Neuralgie

Autor	Studienart	Dosis	Dauer	Ergebnisse
Bernstein et al. 1989	monozentrisch Verum n = 16 Placebo n = 16	3–4 × täglich 0,075 % Creme, Placebo	6 Wo	ärztliches Gesamturteil $p < 0,05$ Schmerzintensität $p < 0,01$ Schmerzrückgang $p < 0,005$ Schmerzlinderung $p < 0,002$
Drake et al. 1990	monozentrisch Verum n = 15 Placebo n = 15	4 × täglich 0,025 % Creme, Placebo	4 Wo	Schmerzreduktion n. s.
Watson el al. 1993	monozentrisch Verum n = 74 Placebo n = 69	4 × täglich 0,075 % Creme, Placebo	6 Wo	ärztliches Gesamturteil $p < 0,014$ Schmerzintensität $p < 0,014$ Schmerzrückgang $p < 0,05$ Schmerzlinderung $p < 0,026$

Nebenwirkungen

Nach der Monographie zu Capsicum können in seltenen Fällen Überempfindlichkeitsreaktionen (urtikarielles Exanthem) auftreten. Paprikazubereitungen reizen in geringen Mengen die Schleimhäute sehr stark und erzeugen ein schmerzhaftes Brennen. Ein Kontakt von Paprikazubereitungen mit den Schleimhäuten und besonders mit den Augen ist zu vermeiden. In allen zitierten offenen und Doppelblindstudien war die topische Applikation der 0,075 %igen bzw. 0,025 %igen Salbe im allgemeinen gut verträglich. Schwerwiegende Nebenwirkungen, die zum Abbruch der Studien führten, traten nicht auf. Gelegentlich bzw. in Einzelfällen wurde Brennen, Stechen und ein Erythem im Bereich der Auftragungsstelle angegeben. Diese Beschwerden hielten etwa 2 Wochen an und klangen folgenlos ab. In Einzelfällen kann nach topischer Applikation einer 0,075 %igen Salbe bei gleichzeitiger Einnahme eines ACE-Hemmers Husten auftreten. Nach Recherchen der FDA ist bis zum August 1990 nur der von Hakas publizierte Fall bekannt geworden.

☞ **Anwendungsgebiete, die eine vertragsärztliche Verordnung rechtfertigen:** In der 1990 erschienenen Monographie sind für halbfeste (0,02–0,05 % Capsaicinoide) und flüssige (0,005 – 0,01 % Capsaicinoide) Zubereitungen sowie für Pflaster (10–40 µg Capsaicinoide) folgende Anwendungsgebiete aufgeführt: Schmerzhafte Muskelverspannung im Schulter-Arm-Bereich sowie im Bereich der Wirbelsäule bei Erwachsenen und Schulkindern.

Auswahl von Fertigarzneimitteln mit Capsici-fructus(Paprikafrüchte)-Extrakten oder mit Capsicum-frutescens (Cayennepfeffer)-Extrakten, ohne Anspruch auf Vollständigkeit:

Dolenon 100 g entsprechen 5 g CP (standardisiert auf 50 mg Capsaicinoide berechnet als Capsaicin 0,05 %
Kneipp Rheumasalbe Capsicum forte 100 g entsprechen 4 g CF (standardisiert auf 1,4 % Gesamtcapsaicinoide)
Thermo Bürger Salbe 100 g entsprechen 4 g CF (standardisiert auf 0,04 % Capsaicinoide)

CP = Capsici fructus (Paprikafrüchte)
CF = Capsicum frutescens (Cayennepfeffer)

✳ Pfefferminzöl und Eukalyptusöl

In kontrollierten Doppelblindstudien wurden an Probanden Wirkmechanismen und an Patienten mit chronischen Kopfschmerzen vom Spannungstyp die Wirksamkeit von Pfefferminzöl und Eukalyptusöl nach externer Anwendung untersucht. In der randomisierten Cross-over-Studie mit 15 Probanden zeigte sich, daß der analgetische Effekt des Pfefferminzöls offenbar über zentral inhibitorische, von kältesensitiven A-delta-Nervenfasern ermittelte Effekte zurückgeht. In einer weiteren Doppelblindstudie mit 32 Probanden wurden die Effekte von Pfefferminzöl und Eukalyptusöl auf neurophysiologische, psychische und algesimetrische Parameter geprüft. Ein signifikanter Effekt auf die experimentell induzierte Schmerzempfindlichkeit war nur nach Pfefferminzöl, nicht jedoch nach Eukalyptusöl nachweisbar. Diese Ergebnisse konnten in einer placebokontrollierten Studie bei 41 Patienten mit chronischen Kopfschmerzen vom Spannungstyp und in einer randomisierten placebokontrollierten Doppelblindstudie im Vergleich zu Paracetamol bei 54 Patienten mit Kopfschmerz vom Spannungstyp bestätigt werden. Zwischen der Wirksamkeit von 1 g Paracetamol und 10 %igem Pfefferminzöl in ethanolischer Lösung bestand kein signifikanter Unterschied.

☞ **Anwendungsgebiete von Pfefferminzöl, die eine vertragsärztliche Verordnung rechtfertigen:** Äußere Anwendung bei Kopfschmerzen vom Spannungstyp (Kopfschmerzen, die mit erhöhter Schmerzempfindlichkeit der Kopf- und Nackenmuskulatur einhergehen können).

Literatur

Bernstein JE et al (1989) Topical capsaicin treatment of chronic postherpetic neuralgia. J Am Acad Dermatol 21: 265–270
Capsaicin Study Group (1991) Treatment of painful diabetic neuropathy with topical Capsaicin. A multicenter, double-blind, vehicle-controlled study. Arch Intern Med 151:2225–2229
Capsaicin Study Group (1991) Effect of treatment with Capsaicin on daily activities of patients with painful diabetic neuropathy. Diabetes Care 15:159–165

Chad DA et al (1990): Does capsaicin relieve the pain of diabetic neuropathy? Pain 42:387–388

Chrubasik S, Ziegler R (1996) Wirkstoffgehalt in Arzneimitteln aus Harpagophytum procumbens und klinische Wirksamkeit von Harpagophytum-Trockenextrakt. In: Loew D, Rietbrock N (Hrsg) Phytopharmaka II. Forschung und klinische Anwendung. Steinkopff, Darmstadt

Chrubasik S, Zimpfer C, Schütt U, Ziegler R (1996) Effectiveness of Harpagophytum procumbens in treatment of acute low back pain. Phytomedicine 3:1–10

Drake HF, Harries AJ, Gamester RE, Justin D (1990) Randomised double-blind study of topical capsaicin for treatment of postherpetic neuralgia. Pain 5 (Suppl)

Göbel H, Stolze H, Dworschak M, Heinze A (1995) Oleum menthae piperitae: Wirkmechanismen und klinische Effektivität bei Kopfschmerz vom Spannungstyp. In: Loew D, Rietbrock N (Hrsg) Phytopharmaka in Forschung und klinischer Anwendung. Steinkopff, Darmstadt

Göbel H, Heinze A, Dworschak M, Lurch A, Fresenius J (1997) Oleum menthae piperitae significantly reduces the symptoms of tension-type headache and its efficacy does not differ from that of acetaminophen. In: Olesen J, Tfelt-Hansen P (eds) Headache Treatment: Trial Methodology and New Drugs. Lipincott-Raven, Philadelphia, pp 169–174

Jorken S, Okpanyi SN (1996) Pharmakologische Grundlagen pflanzlicher Arzneimittel. In: Loew D, Rietbrock N (Hrsg) Phytopharmaka II – Forschung und klinische Anwendung. Steinkopff, Darmstadt

Loew D (1997) Pharmakologie und klinische Anwendung von capsaicinhaltigen Zubereitungen. Z Phytother 18:332–340

Loew D (1995) Harpagophytum procumbens DC. Eine Übersicht zur Pharmakologie und Wirksamkeit. Erfahrungsheilkunde 74–79

Loew D (1996) Rheumatische Erkrankungen. In: Rietbrock N, Staib AH, Loew D (Hrsg) Klinische Pharmakologie, 3. Aufl. Steinkopff, Darmstadt

Loew D, Schuster O, Möllerfeld J (1996) Stabilität und biopharmazeutische Qualität. Voraussetzung für Bioverfügbarkeit und Wirksamkeit von Harpagophytum procumbens. In: Loew D, Rietbrock N (Hrsg) Phytopharmaka II. Forschung und klinische Anwendung. Steinkopff, Darmstadt

Loew D et al; unveröffentlichte Befunde

Pfeifer MA et al (1993) A high successful and novel model for treatment of chronic painful diabetic peripheral neuropathy. Diabetes Care 16:1103–1115

Schaffner W (1997) Weidenrinde – Ein Antirheumatikum der modernen Phytotherapie. In: Chrubasik S, Wink M (Hrsg) Rheumatherapie mit Phytopharmaka. Hippokrates, Stuttgart, S 125–127

Scheffler NM et al (1991) Treatment of painful diabetic neuropathy with Capsaicin 0,075 %. J Am Podiatr Med Assoc 81:288–293

Schmelz H, Hämmerle HD, Springorum HW (1997) Analgetische Wirkung eines Teufelskrallenwurzel-Extraktes bei verschiedenen chronisch-degenerativen Gelenkerkrankungen. In: Chrubasik S, Wink M (Hrsg) Rheumatherapie mit Phytopharmaka. Hippokrates, Stuttgart, S 86–89

Soulimani R, Younos C, Mortier F, Derrieu C (1994) The role of stomach digestion on the pharmacological activity of plant extracts, using as an example extracts of Harpagophytum procumbens. Can J Physiol Pharmacol 72:1532–1536

Tandan R et al (1992) Topical Capsaicin in painful diabetic neuropathy. Diabetes Care 15:8–14

Tippler B, Syrovets T, Loew D, Simmet T (1996): Harpagophytum procumbens: Wirkung von Extrakten auf die Eicosanoidbiosynthese in Ionophor A23187-stimuliertem menschlichem Vollblut. In: Loew D, Rietbrock N (Hrsg) Phytopharmaka II – Forschung und klinische Anwendung. Steinkopff, Darmstadt, S 95–100

Watson CP et al (1993) A randomized vehicle-controlled trial of topical Capsaicin in the treatment of postherpetic neuralgia. Clin Ther 15: 510–562

11 Haut- und Schleimhauterkrankungen

Definition, Einteilung. Hauterkrankungen betreffen Kutis (Epidermis, Corium), Subkutis, Pigmentsystem, Hautgefäße, Nerven, Immunsystem sowie Hautanhangsgebilde. Neben der Einteilung nach dem Aufbau werden Hauterkrankungen nach dem Erscheinungsbild wie Primäreffloreszenzen: Macula (Fleck), Papula (Knötchen), Urtica (Quaddel), Vesicula (Bläschen), Bulla (Blase) und Zyste (abgegrenzter Hohlraum), Sekundäreffloreszenzen: Squama (Schuppe), Pustula (Eiterbläschen), Crusta (Kruste), Erosio (oberflächlicher Epidermisverlust), Rhagade (Schrunde), Exkoriation (Abschürfung), Ulkus (Geschwür), Zikatrix (Narbe), Veränderungen wie Atrophie (Verdünnung von Hautschichten), Lichenifikation (Vergröberung und Verdickung der Hautfelderung), Pachydermie (Verdickung und Verhärtung der Haut), Akanthose (Verbreiterung der Stachelzellschicht), Parakeratose (kernhaltige Zellen in den obersten Epidemisschichten), Hyperkeratose (Verbreiterung des Stratum corneum), Spongiose (Ödem der Zwischenzellräume der Stachelzellschicht) oder nach der Pathogenese differenziert.

Ätiologisch unterscheidet man primäre und sekundäre Hauterkrankungen. Bei der ersten liegt die Ursache in der Haut selbst, und bei der letztgenannten ist die Haut das Manifestationsorgan, z.B. bei Infektionen durch HIV, Tuberkelbakterien, Treponema pallidum oder als Folge internistischer Erkrankungen wie Diabetes mellitus, Leberzirrhose, Leukosen, Nahrungsmittelunverträglichkeiten wie Allergien. Die ICD-10 teilt die Krankheiten der Haut und Unterhaut in 8 Gruppen (Tabelle 11.1). Erkrankungen der äußeren Geschlechtsorgane, des Analkanals, der Perianalregion gehören ebenfalls zu den Hauterkrankungen, werden aber nach ICD-10 als eigenständige Krankheitsgruppe geführt.

Mit fast 2 m² Oberfläche hat die menschliche Haut wichtige Schutz-, Sinnes-, Ausscheidungs-, Regulations- und Syn-

Tabelle 11.1. Krankheiten der Haut und Unterhaut: Gruppeneinteilung nach ICD-10

Infektionen der Haut und Unterhaut (L00–L08)
Bullöse Dermatosen (L10–L149)
Dermatitis und Ekzem (L20–L30)
Papulosquamöse Hauterkrankheiten (L40–L45)
Urtikaria und Erythem (L50–L54)
Krankheiten der Haut und Unterhaut durch Strahlenwirkung (L55– L59)
Krankheiten der Hautanhangsgebilde (L60–L75)
Sonstige Krankheiten der Haut und Unterhaut (L80–L99)

thesefunktionen zu erfüllen. Zusammen mit dem Gastrointestinal- und Respirationstrakt gehört die Haut zu den Organen, die ständig und intensiv mit der Umwelt in Kontakt stehen. Durch die optische Wahrnehmung hat sie einen wesentlichen Einfluß auf das Selbstwertgefühl des Menschen. Gemessen an der Gesamtzahl stationärer Patients nehmen diejenigen mit Hauterkrankungen eine untergeordnete Stellung ein. Nach älteren Untersuchungen sind 4,7 % aller Beratungsanlässe in der allgemeinmedizinischen Praxis Hautprobleme. Diese Zahl dürfte heute höher sein. Unterlassene oder falsche Therapie in der Frühphase von Hauterkrankungen kann langfristig zu einer Zunahme von stationären Aufenthalten führen und fällt damit ökonomisch ins Gewicht.

Therapieziel und Therapiemaßnahmen

Therapieziele sind Wiederherstellung eines intakten Aufbaus und der Funktion von Haut, Unterhaut und Hautanhangsgebilden. Hierzu gehören „normale" Form und Farbe, intakte Sensibilität und Widerstandsfähigkeit gegenüber äußeren Einflüssen. Bekannte Noxen sollten erkannt und eliminiert werden. Da vielfach wegen unklarer Pathogenese eine kausale Therapie nicht möglich ist, kommen häufig nur symptomatische Maßnahmen in Frage. Wenn möglich, sollte der Lokalbehandlung der Vorzug gegeben werden, um systemische Reaktionen und Nebenwirkungen auszuschalten. Bei topischer Applikation können in den oberen Hautschichten Wirkstoffspiegel erzielt werden, die durch eine orale oder parenterale Applikation erst nach hoher systemischer Dosierung erreicht wird. Zielort bei der lokalen Applikation sind Hautoberfläche, Epidermis, Corium und Hautanhangsgebilde durch direkte Applikation von in speziellen Vehikeln inkorporierten Wirkstoffen.

Rationale Therapie mit Phytopharmaka

Von der Kommission E im früheren Bundesgesundheitsamt (BGA) wurden ca. 50 pflanzliche Drogenzubereitungen im

Tabelle 11.2. Drogen nach Indikationen der Kommission E

Droge/Zubereitung	Indikation nach Kommission E
	Entzündung, Verletzung der Haut
Calendulae flos	Wunden mit schlechter Heilungstendenz, Ulcus cruris
Hamamelidis folium et cortex	leichte Hautverletzungen, lokale Entzündungen der Haut, Hämorrhoiden, Krampfaderbeschwerden
Matricariae flos	Hautentzündungen sowie bakterielle Hauterkrankungen, auch im Anal- und Genitalbereich
Quercus cortex	entzündliche Hauterkrankungen, auch im Genital- und Analbereich
	Stumpfe Traumen wie Prellungen, Distorsion
Arnicae flos	Verletzungs-, Unfallfolgen, z. B. Hämatome, Distorsionen, Prellungen, Quetschungen
Symphyti radix/herba/ folium	Prellungen, Zerrungen, Quetschungen und Verstauchungen
	Chronisches Ekzem
Dulcamarae stipites	zur unterstützenden Therapie bei chronischem Ekzem
Oenothera biennis	zur Behandlung und zur symptomatischen Erleichterung des atopischen Ekzems (Neurodermitis), Symptome wie Juckreiz, Schuppung, Hautentzündung oder Rötung werden positiv beeinflußt.
	Virusinfektion der Haut
Podophylli peltati rhizoma/resina	Condylomata acuminata

Hinblick auf ihr Wirkprofil, ihr dermatologisches Anwendungsgebiet und ihre Unbedenklichkeit überprüft. In mikrobiellen bzw. pharmakologischen Tests wurden u. a. antimikrobielle, antiphlogistische, granulationsfördernde, virustatische und hämostyptische Wirkungen nachgewiesen. Von einigen Drogenzubereitungen liegen kontrollierte klinische Studien vor bzw. beruht das Anwendungsgebiet auf Plausibilität der Inhaltsstoffe, jahrelanger Erfahrung oder auf Anwendungsbeobachtungen. Die wichtigsten Drogen und Drogenzubereitungen sind in Tabelle 11.2 zusammengefaßt. Sie können allgemein vier Indikationsgruppen zugeteilt werden:

- Entzündungen, Verletzungen der Haut,
- stumpfe Traumen wie Prellungen, Distorsion,
- chronisches Ekzem,
- Viruskrankheiten der Haut (bestimmte Formen von Warzen und Herpesinfektionen).

11.1 Entzündungen und Verletzungen der Haut

✳ Hamamelis virginiana (Virginianische Zaubernuß)

Verwendet werden frische und getrocknete Laubblätter und die getrocknete Rinde der Stämme und Zweige von Hamamelis virginiana. Wichtige Inhaltsstoffe der Blätter sind Gerbstoffe, hauptsächlich Gallotannine, Flavonoide, ätherisches Öl, wichtige Inhaltsstoffe der Hamamelisrinde sind β-Hamamelitannine, γ-Hamamelitannine, das Depsid Ellagtannin, Catechinderivate und freie Gallussäure. Zerkleinerte Droge oder Hamameliszubereitungen wirkten antiphlogistisch, z. B. beim experimentellen UV-Erythem oder Tesafilm-Hautstripping Test, adstringierend und lokal hämostyptisch. In verschiedenen kontrollierten klinischen Studien wirkte eine Hamamelisdestillatzubereitung entzündungshemmend und symptomenlindernd.

☞ **Anwendungsgebiete** für Zubereitungen aus Hamamelis folium et cortex, **die eine vertragsärztliche Verordnung rechtfer-**

tigen: Leichte Hautverletzungen, lokale Entzündungen der Haut und Schleimhäute, Hämorrhoiden, Krampfaderbeschwerden.

Nebenwirkungen: Nicht bekannt.

Gegenanzeigen: Nicht bekannt

Wechselwirkungen: Nicht bekannt.

Auswahl von zugelassenen bzw. monographiekonformen Ferigarzneimitteln, ohne Anspruch auf Vollständigkeit:

Hamadest Salbe 100 g = 30 g Wasserdampfdestillat aus frischen Hamamelisblättern und Zweigen

Hamasana, Salbe, 100 g = 20 g dest. Hamamelis-Extrakt aus Rinden und Blättern von Hamamelis virginiana

Hametum Creme 100 g = 5,35 Destillat aus frischen Blättern und Zweigen von Hamamelis virginiana

Hametum Extrakt, Flüssigkeit, 100 g = 25 g Destillat aus frischen Blättern und Blüten von Hamamelis virginiana, eingestellt auf 3 mg Hamamelisketone

Hametum, Salbe, 100 g = 6,25 g Destillat aus frischen Blättern und Zweigen von Hamamelis virginiana, eingestellt auf 0,75 mg Hamamelisketone

✳ Matricariae flos (Kamillenblüten)

Im mitteleuropäischen Raum werden die frischen oder getrockneten Blütenköpfchen der echten Kamille (Matricaria recutita) verwendet. Bei den wirksamkeitsbestimmenden Inhaltsstoffen handelt es sich um lipophile und hydrophile Substanzen. Zu ersteren gehören ätherische Öle wie α-Bisabolol, Bisaboloxid A, B, C und Chamazulen, das nach Wasserdampfdestillation aus Matricin entsteht, und zu letzteren die Flavonoide, z. B. Apigenin-Verbindungen. In klassischen experimentellen Untersuchungen wurden von Kamillezubereitungen bzw. einzelnen Inhaltsstoffen antiphlogistische Wirkungen, Hemmung der Zyklooxygenase sowie der Lipoxygenase, bakteriostatische Wirkungen, vor allem gegen grampositive Keime, fungistatische Wirkungen gegen Candida albicans und wundheilungsfördernde Effekte nachgewiesen.

In verschiedenen Entzündungsmodellen an Probanden wirkten Kamillezubereitungen antiphlogistisch. Die therapeutische Wirksamkeit ist durch placebo- bzw. referenzkontrollierte Studien bei Patienten mit verschiedenen Ekzemformen, Strahlen- und Kontaktdermatitis belegt.

☞ **Anwendungsgebiete, die eine vertragsärztliche Verordnung rechtfertigen:** Haut- und Schleimhautentzündungen sowie bakterielle Hauterkrankungen einschließlich der Mundhöhle und des Zahnfleisches, entzündliche Erkrankungen im Anal- und Genitalbereich (Bäder und Spülungen).

Nebenwirkungen: Nicht bekannt.

Gegenanzeigen: Nicht bekannt

Wechselwirkungen: Nicht bekannt.

Auswahl von zugelassenen bzw. monographiekonformen Fertigarzneimitteln, ohne Anspruch auf Vollständigkeit:

Kamillosan Salbe Robugen
Kamille Spitzner Lösung
Kamilloderm Salbe plus
Kamillosan Creme
Kamillosan Konzentrat

❋ **Salviae folium**

Verwendet werden frische oder getrocknete Laubblätter von Salvia officinalis. Hauptinhaltsstoffe sind tujonreiches ätherisches Öl, daneben Campher und Cineol, Monoterpene, Diterpen-Bitterstoffe, Triterpene, Flavone und Flavon-Glykoside. Nach In-vitro-Experimenten sind bakterizide, fungistatische sowie virustatische Wirkungen ausreichend belegt und aufgrund der Inhaltsstoffe plausibel. Ausführliche klinische Studien fehlen.

☞ **Anwendungsgebiete, die eine vertragsärztliche Verordnung rechtfertigen:** Entzündungen der Mund- und Rachenschleimhaut.

Nebenwirkungen: Nicht bekannt.

Gegenanzeigen: Nicht bekannt.

Wechselwirkungen: Nicht bekannt.

Auswahl von zugelassenen bzw. monographiekonformen Fertigarzneimitteln, ohne Anspruch auf Vollständigkeit:

Salbei Curarina Tropfen
Salvysat Bürger Lösung

✳ Quercus cortex (Eichenrinde)

Verwendet werden die im Frühjahr gesammelte und getrocknete Rinde junger Zweige und Stockausschläge von Quercus robur L und/oder Quercus petraea Lieblein. Die Droge enthält Gerbstoffe und Flavonole und besitzt adstringierende und virustatische Wirkungen. Sinnvoll sind Eichenrindenbäder bei nässenden Dermatosen.

☞ **Anwendungsgebiete:** Entzündliche Hauterkrankungen, leichte Entzündungen im Mund- und Rachenbereich sowie im Genital- und Analbereich.

Nebenwirkungen: Nicht bekannt.

Gegenanzeigen: Nicht bekannt

Wechselwirkungen: Nicht bekannt.

Keine Fertigarzneimittel vorhanden, freie Rezeptur sinnvoll.

11.2 Stumpfe Traumen (Prellungen, Distorsion)

✳ Arnicae flos (Arnikablüten)

Verwendet werden frische oder getrocknete Blütenstände von Arnica montana. Die Droge enthält als charakteristische, möglicherweise wirksamkeitsbestimmende Inhaltsstoffe Sesquiterpenlactone vom Helenanolid-Typ, und zwar vorwiegend Esterderivate von Helenalin und 11,13-Dihydrohelenalin. Daneben finden sich in der Droge Flavonoide, ätherisches Öl (u. a. Thymol und Thymolderivate), Phenolcarbonsäuren (Chlorogensäure, Cynarin, Kaffesäure) und Cumarine (Umbelliferon, Scopoletin). In experimentellen Untersuchungen wurden antiphlogistische, antimikrobielle Wirkungen nachgewiesen. Die antiphlogistische Wirkung von Arnika-Zubereitungen wird auf Helenalin zurückgeführt, das im Carrageenan-Pfotenödem und bei der Adjuvans-Arthritis der Ratte einen ausgeprägten ödemprotektiven Effekt zeigte.

☞ **Anwendungsgebiete, die eine vertragsärztliche Verordnung rechtfertigen:** Zur äußeren Anwendung bei Verletzungs- und Unfallfolgen z. B. Hämatomen, Distorsionen, Prellungen, Quetschungen.

Nebenwirkungen: Längere Anwendung an geschädigter Haut, z. B. Verletzungen oder Ulcus cruris, ruft relativ häufig ödematöse Dermatitis mit Bläschenbildung hervor. Ferner können bei längerer Anwendung Ekzeme auftreten. Bei hoher Konzentration in der Darreichung sind auch primär toxisch bedingte Hautreaktionen mit Bläschenbildung bis zur Nekrotisierung möglich.

Gegenanzeigen: Überempfindlichkeit gegen Arnika (Arnika-Kontaktallergie). Als sensibilisierende Substanz gelten Sesquiterpene vom Helenalin-Typ.

Wechselwirkungen: Keine bekannt.

Auswahl von zugelassenen bzw. monographiekonformen Fertigarzneimitteln, ohne Anspruch auf Vollständigkeit:

Arniflor N Salbe 100 g = Arnika-Tinktur (1:10) 15 g
Arnika Salbe LAW 100 g = Arnika-Tinktur (1:10) 8 g
Athrosenex AR Salbe, Öl-Extrakt aus Arnikablüten (1:5) 5 g
doc Salbe 100 g = Arnika-Tinktur DAB 10 21,5 g
Eutromaul Gel 100 g = Arnika-Tinktur 25 g
Vasotonin Gel 100 g = Arnikablüten-Fluidextrakt 5 g

�֍ Symphytum officinale (Beinwell)

Verwendet werden die frischen oder getrockneten unterirdischen Teile von Symphytum officinale. Kraut und Wurzeln enthalten als charakteristischen Inhaltsstoff Allantoin und daneben Schleimstoffe, Gerbstoffe und toxische Pyrrolizidinalkaloide (PA) mit 1,2-ungesättigtem Necingerüst sowie N-Oxide. Wegen der hepatotoxischen, mutagenen und karzinogenen Wirkung darf die applizierte Tagesdosis nicht mehr 1 μ PA und das Fertigarzneimittel nicht mehr als 1 ppm/g enthalten und die Anwendung nicht länger als 4–6 Wochen pro Jahr betragen. Inzwischen stehen weitgehend PA-freie Präparate zur Verfügung. Die Schleimstoffe wirken lokal reizmildernd, Allantoin wirkt entzündungshemmend, zellregenerierend und fördert die Wundheilung.

☞ **Anwendungsgebiete, die eine vertragsärztliche Verordnung rechtfertigen:** Prellungen, Zerrungen, Quetschungen und Verstauchungen

Nebenwirkungen: Nicht bekannt.

Gegenanzeigen: Schwangerschaft, Stillzeit, Kindesalter

Wechselwirkungen: Nicht bekannt.

Auswahl von zugelassenen bzw. monographiekonformen Fertigarzneimitteln, ohne Anspruch auf Vollständigkeit:

Kytta Balsam 100 g = Beinwellwurzel-Fluidextrakt 1:2, 35 g
Kytta Salbe 100 g = Beinwellwurzel-Fluidextrakt 1:2, 35 g
Traumaplant Salbe 100 g = Symphytum-Konzentrat 25 g

11.3 Chronisches Ekzem

✳ **Dulcamarae stipites (Bittersüßstengel)**

Verwendet werden die getrockneten Stengel von Solanum dulcamara, gesammelt vor dem Austreiben der Blätter oder im Spätherbst nach dem Abfallen der Blätter. Die Droge enthält Gerbstoffe, Steroidalkaloide (Soladulcidin oder Tomatidenol) und Steroidsaponine. Aufgrund der Inhaltsstoffe ist eine adstringierende, antimikrobielle und antiphlogistische Wirkung plausibel und zum Teil experimentell belegt. In nicht kontrollierten Studien bewirkten Dulcamara-Extrakte bei Patienten mit chronischem Ekzem und juckenden Dermatosen einen Rückgang der Krankheitssymptome.

☞ **Anwendungsgebiete, die eine vertragsärztliche Verordnung rechtfertigen:** Zur unterstützenden Therapie bei chronischem Ekzem.

Nebenwirkungen: Nicht bekannt.

Gegenanzeigen: Schwangerschaft, Stillzeit, Kindesalter.

Wechselwirkungen: Nicht bekannt.

> Auswahl von zugelassenen bzw. monographiekonformen Fertigarzneimitteln, ohne Anspruch auf Vollständigkeit:
>
> Cefabene Salbe, 100 g = ethanol. Dulcamara-stipites-Extrakt 10 g
> Cefabene Filmtbl., 1 Tabl. Dulcamara-stipites-Trockenextrakt 200 mg
> Cefabene Tropfen, 100 g Ethanol. Dulcamara-stipites-Extrakt (1:5, 30 %) 70 g

✳ **Oenothera biennis (Nachtkerzensamenöl)**

Verwendet werden die im zweiten Jahr gebildeten Samen. Sie enthalten bis zu 25 % fettes Öl, das mit Hexan extrahiert wird und zu 60–80 % aus Linolsäure, und zu 4–18 % aus γ-Linolensäure besteht. γ-Linolensäure ist für die Entwicklung und Funktion des Immunsystems der Haut von besonderer Bedeutung. Sie wird durch die δ-6-Desaturase aus Linolsäure gebildet. Die Doppelbindung in der γ-Position ist nicht stabil, weshalb γ-Linolensäure nur in Ölen haltbar ist, die zum Schutz der Doppelbindung z. b. mit Vitamin E ein Redoxsystem enthalten. Die Folge eines Mangels an δ-6-Desaturase oder ihrem Substrat ist das Krankheitsbild der atopischen Dermatitis. Etwa 60 % der Ersterkrankungen einer Neurodermitis werden im Säuglingsalter und etwa 25 % bis zum 12. Lebensjahr beobachtet. Nach dem 45. Lebensjahr ist nur noch selten mit dem Auftreten der Neurodermitis zu rechnen. Der Effekt von γ-Linolensäure beruht vermutlich auf einer prostaglandinvermittelten Suppression der kutanen T-Zell-Proliferation und LTB4-Bildung (Leukotrien B). In verschiedenen kontrollierten Studien und Erfahrungsberichten wurde die Wirksamkeit von Nachtkerzensamenöl bei Patienten mit atopischem Ekzem auf Entzündungsgrad, Trockenheit, Schuppung, Juckreiz und Gesamtzustand untersucht und eine signifikante Besserung erreicht.

☞ **Anwendungsgebiete, die eine vertragsärztliche Verordnung rechtfertigen:** Zur Behandlung und zur symptomatischen Erleichterung des atopischen Ekzems (Neurodermitis). Symptome wie Juckreiz, Schuppung, Hautentzündung oder Rötung werden positiv beeinflußt.

Nebenwirkungen: Gelegentlich Übelkeit, Verdauungsstörungen und Kopfschmerzen. In seltenen Fällen allergische Erscheinungen mit Symptomen wie Hautausschlägen (Exanthem) und Bauchschmerzen.

Gegenanzeigen: Schwangerschaft in den ersten 3 Monaten, nicht bei Kindern unter 1 Jahr

Wechselwirkungen: Unter der Behandlung kann es zum Auftreten von nicht erkannten Temporallappenanfällen, einer Form der Epilepsie, kommen, besonders bei schizophrenen Patienten bzw. Patienten, die gleichzeitig epileptogene Arzneimittel wie Phenothiazine einnehmen. Bei Patienten, deren Krankheitsgeschichte eine Epilepsie aufweist, sind die Wirkungen sorgfältig zu beobachten.

Dosierungsanleitung: Erwachsene 2 × täglich 4–6 Kapseln (40 mg Gamolensäure), Kinder im Alter von 1–12 Jahren 2 ×

täglich 2–4 Kapseln nach der Mahlzeit unzerkaut mit viel Flüssigkeit. Das Öl kann auch direkt mit Milch oder gemischt mit dem Essen geschluckt werden.

Auswahl von zugelassenen bzw. monographiekonformen Fertigarzneimitteln, ohne Anspruch auf Vollständigkeit:

Epogam Kapseln, 1 Kapsel = 466–536 mg Nachtkerzensamenöl
Epogam 1000 Kapseln, 1 Kapsel = 932–1073 mg Nachtkerzensamenöl
Gammacur Kapseln, 1 Kapsel = 500 mg Nachtkerzensamenöl
Neobonsen Kapseln, 1 Kapsel = 500 mg Nachtkerzensamenöl
Unigamol Kapseln, 1 Kapsel = 382–518 mg Nachtkerzensamenöl (entspr. 40 mg Gamolensäure)

11.4 Virusinfektionen der Haut

✳ **Podophylli peltati rhizoma/resina (Podophyllumwurzelstock/ -harz)**

Verwendet wird der getrocknete Wurzelstock mit den anhängenden Wurzeln von Podophyllum peltatum. Das Podopyhyllumharz besteht aus dem Harz der getrockneten und gelagerten Wurzeln. Wichtige Inhaltsstoffe sind Flavone und Lignanolide, z. B. Podophyllotoxin, α-Peltatin. Die in der Droge enthaltenen Podophyllotoxine wirken stark laxierend und besitzen antimitotische Eigenschaften; sie wirken im Tierversuch embryotoxisch, aber nicht teratogen.

☞ **Anwendungsgebiete, die eine vertragärztliche Verordnung rechtfertigen:** Condylomata acuminata.

Nebenwirkungen: Nicht bekannt.

Gegenanzeigen: Schwangerschaft

Wechselwirkungen: Nicht bekannt.

Dosierungsanleitung: Ein- bis zweimal wöchentlich in Form einer 5–25 %igen ethanolischen Lösung oder in Form entsprechender Salben. Die behandelte Fläche darf 25 cm^2 nicht überschreiten. Auf eine sorgfältige Abdeckung angrenzender Hautpartien ist zu achten.

Keine Fertigarzneimittel vorhanden, freie Rezeptur sinnvoll.

Literatur

Bogdanova NS, Nikolaeva IS, Scherbakova LI, Tolstova TI, Moskalenko NYU, Pershin GN, (1970) A study into antiviral properties of calendula officinalis. Farmakol Toksikol 33:349–355

Brieskorn CH, Kapadia Z (1980) Bestandteile von Salvia officinalis. XXIV: Triterpenalkohole, Triterpensäuren und Pristan im Blatt von Salvia officinalis L Planta Med 38:86–90

Brieskorn CH (1991) Salbei – seine Inhaltsstoffe und sein therapeutischer Wert. Z Phytother 12:61–69

Burton L (1990) Essential fatty acids in atopic eczema: Clinical studies. In: Hoorobin DF (ed) Omega-6-essential fatty acids: Pathophysiology and roles in clinical medicine. Alan Liss, New York, pp 67–73

Chiba K, Takakuwa T, Tada M, Yoshii T (1992) Inhibitory effect of acylphloroglucinol derivatives on the replication of vesicular stomatitis virus. Biosci Biotechnol Biochem 56:1769–1772

Della Loggia R, Becker H, Issac O, Tubaro A (1990) Topical Anti-Inflammatory activity of Calendula officinalis Extracts. Planta Med 56:658

DIMID (1994) ICD-10, 10 Revision. Springer, Berlin Heidelberg New York

Dumenil G, Chemli R, Balansard G, Guiraud H, Lallemand M (1980) Etude de proprietés antibacteriennes des fleurs de Souci Calandula officinalis L et des teintures meres homéopathiques de C. officinalis L et C. arvensis L. Ann Pharm Fr 38:493–499

Duwiejua M, Zeitlin IL, Watermann PG, Gray AL (1994). Anti-inflammatory activity of Polygonum bistorta, Guaiacum officinale and Hamamelis virginiana in rats. J Pharm Pharmacol 46:286–290

Erdelmeier CAJ, Cinatl Jr J, Rabenau H, Doerr HW, Biber A, Koch E (1996) Antiviral and antiphlogistic activities of Hamamelis virginiana bark. Planta Med 62:241–245

Gracza L (1987) Adstringierende Wirkung von Phytopharmaka. Dtsch Apoth-Ztg 127:2256–2258

Hänsel R, Keller K, Rimpler H, Schneider G (1993) Hagers Handbuch der pharmazeutischen Praxis. Drogen P-Z S 227, P-Z S 346, A-D S 607–609. P-Z 739–740, E-O S 825–826, E-O 367–384, A-D 342–357, 367–384,

Häußler S (1969). Allgemeinmedizin und Zukunft. Gentner, Stuttgart

Hall ICH, Starnes CO, Lee KH, Waddell TG (1980) Mode of action of sesquiterpene lactones as anti-inflammatory agents. J Pharm Sci 69:537–543

Hall H, Lee KH, Starnes CO, Sumida Y, Wu RY, Waddell TG (1979) Anti-inflammatory activity of sesquiterpene lactones and related compounds. J Pharm Sci 68:537–542

Hansen AE et al (1947) Eczema and essential fatty acids. Am J Dis Child 73:1–18

Hartisch C, Kolodziej H, von Bruchhausen F (1997) Dual inhibitory activities of tannins from Hamamelis virginiana and related poylphenols on 5-lipoxygenase and lyso-PAF acetyl CoA acetyltransferase. Planta Med 63:106–120

Hausen BM (1980). Arnikaallergie. Der Hautarzt 31:10–17

Hölzer I (1992) Dulcamara-Extrakte bei Neurodermitis und chronischem Ekzem. Ergebnisse einer klinischen Prüfung. Jatros Derm 6:32–36

Hörmann HP, Korting HC (1995) Allergic acute contact dermatitis due to Arnica tincture self-medication. Phytomedicine 1(4):315–317

Hörmann HP, Korting HC (1994) Evidence for efficacy and safety of topical herbal drugs in Dermatology. Part I: Antiinflammatory agents. Phytomedicine 1:161–171

Issac O (1992) Die Ringelblume, Botanik, Chemie, Pharmakologie, Toxikologie, Pharmazie und therapeutische Verwendung. Wissenschaftliche Verlagsgesellschaft, Stuttgart

Jalsenjak V, Peljnak S, Kustrak D (1987). Microcapsules of sage-oil; essential oils content and antimicrobial activity. Pharmazie 42:419–420

Korting HC, Schäfer-Korting M, Hart H, Laux P, Schmid M (1993) Anti-inflammatory activity of hamamelis distillate applied topically to the skin. Eur J Clin Pharmacol 44:315–318

Korting HC et al (1995) Comparative efficacy of hamamelis and hydrocortison cream in atopic eczema. Eur J Clin Pharmacol 48:461–465

Laux P, Oschmann R (1993) Die Zaubernuß – Hamamelis virginiana L. Z Phytother 14:155–166

Lee KH et al (1973) Cytotoxicity of sesquiterpene lactons. Cancer Res 31:1649–1654

Meigel W, Dettke T, Meigel EM, Lenze U (1987) Additive orale Therapie der atopischen Dermatitis mit ungesättigten Fettsäuren. Z Hautkrankh 62 (suppl. 1):100–103

Morse PF, Horrobin DF, Manuku MS, Stewart JCM, Allen R, Littlewood S, Wright S, Burton J, Gould DJ, Holt PJ, Jansen CT, Mattila L, Meigel W, Dette T, Wexler D, Guenther L, Bordoni A, Patrizi A (1989). Meta-analysis of placebo-controlled studies of the efficacy of Epogam in the treatment of atopic eczema. Relationship between plasma essential fatty acid changes and clinical response. Br J Dermatol 121:75–90

Oestreich W (1993) Therapie juckender Dermatosen. Dtsch Dermatol 41:1190–1192

Scheffer JJC (1979) De goudsbloem (Calendula officinalis) als geneeskruid in verleden en heden. Pharm Ewekbl 114:11149–1157

Schilcher H (1987) Die Kamille. Wissenschaftliche Verlagsgesellschaft, Stuttgart

Swoboda M, Meurer J (1991) Therapie von Neurodermitis mit Hamamelis virginiana Destillat in Salbenform. Z Phytother 12(4):114–117

Vennant B, Pourrat H, Pouget MP, Gross D, Pourrat A (1988) Tannins from Hamamelis virginiana; identification of proanthracyanidins and hamameli tannin quantification in leaf, bark, and stem extracts. Planta Med 454–457

Willhuhn G, Kresken J (1981) Sesquiterpenlactone aus Arnica chamissonis Less subsp. foliosa (Nutt) Maguire und subsp. Incana (Gray) Maguira. Planta Med 42:107

Willhuhn G, Röttger PM, Quack W (1982) Untersuchungen zur antimikrobiellen Aktivität der Sesquiterpenlactone der Arnikablüten. Pharm Ztg 127:2183–2185

Willhuhn G, Leven W, Luley C (1994) Arnikablüten DAB 10. Untersuchungen zur qualitativen und quantitativen Variabilität des Sesquiterpenlactongehaltes der offizinellen Arnikadrogen. Dtsch Apoth-Ztg 134:4077–4085

Willhuhn G (1996) Phytopharmaka in der Ekzemtherapie. Pharm Ztg 22:4–14

Willhuhn G (1992) Pflanzliche Dermatika. Dtsch Apoth-Ztg 132:1873–1883

Wolters B (1966) Die Verbreitung antibiotischer Eigenschaften bei Saponindrogen. Dtsch Apoth-Ztg 106:1729–1733

Wright S, Burton JL (1982). Oral evening-primrose-aseed olio improves atopic eczema. Lancet 2:1120–1122

12 Phytopharmaka in der Pädiatrie

In der Alltagspraxis nicht nur des Kinderarztes, sondern auch des Allgemeinarztes spielen Phytopharmaka eine wichtige Rolle, insbesondere wenn Eltern für ihre Kinder im Konsens mit dem Arzt bzw. mit dem Apotheker im Rahmen der Selbstmedikation pflanzliche Arzneimittel chemisch definierten Substanzen vorziehen. Das Indikationsspektrum ist weit und umfaßt u. a. Erkältungskrankheiten, Infektionen der oberen Luftwege, Bronchitiden, infektiöse und nicht-infektiöse Magen-Darm-Erkrankungen, Hauterkrankungen, Unruhezustände. Bedauerlicherweise enthalten moderne Lehrbücher der Pädiatrie keine oder nur unzulängliche Informationen zu Indikationen, Dosierungen, Wirkungsweisen und unerwünschten Arzneimittelwirkungen von pflanzlichen Arzneimitteln. Auch die von der Kommission E im früheren Bundesgesundheitsamt erstellten Monographien enthalten keine oder nur in Ausnahmefällen entsprechende Hinweise.

Die Phytopharmaka gehören ebenso wie chemisch definierte Substanzen zum integrierten Bestandteil einer rationalen Therapie. Damit unterliegen pflanzliche Arzneimittel den gleichen Bewertungskriterien wie chemisch definierte Arzneimittel, d. h. Nachweis der Qualität, Wirksamkeit und Unbedenklichkeit. Manche pflanzliche Arzneimittel werden mit guten Erfahrungen seit Jahrzehnten ohne nennenswerte Nebenwirkungen angewandt. An diese traditionellen Präparate können großzügigere Anforderungen gestellt werden. Anders sieht es bei pflanzlichen Arzneimitteln mit definierten Indikationen aus, vor allem bei den verschiedenen Altersgruppen. Hier sind Qualitätsnachweis, indikationsbezogene Wirksamkeit, altersspezifische Dosierung und Unbedenklichkeit zu fordern. Der Qualitätsnachweis gehört zu den Aufgaben des Herstellers. Die Dosierung von Phytopharmaka bei den jeweiligen Altersklassen ist ein Problem aufgrund der klinisch-pharmakologischen Besonderheiten der Entwicklungs- und Reifungsphase.

Die altersklassenabhängigen Unterschiede in der Wirksamkeit von Phytopharmaka beruhen auf einer geänderten Pharmakokinetik, z. B. aufgrund nicht abgeschlossener Organ- oder Funktionsreifung bei Säuglingen, und einer anderen Metabolisierung, Verteilung und Ausscheidung sowie einer anderen Toxikokinetik und auf veränderten pharmakodynamischen Reaktionen bei Kindern. Säuglinge, Kleinkinder und Kinder sind keine kleinen Erwachsenen, so daß die Dosierung von pflanzlichen Arzneimitteln in diesem Alter ein Problem darstellt. Beeindruckend sind Differenzen bei der Körpergröße und insbesondere beim Körpergewicht, wo sie mehr als 2 Zehnerpotenzen ausmachen können, ausgehend vom kleinsten Frühgeborenen mit beispielsweise 500 g bis hin zum adipösen Jugendlichen mit über 100 kg Körpergewicht. Im allgemeinen berücksichtigen Dosierungsangaben in der Pädiatrie als Bezugswerte Körpergewicht, Körperoberfläche und/oder Lebensalter. Bei Säuglingen und Kleinkindern richtet sich die Dosierung meistens nach dem Körpergewicht, bei älteren Kindern nach der Körperoberfläche bzw. nach dem Alter; dementsprechend erhalten 6−9jährige etwa die Hälfte und 10−12jährige Kinder etwa zwei Drittel der Erwachsenendosis.

Die exakte Dosierung eines pflanzlichen Arzneimittels ist also ein Problem. Nach der „Note of Guidance" können Kinderdosierungen auf der Basis von Körpergewicht und Körperoberfläche aus der Erwachsenendosis extrapoliert werden, so daß die rechnerische Dosisermittlung durchaus gerechtfertigt ist, solange keine klinische Studien vorliegen. Dennoch sollten zukünftig präparatespezifische Untersuchungen zur Wirksamkeit und Unbedenklichkeit gefordert werden, wobei empirische Werte einfließen können. Theoretische Berechnungen entbinden den Hersteller nicht von der Pflicht, auch für pflanzliche Arzneimittel in der Pädiatrie plausibles Erkenntnismaterial zur indikationsbezogenen Wirksamkeit und Unbedenklichkeit zu Verfügung zu stellen.

12.1 Sinnvolle Darreichungsformen von Phytopharmaka in der Pädiatrie

Gemäß AMG 2 kommen Zubereitungen aus Pflanzenteilen in ähnlich definierten galenischen Formen vor wie chemisch definierte Substanzen, wenn man von bestimmten Darreichungsformen absieht. Für die Anwendung ergeben sich damit die gleichen Probleme im Hinblick auf sinnvolle Darreichungsformen unter Berücksichtigung des Lebensalters des Kindes und der jeweiligen Erkrankung. Bevorzugte Arzneimittelzubereitungen in der Pädiatrie sind

- wäßrige Drogenauszüge in Form von Aufgüssen (Infusa), Abkochungen (Decocta), Kaltmazeraten (Macerata), Medizinaltees bzw. tassenfertige Instanttees. Letztere sind aufgrund des hohen Weißzuckeranteils und der damit kariesfördernden Wirkung für Kinder ungeeignet. Darüber hinaus unterliegen sie bei der Herstellung einer thermischen Belastung und enthalten einen hohen Anteil an Füllmitteln. Geeigneter sind tassenfertige Tees mit Eiweißhydrolysat als arzneilich unwirksame Trägersubstanz. Zu beachten ist weiterhin die Laktoseintoleranz bei Kindern, wenn Laktose als Füllmittel eingesetzt sind.
- Die geeignetste Zubereitungsform sind Frischpflanzenpreßsäfte. Sie enthalten deutlich höhere Mengen an wirksamkeitsrelevanten Inhaltsstoffen als die einfachen wäßrigen Auszüge.
- Beliebt und äußerst kinderfreundlich sind Verdampfen, Versprühen bzw. Wasserdampfinhalationen von ätherischen Ölen, insbesondere bei Erkrankungen der oberen Atemwege. Aufgrund der antimikrobiellen Wirkung der ätherische Öle werden neben einer Keimzahlreduktion in der Luft die Nasenatmung erleichtert und die katarrhalischen Beschwerden gelindert. Hierzu zählen auch perkutan aufzutragende Salben oder Gele mit ätherischen Ölen, wobei mentholhaltige Darreichungsformen bei Säuglingen und Kleinkindern nicht im Bereich des Gesichts, speziell der Nase, aufgetragen werden sollen.

- Ethanolisch-wäßrige Zubereitungen in Form von Tinkturen, Fluidextrakten sollten, insbesondere wenn sie einen Alkoholgehalt von >50 % enthalten, aus sicherheitspharmakologischen und toxikologischen Gründen innerlich nur nach strenger Indikation und Nutzen-Risiko-Abwägung eingesetzt werden. Wenn auch tödlich verlaufende Ethanolintoxikationen beim Kind kaum oder so gut wie nicht auftreten, werden in der Literatur doch Intoxikationen beschrieben. Im Vordergrund steht die Hypoglykämie. Inwieweit Propylenglykol, ein mehrwertiger Alkohol, eine Alternative ist, kann derzeit noch nicht beantwortet werden. Auch das BfArM stuft Propylenglykol nicht mehr in die Gruppe der inerten Hilfsstoffe ein. Keine Bedenken bestehen bei alkoholischen Trockenextrakten in altersentsprechenden Zubereitungsformen, bei denen der Alkohol durch Destillation entfernt wird.
- Bei Mund- und Rachenentzündungen sind zuckerfreie Hustenbonbons, Lutschtabletten oder Lutschpastillen, z.B. mit Extrakten aus Isländisch Moos, Salbeiblättern oder Thymiankraut, sinnvoll.
- Zu den klassischen Darreichungsformen gehören Suppositorien mit leicht schmelzbarer Suppositorienmasse und lokal nicht reizenden Extrakten.
- Bäder mit ätherischen Ölen sind ebenfalls sehr beliebt und auch sinnvoll. Hierbei wird das ätherische Öl initial rasch inhalativ und später über die perkutane Resorption protrahiert aufgenommen.

12.2 Indikationen für Phytopharmaka in der Pädiatrie

Die möglichen Anwendungsgebiete von pflanzlichen Drogen in der Pädiatrie lassen sich in den folgenden Gruppen zusammenfassen:

Erkrankungen der Mund- und Rachenschleimhaut: Kamillenblüten (Matricariae flos), Salbeiblätter (Salviae folium)

Auswahl von Fertigarzneimitteln (zum Gurgeln, Spülen und für Inhalationen) ohne Anspruch auf Vollständigkeit und altersbegrenzte Anwendung:

Kamillen-Monoextrakte

Eukamillat Lösung, Kamillenblüten-Fluidextrakt
Kamillan supra, Kamillenblüten-Extrakt
Kamillenextrakt Steierl, Kamillenblüten Fluidextrakt
Kamille Spitzner Kamillenblüten-Fluidextrakt
Kamillosan Konzentrat Kamillenblüten-Extrakt

Salbei-Monoextrakte

Salbei Curarina Tropfen, Salbeiblätter Extrakt
Salvysat Bürger Lösung, Salbeiblätter-Fluid-/Trockenextrakt

Erkältungskrankheiten: Holunderblüten (Sambuci flos), Lindenblüten (Tiliae flos), Mädesüß (Filupendulae ulmariae flos) und bei fieberhaften Infekten Weidenrinde (Salicis cortex).

Auswahl von Fertigarzneimitteln, ohne Anspruch auf Vollständigkeit und altersbegrenzte Anwendung:

Keine Monoextrakte oder Fertigarzeinmittel verfügbar. In Kombinationen als Tee-Zubereitungen. Bei Salicis-cortex-Präparaten präparatespezifische Zulassung für Kinder beachten, z. B. Salix Bürger als Lösung.

Erkrankungen der Atemwege: Bei trockenem Husten *Mucilaginosa* wie Eibischblätter/-wurzel (Altheae folium/radix), Sonnentaukraut (Droserae herba), Isländisch Moos (Lichen islandicus), Malvenblüten/-blätter (Malvae flos/folium), Spitzwegerichkraut (Plantaginis lanceolatae herba), Wollblume (Verbascum flos). Bei produktivem Husten Sekretolytika in Form von *ätherischen Ölen* wie Anis (Anisi fructus), Campher inhalativ (Camphora), Eukalyptusblätter (Eucalypti folium), Fenchelöl/-früchte (Foeniculi aetheroleum/fructus), Süßholzwurzel (Liquiritiae radix), Minzöl (Menthae arvensis aetheroleum), Fichtennadelöl (Piceae aetheroleum), frische Fichtenspitzen (Piceae turiones recentes), Kiefernnadelöl

(Pini aetheroleum), Kiefernsprossen (Pini turiones), bzw. *Saponindrogen* wie Efeublätter (Hederae helicis folium), Schlüsselblumenblüten/wurzel (Primulae flos/radix), Quendelkraut (Serpylli herba).

Auswahl von Fertigarzneimitteln, ohne Anspruch auf Vollständigkeit und altersbegrenzte Anwendung:

Mucilaginosa-Monoextrakte

Broncho-Sern, Fluidextrakt aus Spitzwegerichkraut
Eibisch Sirup, Eibischwurzelmazerat
Isla-Moos Pastillen, wäßriger Extrakt aus Isländisch Moos
Makatussin Drosera, Saft zuckerfrei, -Tropfen, Dosera-Fluidextrakt
Proguval Hustensaft, Fluidextrakt aus Spitzwegerichkraut

Saponindrogen-Monoextrakte

Brochoforton Saft, Tropfen, Efeublätter-Trockenextrakt
Cefapulm mono Tropfen, Efeublätter-Extrakt
Hedelix Hustensaft, Tropfen, Efeublätter-Dickextrakt
Prospan Hustentropfen, Tabletten, Brausetbl., Zäpfchen, Efeublätter-Trockenextrakt

Ätherischöldrogen-Monoextrakte

Aspecton Hustensaft, Thymian-Fluidextrakt
Expectal N Tropfen, Thymian-Fluidextrakt
Fenchelsaft N mit Bienenhonig
Melrosum Hustensirup forte, Thymian-Fluidextrakt
Pertussin N Hustensaft, Thymian-Fluidextrakt
Pinimentol Erkältungskapseln, Eukalyptusöl magensaftresistent
Soledum Hustensaft, Thymian-Fluidextrakt
Thymipin N Hustensaft, Tropfen, Thymian-Fluidextrakt
Tussamag Hustentropfen N, Thymian-Fluidextrakt zuckerfrei

Kombinationen

Bronchicum Pflanzlicher Husten-Stiller, Lösung, Tropfen, Thymian-Fluidextrakt, Sonnentau-Fluidextrakt
Bronchopret Saft, Thymian-Fluidextrakt, Efeublätter-Fluidextrakt
Eucabal Balsam, Eukalyptusöl, Kiefernnadelöl
Pinimentol S Erkältungsbalsam mild, Eukalyptusöl, Kiefernnadelöl, Piniol Erkältungsbalsam, Eukalyptusöl, Kiefernnadelöl
Quebrachorinden-Tinktur, weisse Seifenwurzel-Tinktur, Thymian-Tinktur
Stas Erkältungssalbe mild, Eukalyptusöl, Kiefernnadelöl
Transpulmin Baby, ätherisch Öl: 1 ml enth. Eucalyptusöl 0,5 ml, Kiefernnadelöl 0,5 ml
Transpulmin Kinderbalsam S, Eukalyptusöl, Kiefernnadelöl
Tumarol Kinderbalsam, Eukalyptusöl, Kiefernnadelöl
Tussiflorin forte Tropfen
Tussiflorin Hustensaft, Hustenstiller

Appetitlosigkeit, Dyspepsie: Pomeranzenschale (Aurantii pericarpium), Korianderfrüchte (Coriandri fructus), Bitterkleeblätter (Menyanthis folium).

Krampfartige Bauchschmerzen: Angelikawurzel (Angelicae radix), Kümmelfrüchte (Carvi fructus), Fenchelöl/-früchte (Foeniculi aetheroleum/fructus), Kamillenblüten (Matricariae flos), Pfefferminzblätter/-öl (Menthae piperitae folium/ aetheroleum).

Auswahl von Fertigarzneimitteln, ohne Anspruch auf Vollständigkeit und altersbegrenzte Anwendung:

Carvomin Magentropfen mit Pomeranze, Pomeranzen-Tinktur
Pascovegetan 100 Tropfen

Fixe Kombinationen mit Ätherischöldrogen und Bitterstoffen

Carminativum Babynos, Blähungstropfen
Carminativum Hetterich N
Carminativum-Pascoe Tropfen
Iberogast Tinktur

Kamillen-Monoextrakte

Eukamillat Lösung, Kamillen-Fluidextrakt
Kamillen Steierl, Kamillenblüten-Fluidextrakt
Kamille Spitzner, Kamillen-Fluidextrakt
Kamillosan Konzentrat, Kamillenblüten-Extrakt

Obstipation: Leinsamen (Lini semen), Flohsamen (Psylli semen).

Auswahl von Fertigarzneimitteln, ohne Anspruch auf Vollständigkeit und altersbegrenzte Anwendung:
Pflanzliche Quell- und Füllstoffe (Flohsamen und Leinsamen)

Agiopur Granulat, Plantago ovata Samenschale
Flohsa, Granulat, Plantago ovata Samenschale
Gastronal, wäßrige Schleimzubereitung aus Leinsamen
Laxiplant soft Pulver, Plantago ovata Samenschale
Mucofalk Apfel/Orange/Pur Granulat, Plantago ovata Samenschale
    (indische Flohsamenschale)
Pascomucil Pulver
Plantacur, Plantago ovata Samenschale (indische Flohsamenschale)

Durchfall: Frauenmantelkraut (Alchemillae herba), Kaffeekohle (Coffeae carbo), Heidelbeeren (Myrtilli fructus), Tor-
mentillenwurzelstock (Tormentillae rhizoma), Uzarawurzel
(Uzarae radix).

Auswahl von Fertigarzneimitteln, ohne Anspruch auf Vollständigkeit und altersbegrenzte Anwendung:

Carbo Königsfeld, Pulver, 1 g = Kaffeekohle 1 g
Uzara Dragees Lösung, Uzara-Trockenextrakt
Hamadin, Saccharomyces-boulardii-Kapseln 250 mg Sb
Perenterol, Saccharymoces-boulardii-Kapseln 250 mg Sb
Perocur forte, Kapseln 250 mg Sb

Fixe Kombination

Diarrhoesan, Flüssigkeit, Apfelpektin, Kamillenblüten-Fluidextrakt

Durchspülungstherapie,   Harnwegsinfekte: Birkenblätter
(Betulae folium), Hauhechelwurzel (Ononidis radix), Orthosiphonblätter (Orthosiphonis folium), Goldrutenkraut (Solidaginis virgaureae herba), Bärentraubenblätter (Uvae ursi).

Auswahl von Fertigarzneimitteln, ohne Anspruch auf Vollständigkeit und altersbegrenzte Anwendung, für die
Durchspülungstherapie:

Uroflan Brausetbl. ED 180 mg
Urorenal Brausetbl. ED 500 mg
Carito mono Kapseln ED 278 mg Blätter-Trockenextrakt
Nephronorm med Dragees ED 100 mg Orthosiphon-Extrakt

Goldrutenkraut-Trockenextrakt-Monoextrakte

Calcufel Aqua Dragees ED 350 mg
Cystinol long Kapseln ED 424,8 mg

Auswahl von Fertigarzneimitteln, ohne Anspruch auf Vollständigkeit und altersbegrenzte Anwendung, bei Harnwegsinfekten:

Bärentraubenblätter

Arctuvan N Dragees, 1 Drg. Bärentraubenblätter-Extrakt entspr. 40 mg Arbutin
Cystinol akut Dragees 1 Drg. Bärentraubenblätter-Trockenextrakt entspr. 70 mg Hydrochinonderivate ber. als Arbutin

Unruhezustände: Lavendelblüten (Lavendulae flos), Hopfenzapfen (Lupuli strobulus), Melissenblätter (Melissae folium), Passionsblumenkraut (Passiflora herba), Baldrianwurzel (Valerianae radix).

Auswahl von Fertigarzneimitteln, ohne Anspruch auf Vollständigkeit und altersbegrenzte Anwendung:

Baldrian-Monoextrakte

Recvalysat Bürger, Lösung aus frischer Baldrianwurzel (Valerianae radix officinalis)
RubieDorm Zäpfchen, Baldrianöl

Pflanzliche Kombinationen

Ardeysedon, Baldrianwurzel-Trockenextrakt, Hopfenzapfen-Trockenextrakt
Euvegal-Tropfen N, Extr. Valerianae, Melissae, Passiflorae
Kytta-Sedativum Tropfen, Baldrianwurzel-Fluidextrakt, Hopfenzapfen-Trockenextrakt, Passionsblumenkraut-Fluidextrakt
Luvased-Tropfen N, Baldrianwurzel-Fluidextrakt, Hopfenzapfen-Fluidextrakt, Melissenblätter-Fluidextrakt, Passionsblumenkraut-Fluidextrakt,
Plantival novo Lösung, Baldrianwurzel-Trockenextrakt, Melissenblätter-Trockenextrakt
Sedasyx Lösung, Baldrianwurzel-Fluidextrakt, Melissenblätter-Fluidextrakt, Passionsblumenkraut-Fluidextrakt
SEDinfant N Sirup, Baldrianwurzel-Fluidextrakt, Melissenblätter-Fluidextrakt, Passionsblumenkraut-Fluidextrakt

Nicht infizierte, schlecht heilende Wunden, Traumen: Ringelblumenblüten (Calendulae flos), Schachtelhalmkraut (Equiseti herba), Hamamelisblätter/-rinde (Hamamelidis folium et cortex), Kamillenblüten (Matricariae flos), Eichenrinde (Quercus cortex), Beinwellwurzel (Symphyti radix).

Auswahl von Fertigarzneimitteln, ohne Anspruch auf Vollständigkeit und altersbegrenzte Anwendung, bei nicht infizierten, schlecht heilenden Wunden:

Hamamelisblätter-/-rinden-Monoextrakte

Hamadest, Lösung zur äußeren Anwendung, Hamamelis-Fluiddestillat

Hametum Creme, Hamamalis-Frischdestillat, Destillat aus frischen Blättern und Zweigen von Hamamelis virginiana

Hametum Extrakt, Hamamelis-Frischdestillat, Flüssigkeit, Destillat aus frischen Blättern und Zweigen von Hamamelis virginiana

Hametum, Hamamelis-Frischdestillat, Salbe, Destillat aus frischen Blättern und Zweigen von Hamamelis virginiana

Hamevis Tinktur, Hamamelisrinden-Tinktur

Kamillenblüten-Monoextrakt-Präparate

Kamillen-Salbe-Robugen, Kamillenblüten-Extrakt, aus Kamillenblüten mit mind. 30 mg Levomenol ((-)α-Bisabolol)

Kamilloderm-Salbe plus, Kamillenblüten-Extrakt, Ethanol-wäßriger Kamillenblüten-Extrakt

Kamillosan Salbe, Kamillenblüten-Trockenextrakt

Hauterkrankungen: Bittersüßstengel (Dulcamarae stipites), Stiefmütterchenkraut (Violae tricoloris herba).

Auswahl von Fertigarzneimitteln, ohne Anspruch auf Vollständigkeit und altersbegrenzte Anwendung:
    Keine Fertigarzneimittel vorhanden, freie Rezeptur sinnvoll.

Literatur

Dorsch W, Loew D, Meyer-Buchtela E, Schilcher H (1998) Empfehlungen zur Anwendung und Dosierung von Phytopharmaka, monographierten Arzneidrogen und ihren Zubereitungen in der Pädiatrie. In: Kooperation Phytopharmaka (Hrsg) Kinderdosierungen von Phytopharmaka. 2., überarbeitete Auflage

Kauert G (1998) Sind ethanolhaltige Phytopharmakazubereitungen in der Pädiatrie toxikologisch bedenklich? In: Loew D, Rietbrock N (Hrsg) Phytopharmaka IV – Forschung und klinische Anwendung. Steinkopff, Darmstadt, S 95–100

Schilcher H (1992) Phytotherapie in der Kinderheilkunde – Handbuch für Ärzte und Apotheker, 2. Aufl. Wissenschaftliche Verlagsgesellschaft, Stuttgart

Schilcher H (1998) Sinnvolle Darreichungsformen von Phytopharmaka in der kinderärztlichen Praxis sowie in der Selbstmedikation bei Kindern unter besonderer Berücksichtigung der Frischpflanzenpreßsäfte. In: Loew D, Rietbrock N (Hrsg) Phytopharmaka IV – Forschung und klinische Anwendung. Steinkopff, Darmstadt, S 73–80

Wichtel M (1997) Teedrogen, 3. Aufl. Wissenschaftliche Verlagsgesellschaft, Stuttgart

III. Phytopharmaka-Glossar

1 Übersicht ausgewählter Wirkstoffgruppen

Ätherischöldrogen

Die pflanzliche Wirkstoffgruppe enthält vorwiegend ätherische Öle. Diese flüchtigen Stoffgemische mit einem starken und einem bestimmten, meist aromatischen Geruch besitzen eine ölige Konsistenz mit lipophilen Eigenschaften.

Arzneilich verwendet werden Extrakte aus Ätherischöldrogen, wie beispielsweise Anisfrüchte, Baldrianwurzel, Eukalyptusblätter, Fenchelfrüchte, Kamillenblüten, Koniferenöldrogenteile, Kümmelfrüchte, Melissenblätter, Pfefferminzblätter, Salbeiblätter, Thymiankraut, Wacholderbeeren, Wermutkraut u. a.

Neben Extrakten finden vor allem natürliche (phytogene) ätherische Öle eine therapeutische Anwendung. Eine Ausnahme stellen die synthetisch hergestellten naturidentischen Reinsubstanzen wie Anethol, Campher, Cineol und Menthol dar.

Wegen ihrer sekretolytischen und sekretomotorischen Eigenschaften, einer leichten Bronchospasmolyse, z. B. beim Campher und beim Eukalyptusöl, sowie einer zusätzlichen lokal hyperämisierenden und analgetischen Wirkung, z. B. bei topischer Applikation von Fichten- und Kiefernnadelöl, sind die entsprechenden ätherischen Öle wie auch bestimmte Ätherischöldrogen-Extrakte bei Atemwegserkrankungen, vor allem bei grippeartigen Infekten, angezeigt.

Ein weiteres Indikationsgebiet für ätherische Öle sind wegen ihrer karminativen, spasmolytischen und teilweise prokinetischen Eigenschaften das Reizmagen-Reizdarm-Syndrom und andere leichte Verdauungsstörungen. Für eine solche Therapie kommen beispielsweise das Anisöl, das Fenchelöl, das Korianderöl, das Kümmelöl, das Pfefferminzöl und das Rosmarinöl sowie Extrakte aus der Angelikawurzel und aus den Kamillenblüten in Frage.

Anthraglykosiddrogen

Die Anthracenderivate bzw. die in den Drogen meist vorhandenen Anthrachinone (Oxidationsprodukte) sind je nach Droge mehr oder weniger gut in kaltem Wasser, vor allem aber in heißem Wasser löslich. Eine bessere Extraktion erfolgt jedoch mit alkoholischen Lösungen. Die alkoholischen Auszüge sind zudem noch stabiler, und es entstehen während der Lagerung weniger freie Emodine (Aglykone), die zu unerwünschten Nebenreaktionen führen können. Die optimale galenische Zubereitungsform sind alkoholische Trockenextrakte, die zur Herstellung von Dragees, Tabletten usw. dienen. Die Anthraglykosiddrogen sind dickdarmwirksame Abführmittel (Laxanzien). Es kommt zu einem Einstrom von Wasser und Mineralsalzen (z. B. Kalium) sowie zusätzlich zu einer Hemmung der Wasser- und Natriumaufnahme (Resorption) vom Darmlumen in die Blutbahn. Dies bezeichnet man als eine hydragoge und antiabsorptive Wirkung. Durch diesen biochemischen Reaktionsmechanismus wird die Darmbewegung (Darmperistaltik) ausgelöst. Chronische Einnahme führt zu Kaliummangel und damit zu einer Verstärkung der Darmträgheit. Die früher diskutierte Schädigung des Nervengeflechts in der Darmwand trifft nach neueren experimentellen und klinischen Studien nicht zu (Laxanskolon). Während einer Schwangerschaft sollten Abführmittel vom Typ Anthraglykosiddrogen nur mit ärztlicher Erlaubnis eingenommen werden. Folgende Drogen enthalten Anthraglykoside: Aloe und Aloe-Extrakt, Faulbaumrinde, Sennesblätter und Rhabarberwurzel.

Bitterstoffdrogen

Bitterstoffdrogen enthalten bitterschmeckende Substanzen mit verschiedener chemischer Konstitution. Zu den Bitterstoffdrogen im weiteren Sinne zählen solche Arzneipflanzen, die nicht nur einen bitteren Geschmack aufweisen, sondern auch andere pharmakologische Wirkungen besitzen (Beispiel Digitalisglykoside u.a.m.).

Nach derzeitigem Erkenntnisstand kommt der bittere Geschmack durch Erregung der Bitterrezeptoren in den Geschmacksknospen des Zungengrundes zustande. Durch diese

Erregung erfolgt über den Nervus vagus eine Stimulation der Sekretion des Magens, des Pankreas und der Brunnerschen Drüsen im Dünndarm, wobei sowohl die vagale Phase als auch die gastrale und die enterale Phase in das Wirkungsspektrum einbezogen werden. Grundsätzlich zeigen die Bitterstoffdrogen appetitanregende und sekretionsfördernde Wirkungen bei indikations- und dosisgerechter Anwendung.

Die Bitterstoffdrogen werden durch zusätzliche Begleitstoffe mit angenehmem Geschmack in Gruppen aufgeteilt:

1. einfache Bittermittel (Amara pura), wie beispielsweise Enzianwurzel und Tausendgüldenkraut;
2. aromatische Bittermittel (Amara aromatica) mit zusätzlichem Gehalt an ätherischen Ölen, wie beispielsweise Angelikawurzel, Pomeranzenschale, Wermutkraut;
3. adstringierende Bittermittel (Amara adstringentia) mit zusätzlichem Gehalt an Gerbstoffen, wie beispielsweise China- und Kondurangorinde;
4. Scharfstoffe (Amara acria), wie beispielsweise Ingwer- und Galantwurzel, Paprikafrüchte und Cayennepfeffer.

Flavonoiddrogen

Die arzneilich verwendeten Flavonoiddrogen enthalten die durch die biosynthetischen Leistungen der Pflanzen entstehenden gelbgefärbten Flavonderivate (abgeleitet von flavus = gelb), die unter der Bezeichnung Flavonoide als Sammelname und als Glykoside und Aglykone vorkommen. Durch eine Glykosidhydrolyse kommt es zur Bildung von Aglykonen wie Flavone, Flavonole, Flavanone, Isoflavon bzw. Isoflavonderivate, die als pharmakologisch wirkende und wirksamkeitsbestimmende Inhaltsstoffe von therapeutischer Bedeutung sind. So besitzen verschiedene Flavonoidderivate wie beispielsweise Quercetin, Hyperosid, Isorhamnetin, Kämpferol, Rutin und vor allem Rutinderivate u. a. kardiale und/oder vasoaktive Wirkungen, vor allem im Bereich der Mikrozirkulation, wie Normalisierung der erhöhten Kapillarpermeabilität, der herabgesetzten Kapillarresistenz und der Zirkulationsstörungen im Endstrombahnbereich. Die Flavonole sind auch wegen ihres gemeinsamen chemischen Grundgerüstes, dem 2-Phenyl-benzo-γ-Pyron, mit den rotgefärbten Anthocyanidinen chemisch verwandt. Durch eine im Herbst in der Pflanze erfolgte Reduktion von Flavonolen und Anthocyanidinen entstehen die Catechine. Dazu gehören die Flavane als am stärksten hydrierte Flavonoide, die Bestandteile der Catechingerbstoffe sind.

Die in Crataegus-Spezialextrakten enthaltenen, auch normierten herzwirksamen oligomeren Procyanidine entstehen durch eine dehydrierende Polymerisation von Catechinen. Ferner enthalten solche Extrakte auch Flavonolderivate wie Quercetin, Kämpferol, Hyperosid u. a. Ginkgo-biloba-Blätter-Spezialextrakte enthalten wirksame spezielle Flavonglykoside neben den nicht zu den Flavonglykosiden gehörenden wirksamen Terpenlactonen (Ginkgolide, Bilobalid).

Da Flavonoide im Pflanzenbereich weit verbreitet sind, werden beispielhaft wirksame flavonoidhaltige Drogenteile von folgenden Arzneipflanzen genannt: Arnikablüten, Birkenblätter, Buchweizenkraut, Mariendistelsamen, Roßkastanienblüten sowie Weißdornblätter, -blüten und -früchte.

Saponindrogen

Diese Drogen enthalten Saponinglykoside. Da diese in wäßriger Lösung stark schäumen, besteht eine gewisse Seifenähnlichkeit, deshalb ist der Name von der Seife abgeleitet. Es handelt sich hier um oberflächenaktive Inhaltsstoffe mit einer komplizierten chemischen Konstitution.

Saponine sind im Pflanzenreich weit verbreitet und kommen somit als Haupt- und Nebenstoffe in Arzneipflanzen vor.

Man unterscheidet Saponine der Steroidgruppe von Saponinen der Triterpengruppe. Steroidsaponine sind beispielsweise als Digitonin, Gitonin und Tigonin in Digitalisarten enthalten, ohne an der Herzwirkung der Digitalisglykoside beteiligt zu sein. Zu den Triterpensaponinen gehört beispielsweise das ödemprotektiv und antiexsudativ wirkende Aescin im Roßkastaniensamen. Weiterhin sind Triterpensaponine der Hauptbestandteil in pflanzlichen Expektoranzien, wie beispielsweise Primel- und Senegawurzel, Efeublätter und Süßholzwurzel. Auch im Rhizom von Eleutherococcus und in der Ginsengwurzel sind Triterpenglykoside wesentliche Wirkstoffe.

Schleimdrogen

Diese Arzneipflanzen enthalten als Schleimstoffe (Muzilaginosa) hochmolekulare, N-freie, chemisch indifferente Kohlenhydrate wie Polysaccharide sowie Polyosen, z. B. Stärkearten, Fruktosane, Hemizellulosen, Lichenin, verwandt mit der Hydrozellulose in Flechtenarten, und andere Zuckerverbindungen wie Stärke und Pektine. Mit Wasser gelöst, bilden die Pflanzenschleime eine zähflüssige, kolloidale Lösung. Stärke- und pektinhaltige Schleimdrogen dürfen nur als Kaltwasseransätze hergestellt werden, da beim Erhitzen ein leimartiger Schleim gebildet wird.

Schleimdrogen eignen sich besonders zur Behandlung katarrhalischer und anderer iatrogener Reizzustände der oberen Luftwege und des Magen-Darm-Traktes.

Pflanzliche Schleimstoffe können hustenstillend wirken, wenn der Husten durch Reizzustände, z. B. Entzündung durch Trockenheit der Schleimhäute, in den oberen Atemwegen bis zum Larynx reflektorisch bedingt ist.

Da eine ähnliche Wirkung bei oraler Anwendung von pflanzlichen Schleimstoffen bei empfindlichen Affektionen des Magen-Darm-Traktes möglich ist, kann eine Anwendung bei indikativer Abwägung sinnvoll sein.

Auszug aus der Gelben Liste, Pharmaindex, Phytopharmaka und Homöopathika 1997; überarbeitet von Dr. med. G. Trunzler. Mit freundlicher Genehmigung der MediMedia GmbH.

Literatur

Böhm K (1967) Die Flavonoide. Editio Cantor, Aulendorf

Gessner O, Orzechowski G (1974) Gift- und Arzneipflanzen von Mitteleuropa,
3. Aufl. Carl Winter Universitätsverlag, Heidelberg

Hänsel R (1991) Phytopharmaka: Grundlagen und Praxis, 2. Aufl. Springer, Heidelberg

Hunnius (1986) Pharmazeutisches Wörterbuch, 6. Aufl. De Gruyter, Berlin New York, S 405–406

Schilcher H (1985) Kleines Heilkräuter-Lexikon, 2. Aufl. Diaita, Bad Homburg

2 Erläuterungen zu den wichtigsten Wirkstoffen der Pflanzen

Ätherische Öle. Bei gewöhnlicher Temperatur meist flüssige, stark riechende, flüchtige Pflanzeninhaltsstoffe. Sie haben chemisch nichts mit den fetten Ölen – Glycerinester höherer Fettsäuren – zu tun.

Alkaloide. Stickstoffhaltige Pflanzenbasen verschiedenen Typs, oft stark giftig, die mit Säuren Salze bilden (z. B. Atropinum sulfuricum).

Amine, biogene. Durch Dekarboxylierung von Aminosäuren entstandene Stoffe, z. T. mit wichtigen physiologischen Wirkungen.

Anthrachinone. Oxidationsprodukte des Anthracens, meist in glykosidischer Bindung vorliegend. Anthracen ist eine aus 3 Benzolringen aufgebaute Kohlenwasserstoffverbindung.

Betain. Die vor allem in der Zuckerrübe (Beta vulgaris) vorkommende Trimethylaminoessigsäure (Trimethylglyzin, Trimethylglykokoll).

Bitterstoffe. Substanzen verschiedener chemischer Zusammensetzung mit dem Geschmacksmerkmal „bitter". Sie üben eine stimulierende Wirkung auf die Speichel-, Magen- und Gallensaftproduktion aus.

Cumarine. Der Grundkörper, das Cumarin, ist mit dem Duftstoff des Waldmeisters identisch. Er ist chemisch ein Phenylpropanderivat. Vom Cumarin leiten sich weit über 100 Naturstoffe ab.

Digitaloide. Digitalisähnlich wirkende Herzglykoside (Steroidstruktur), wie Adonitoxin, Convallatoxin und Cymarin.

Enzyme (Fermente). Natürlich vorkommende Katalysatoren, Proteine oder Proteide. Sie katalysieren alle biochemischen

Reaktionen in der Zelle und setzen die Aktivierungsenergie thermodynamisch möglicher Reaktionen erheblich herab.

Flavonoide. Siehe Flavonoiddrogen S. 255

Gerbstoffe. Hochmolekulare Polyphenole, die die Eigenschaft zu „gerben" haben, d. h. tierische Haut in Leder umzuwandeln. In der Therapie verfestigen sie als Adstringenzien das kolloidale Gefüge der obersten Gewebsschichten von Schleimhäuten und dichten kleine Blutkapillaren ab. Durch Eiweißfällung entsteht eine gegen bakterielle Angriffe sowie chemische und mechanische Reize schützende Membran.

Glykoside. Etherartige Verbindungen pflanzlicher Stoffe mit verschiedenen Zuckerarten (griech. glykys = süß). Der Nichtzuckeranteil wird Aglykon (griech. = ohne Zucker) oder Genin genannt (s. auch Herzglykoside).

Harze. Pflanzliche, nichtflüchtige, amorphe, lipophile Stoffgemische auf der Basis von Terpen- oder Phenylpropankörpern (z. B. Fichtenharze).

Herzglykoside. Herzglykoside sind ausschließlich Naturstoffe. Kerngerüst ist der Steroidring (Cyclopentanoperhydrophenanthren). Eine Zuckerkomponente (für jedes Herzglykosid spezifisch) ist mit dem Steroidgerüst etherartig verknüpft. Die Glykoside der Digitalisgruppe besitzen am C17 einen ungesättigten Lactonfünfring (Cardenolide), die der Scilla-Gruppe und die Krötengifte einen doppelt ungesättigten Lactonsechsring (Bufadienolide).

Kohlenhydrate. Im Tier- und Pflanzenreich gebildete Zucker und zuckerartige Verbindungen von der allgemeinen Summenformel $C_n(H_2O)_n$.

Öle, fette. Flüssige Fette (Glycerinester höherer Fettsäuren).

Phenole. Organische Verbindungen mit einer oder mehreren Hydroxyl(OH)-Gruppen am Benzolkern. In glykosidischer Bindung häufig in Pflanzen.

Purinkörper. Stickstoffhaltige Methylderivate des Xanthins, wie Coffein, Theobromin u. a., die vielfach zu den Alkaloiden gezählt werden. Sie reagieren jedoch nicht basisch. Xanthin selbst ist ein Oxidationsprodukt des Purins.

Saponine. Glykosidische Pflanzenstoffe, die sich in Wasser wie Seifen (lat. Sapo = Seife) verhalten. Sie besitzen meist hämolytische Eigenschaften.

Schleimstoffe. Hochmolekulare, stickstofffreie und chemisch indifferente Kohlenhydrate, die mit Wasser quellen und viskose, kolloidale Lösungen bilden. Ein hoher Prozentsatz der Hustendrogen sind schleimhaltig.

Senföle. Meist scharf riechende Ester der Isothyozyansäure. Der Name leitet sich von dem aus dem schwarzen Senf (Brassica nigra) gewonnenen Öl ab.

Steroide. Zu diesen wichtigen Naturstoffen gehören die Sterine (Cholesterin, Ergosterin, Sitosterin u. a.), die Gallensäuren und Sexualhormone, die Kortikoide, Vitamine D_2 und D_3, die Herzglykoside sowie einige andere Stoffe. Das Grundskelett der Steroide ist das aus vier kondensierten Ringen bestehende Cyclopentanoperhydrophenanthren.

Terpene. Kohlenwasserstoffe, die in vielen ätherischen Ölen vorkommen.

Vitamine. Essentielle Wirkstoffe sehr verschiedener chemischer Zusammensetzung, die für das Wachstum und die Erhaltung des Organismus unentbehrlich sind.

Wachse. Fettähnliche, bei Zimmertemperatur feste, durch Erwärmen sich verflüssigende Stoffe (Ester höherer Fettsäuren mit einwertigen Alkoholen).

Auszug aus der Gelben Liste, Pharmindex, Phytopharmaka und Homöopathika, 1997. Mit freundlicher Genehmigung der MediMedia, GmbH.

Literatur

Gäbler H (1982) Arzneipflanzen in Medizin und Pharmazie. Müller & Steinecke, München

Sachregister